顾问

范景中　　（中国美术学院）

夏铸九　　（台湾大学）

张一兵　　（南京大学）

编委会

（按汉语拼音为序）

丁沃沃　　（南京大学）

葛　明　　（东南大学）

胡大平　　（南京大学）

胡　恒　　（南京大学）

王骏阳　　（同济大学）

张　亮　　（南京大学）

赵　辰　　（南京大学）

周　宪　　（南京大学）

诸葛净　　（东南大学）

朱　涛　　（香港大学）

建筑文化研究

第 4 辑

南京大学建筑与城市规划学院
南京大学人文社会科学高级研究院

图书在版编目(CIP)数据

建筑文化研究．第4辑 / 胡恒主编．—北京：
中央编译出版社，2013.2
ISBN 978-7-5117-1532-6

Ⅰ．①建… Ⅱ．①胡… Ⅲ．①建筑-文化-文集
Ⅳ．① TU-8

中国版本图书馆CIP数据核字(2012)第283686号

建筑文化研究（第4辑）

出 版 人	刘明清
出版统筹	薛晓源
责任编辑	王忠波
责任印制	尹 珺
出版发行	中央编译出版社
地　　址	北京西城区车公庄大街乙5号鸿儒大厦B座（100044）
电　　话	(010) 52612345（总编室）　　(010) 52612339（编辑室） (010) 66130345（发行部）　　(010) 52612332（网络销售部） (010) 66161011（团购部）　　(010) 66509618（读者服务部）
网　　址	www.cctphome.com
经　　销	全国新华书店
印　　刷	北京昊天国彩印刷有限公司
开　　本	787毫米×1092毫米　1/16
字　　数	334千字
印　　张	19
版　　次	2013年2月第1版第1次印刷
定　　价	78.00元

本社常年法律顾问：北京市吴栾赵阎律师事务所律师　闫军　梁勤
凡有印装质量问题，本社负责调换。电话：010-66509618

卷首语

从这一辑（第4辑）开始，我们进入"当代史"系列。

这个时代，哪些东西值得成为"历史"？怎样成为"历史"？这是我们"当代史"系列试图回答的问题。

150年前，马克思曾经在《路易·波拿巴的雾月十八日》中给出一个答案。他将即时发生的一出政治闹剧（1851年3月的波拿巴政变）成功地转化为历史：建构一段为期三年的法国革命周期（以1848年的法国二月革命为端点），将当下事件放置于其中，细致梳理出它和其他政治事件之间或隐或显的关系，分析其必然性与意义。这是一种方向明确、结构完善的历史写作，和嘲讽型的政治评论完全不同——比如同时期的雨果和蒲鲁东的文章。它开始于对历史规律的抽象思考（"黑格尔曾经说过，一切伟大的世界历史事件和人物，可以说都出现两次。第一次是作为悲剧出现，第二次是作为笑剧出现"），以预言结束（马克思提出无产阶级革命的新策略）。这是一种主体（写作者）参与其中，甚至会改变未来走向的历史。在该书中，马克思展示出撰写"当代史"的方法、技术、概念和意识。150年后的今天，这些依然有效。我们的"当代史"系列将以《路易·波拿巴的雾月十八日》为参考，在建筑领域里继续马克思的工作。

"当代史"系列共分6册。主题为客体、事件、人物等，都相关于建筑：客体为建筑物，事件为建筑事件，人物为建筑师或相关的理论家、历史学家。每辑都由主单元、文献单元和评论单元三部分组成。主单元为中国研究。每个主题大约有三至四篇相关文章（都为个案研究）。文献单元收入的是国外的当代史研究案例，以与主单元形成对应与比较。实际上，每个主题都涵盖了物、事、人三方面，我们只是按照文章的倾向重点以做区分。

本辑是第一册"客体1"。主单元由三篇长文组成："革命史·快感·现代主义"、"南京长江大桥"和"大跃进中的人民大会堂"。对象是建国后的几个大型公共建筑：从1963年到2007年的新四军纪念馆系列、1968年的南京长江大桥、1959年的人民大会堂。三者都有某种"国家性"：巨构的规模、强烈的意识形态特征和广泛的社会影响力。它们具备天生的大事件血质，延续多年而能量不减。三篇文章以建筑为轴心，各自建构出一段独立的"小历史"。它们叠合起来,就是我们杂志的第一部"当代史"。

"革命史·快感·现代主义"以2007年完成的溧阳新四军纪念馆的新馆为(终)端点,切割出一段35年长度的类型建筑(新四军纪念馆)演变史。其初始点为1963年在安徽泾县的新四军陈列馆。这一演变史里包含了一个更小的历史周期——溧阳的旧、新两馆(相差28年)。这里还包含了一个历史分界点:2000年"红色旅游"政策的颁行,使革命史的陈述从崇高纪念转向经济创收。这根本改变了新馆系列的建造方向。旧馆以"崇高客体"(骨灰)为内核,新馆则以符号快感作为主轴。除此之外,这一"演变史"中还包含了现代主义建筑理念在新中国的历程。它和中国现实的结合方式的变化——从国家现代主义到民族现代主义,再到快感现代主义——是此"小历史"内的另一小型"历史周期"。文中考察了十数个新四军纪念馆的旧、新馆,在大系统(35年的演变史)内建构起若干小系统(小周期)的关联和支配关系。由于这些小系统的运转都涉及到革命史这一建筑所负载的"本体",所以"小历史"的建构显示"大历史"的演进方向——革命史正在从有着绝对价值的纯色历史走向五彩的"中性历史",最终成为广义的大历史的一部分。

"南京长江大桥"是哲学研究者胡大平的越界之作。南京长江大桥是好几代人的集体记忆。对于研究者而言,其功能与形态的纯粹性与意义的复杂性并存的特征,使得大桥一直都是分析的欲望之源。但能将此欲望彻底袒露、直达人心的却是罕见。胡大平一文以个人经验作为先导,建构起两段"大桥史":我的大桥"经验史";大桥的"社会形态史"。这是对论述范围的独特限定。由于作者与大桥同龄(都生于60年代末)且一直生活在南京(与大桥相伴数十年),所以,这段同等时间长度的"小历史"的平行与交织奠定了文章的基础结构之余,也使写作具有某种命运之意。在文中,作者以意识形态分析(意义的充盈与意义的空无的辩证法)入手,将大桥的符号生产力、功能、形式、地理,以及在城市结构中的作用等切面逐一铺展开。作者统合多种分析模式,不断地在文中调整视角——哲学学者、美学与建筑评论者、历史学家、地理学家、城市形态研究者、市民——以获得空间/时间一体化的全景式描述。这一"全景描述"不是为大桥寻找一种"文化整体性"(时代精神之类)的连续运动的轨迹:它从一个伟大的意识形态符号进入普通人的日常生活,然后变身为经济博弈、城市结构更新的筹码,成为褪色的历史记忆。相反,它揭显出来的是某种结构内部的崩溃。南京/长江/大桥三者在40年的变迁中走向空间与时间的双重分裂:大桥从"意义的充盈体"成为一个有待"归零"的地点；昨天与今天被"分离"。

朱涛的"大跃进中的人民大会堂"一文建制颇大。作为新中国建国十年最重要的纪念建筑，天安门广场的新"政治地标"，北京古城中轴线新空间秩序的核心元素，人民大会堂无疑是焦点式的建筑。众多重要历史人物（毛泽东、周恩来、万里）的深度介入，更使之在项目完成前就注定成为历史的"大事件"。不相称的是，虽然意义深邃，但人民大会堂仍是一个极度欠缺诠释（甚至是描述）的建筑。建筑的重要性与环境的失语成正比，这已经成为惯例。似乎这类建筑能够制造出诠释黑洞，使一切语言和文字无力又多余。朱涛一文详尽地挖掘整理出该"大事件"的相关信息，将繁杂的技术细节（设计、审查、建造）归还给特定的时代。这使得我们对其立体面貌有所审视——人民大会堂不仅是一个巨大的房子，它还承受着社会结构与文化实践发生系统性转变时的全部后果。它与复杂社会语境之间的冲突与断裂远多于协调与呼应。它被一系列偶然性所环绕，最终产生一个必然性的结果。当下的历史写作，通常都将之放在建国初期的建筑史时区里，且一笔带过。这对于展现其深刻的"历史性"显然无有助力。朱涛一文的基础还原工作，是将该事件"历史化"的重要一步。

三篇文章虽然讨论的是当下的建筑，但都涉及到当下与过去的关系。这是当代史的基本主题。当下之所以能够成为历史，正在于它身处过去与当下所构成的关系（即"历史周期"）中——《雾月十八》和这三篇文章都建构了自己的历史周期。在"周期"中，过去成为现在，现在又指向未来。在这一历史逻辑中，当下事件不再是令人难以理解的惊爆点（《雾月十八》出版前，波拿巴事变被普遍认为是一个"奇迹"）。它是连贯的历史链条中的一个环节，一个历史时间与历史空间之节点，将过去、现在、未来联系起来。

本辑的第二个单元是"文献"。本单元收录了意大利建筑史学家曼弗雷多·塔夫里的三篇文章："历史计划"，"先锋派的历史性"，"重建的年代"。第一篇是《球与迷宫——从皮拉内西到20世纪70年代的先锋派和建筑》一书的导言。第二篇是该书的第二章。第三篇是《意大利建筑史1944-1985年》的第一章。塔夫里一生致力于当代史研究。这两本书是其中范例。《球与迷宫》为西方现代建筑中的先锋派的历史周期划定了一个新的结构模式（以18世纪意大利蚀刻画家皮拉内西为开端）。《意大利建筑史》的对象是意大利本土的"当代史"（战后40年史）。塔夫里为之建构了一个精密的垂直系统——它由一系列"小历史"叠加而成。比如，战后建筑与政治的复杂瓜葛；精英文化史；建筑与其他知识领域的交换作用；建筑师的个案研究。每个"小历史"都是独立的且相互关联。在马克思的《雾月十八》之外，塔夫里的写作也是我们"当代史"系列的重要参考。

"历史计划"一文是塔夫里的历史方法论小结。该文将福柯的"总体历史"、"谱系学"与西方马克思主义的意识形态批评，以及意大利的微观史学和语言学等多种研究方法整合起来，为建筑史研究建立一个可作参考的认识论与方法论坐标。塔夫里将历史研究定位为阶段性实践，即"临时建造"——它建造的不是一幢坚固的理性大厦，而是摇摇欲坠的"危楼"，其最终目的是将主体与全部的现实推向危机。历史研究的"现实感"，是塔夫里的关注中心（这也是我们的"当代史"系列的核心）。这不仅体现于他对语言与主体的"越界"的强调，还体现于他对建筑史任务的明确界定："我们的任务是理智清晰地重建学术任务所走之路，从而去认知新的劳动组织能对之进行回应的不可预计的任务"。该文对我们解读其具体的"当代史"写作多有助益。

"先锋派的历史性"是"历史计划"的一次具体实践，也是对周期概念的一次完美阐释。塔夫里通过苏维埃导演爱森斯坦所绘的几张关于18世纪意大利建筑师皮拉内西的铜版画的分析图，来追索出一个隐秘的先锋派"历史周期"。这一周期不是历史学家的主观建构，而是20世纪20年代先锋派的内在困境导致的先锋派自我回溯的结果。塔夫里为这一周期补充了几个关键的部分，使之成为一个动态的、节点清晰的结构：皮拉内西的"客体的危机"；立体主义时期毕加索的"客体的消失"；福楼拜和爱森斯坦的"在先锋派的源头处反映出先锋派自身的危机，以及对该危机的克服"。该文篇幅不长，却是塔夫里"当代史"研究的重要案例。

"重建的时代"是塔夫里野心勃勃的本土"当代史"研究的开篇之作。其意义毋庸置疑——在二战后，建筑如何面对千疮百孔的社会条件和沉重的历史"原罪"？那些政治立场不一、精神状态各异的建筑师（知识分子）在时代的转折点处以何种角色投身其中？文化焦虑、政治糜烂、语言困惑、身份危机，这些"当代"的命题集中起来会制造出怎样的行业景观与都市景观？塔夫里为意大利当代史的开端做了一个精细的描绘。这是意大利学者的责任之作。塔夫里亲历意大利的这一历史时刻，其身体的长久在场，保证了其描绘的质感和深刻——他和文中涉及的建筑师、设计规划项目、建筑作品都有密切接触，其中某一罗马街区就是其在二战中的居所，他在潮湿的地下室中度过的避难岁月使他患上严重的心脏病，后来也因之早逝。

本辑的"评论"单元收录的台湾大学夏铸九先生"再论设计与社会变迁"一文，是关于当代建筑职业状况的讨论（台湾地区与大陆的比较研究）。该文主题与塔夫里的"重建的时代"颇为接近。它对当下建筑师社会角色与身份的变化，以及"参与式设计"有效介入空间与社会的阐述，实则来自意大利战后经验的流传。只是实验的场所从罗马、米兰转到中国台湾地区。这是一个具有普遍性的当代问题，有待我们长期追踪。另外，台湾研究是我们的当代史系列不可或缺的一部分，以下各期都会收入相关文章。

当代史是一种以个体经验为出发点的历史。历史与历史学家之间的常设距离（为了实现所谓的历史客观性）被取消。两者合为一体，换言之，历史已经主体化。但是，为了避免过于主观（这是主体化的结果），我们的当代史系列采用拼图的模式。不过，它拼合的不是历史碎片，而是多个主体、多个平行存在的写作（一次写作构成一个独立的小历史）。这一拼合是水平的，也即不同事件点的拼合；还是垂直的，即对同一事件的不同写作的拼合。两种拼合中，多线的历史逻辑、历史信息、历史元素互相关涉与撞击，将历史的某种本质挤迫出来——这是一种彻底的动荡、冲突的状态（即使不是处于战争的年代），其内在的复杂性和可能的诠释路径将冲破一切界限，袒露在我们眼前。

胡恒

2012 年 7 月 17 日

目录

当代史 I

革命史·快感·现代主义 胡恒/3
南京长江大桥 胡大平/46
大跃进中的人民大会堂 朱涛/92

文　献

历史"计划" .... 曼弗雷多·塔夫里/155
先锋派的历史性：皮拉内西和爱森斯坦 .... 曼弗雷多·塔夫里/185
重建的时代 .... 曼弗雷多·塔夫里/204

评　论

两次死亡之间 胡恒/253
再论设计与社会变迁 夏铸九/264

Contents

Contemporary History I

The History of Revolution, Enjoyment, and Modernism .... *Hu Heng* /3
Nanking Yangtse River Bridge .... *Hu Daping* /46
The Great Hall of the People in the Great Leap Forward .... *Zhu Tao* /92

Literature

Historical "Project".. *Manfredo Tafuri* /155
The Historicity of the Avant-Garde: Piranesi and Eisenste........................ *Manfredo Tafuri* /185
The Years of Reconstruction .... *Manfredo Tafuri* /204

Review

Between the Two Deaths .... *Hu Heng* /253
Design and Social Change .... *Chu-joe Hsia* /264

当代史 I

胡恒

革命史·快感·现代主义

在现代主义对于历史问题的种种态度（否定、回避、曲折接纳）的后面，存在着一个共同的背景，即历史本身就是驱动现代运动的快感内核的一部分。在视历史为原罪的西方现代建筑的伦理观中，这一点被无情地掩盖起来。尽管如此，事情却总在不可预料的地方出现转机。在现代主义的海外嫁接（比如中国）的进程中，历史之快感内核的面貌有了揭显的机会。似乎那些正处于初级发展状态的地方（在中国，这样的地方比比皆是）里蕴藏着某种能力，它与现代主义的杂交，导致了其内在结构的随机重组。随之，作为其快感内核的历史也掀开了面纱。当然，这里，我们的目的不是借助陌生处所来破解现代主义与历史之间的神秘关联，而在于分析现代主义和中国现实的结合方式。当下的历史，在很多时候已经成为两者的交汇点。并且，在其中起作用的不是它的原始材料和特定意指，而是它作为快感内核的结构。曾经只能幽灵般闪现的缺席之物，在这里堂皇登场。

2007年11月完工的溧阳市"新四军江南指挥部纪念馆"（简称"N4A纪念馆"）（图1），就是一个在历史支点作用下将现代主义与中国现实顺利对接的案例。它具有某种特殊性：全球网络时代下的中国某一旅游城市里的党史纪念建筑。若干不同的层面交集在一起，产生出的结果也颇耐人寻味。这正好为我们提供一个机会来审视现代主义与中国现实之间变幻无定的交遇形式。显然，历史，是我们分析的入口，而且它已不再是通常意义上的过去的遗迹。准确地说，开始，它是一个必要的借口，一个重复强化现实符号秩序的虚拟动机。随着现实的运转，它变性为一个活跃的结构——尽管只有抽象的框架——推动现实的符号进程走向物质性终点。表现在这里的，就是在某一小型城市（县级市）中启动一个颇具规模的纯功能性的纪念建筑（党史建筑）项目，并且用一种分解了的现代主义形式系统容纳（沿用一个齐泽克的概念）"崇高客体"。

"N4A纪念馆"属于一个纪念馆系列，以新四军为名的纪念馆到目前为止已有将近10个，它们分别位于盐城、茅山、长兴、泰州、南昌……其内容不变——新四军的战争

图1 溧阳新四军江南指挥部纪念馆

史。这是一种特殊的历史。它以其切近性和鲜活特征,将自身与中性的大历史分离开,成为一个独立的、有着绝对价值的领域。支撑着它的自然就是其"崇高客体"(新四军将士),所以它有一个广为人知的称呼"铁军"。

1963年在安徽泾县开放了第一个新四军陈列馆——新四军军部旧址陈列馆(图2),1976年开放了浙江长兴县新四军苏浙军区纪念馆(图3),1979年开放了溧阳新四军江南指挥部纪念馆(2007年新建)(图5),1980年开放了泰州的新四军东进泰州谈判纪念馆(2005年扩建)(图4),1985年开放了镇江茅山新四军纪念馆(1998年改建),1986年开放了盐城新四军纪念馆(2007年扩建),2003年开放了江苏盱眙的黄花塘新四军军部纪念馆,2009年开放了湖北大悟的新四军第五师纪念馆,似乎这个系列还将继续下去。

整体来看,"N4A纪念馆"之前的那些新四军纪念馆,以及它的旧馆,都来自"革命传统教育与爱国主义教育"这一需要("红色旅游"这一性质上的分水岭是从2000年开始的)。它们代表了20世纪70、80年代中国的符号性现实的特征。从设计上说,这种关于自我历史的回溯,其表达方式相当朴实——以最直接的呈现来重构关于过去的叙述。首先,保护历史事件的发生地,使之凝固下来。比如安徽泾县新四军军部旧址陈列馆就分布在约15公里范围内的13个自然村里。建筑只经过加固和维护。长兴新四军纪念馆的旧址建筑物是光绪时期的民宅。泰州黄桥新四军纪念馆的原址是20世纪初地质学家丁文江教授的丁家花园。溧阳N4A旧馆原址是明万历年间遗留下来的祠堂。其次,室内的展示以"原状复原陈列"(纪念发生地的场景和人物的活动)为主,"辅助陈列"

图 2 安徽泾县新四军军部旧址陈列馆

图 3 浙江省长兴县新四军苏浙军区纪念馆

图 4 泰州新四军东进泰州谈判纪念馆

图 5 N4A 纪念馆旧址

（其他的补充）相对较少。穿着新四军军服的工作人员引导观众且行且讲（图6）。战争时期的工作空间直接翻转为展示空间。第三，增加必要的主题纪念物（纪念碑、塑像、题词等）。这是一整套较为规范、成熟的叙事模式，空间的塑造以一种配合的姿态参与进来，而不提出自己的独立构想（尤其是观念上的）。[1]

N4A 旧馆的位置是溧阳市前马乡西北水西村的一个宗族祠堂，也即溧阳新四军指挥部的旧址。该馆占地面积 2460 平方米，建筑面积 3560 平方米，分为纪念馆、将帅馆、六角亭、碑廊四个部分。纪念馆包含展厅和侧厅。大厅放置了陈毅、粟裕的全身铜像，背后是原新四军秘书长李一氓的题词"威震江南 功在民族"，以及照片、实物、图表、电子模型等展品。侧厅分别保留着陈毅、粟裕的办公室兼卧室（图7）。粟裕部分骨灰敬撒于展厅的天井内。将帅馆陈列了陈毅等 76 位新四军将帅的生平事迹。一楼陈列了 80 余幅珍贵照片。二楼是 4 位上将、8 位中将、62 位少将的生平介绍，展品有将军们使用过的望远镜、手枪等物品。碑廊壁上镶嵌着新四军老战士的题词、书法作品。

这里，我们可以很清楚地看到旧馆的两个特点。其一是将革命的主体当作唯一的展示对象。从进馆伊始，这一点就凸现出来：两个全身塑像。相形之下，建筑本身没有任何表现的余地。它只提供了一个原始氛围，还原出历史事件的真切样貌，同时也强调了革命主体的超客观价值——革命穿越这些主体来到我们的面前。其二是将革命进程中的元语言编码为叙事材料。展品以陈毅、粟裕的旧物为主，比如完整保留的办公室和卧室。这是历史的实在物证，没有经过符号处理的元语言，它们和建筑空间融为一体。以此为中心，其他的二级语言（照片、文字介绍、各类其他将士的物品）按重要程度在空间上顺次排开。在离旧馆一定距离的碑廊则是边缘性的补充：书法、题词。另外，旧馆还设置了一种象征物，小尺度的石碑。它出现在两个最重要的地方——大门左右两侧（入口）、天井的埋骨之处（展览的高潮）。这种结构森严的叙事，一方面使历史事件具有浅易的可读性。重新编码过的人物、情节再现符合正常的理解模式。那些中小学生在铜像下瞻仰，顺着影壁阅读照片、文字、图表，再逐一感受军事地图、手枪、望远镜等战争纪念物，最后在水边的廊内观摩书法……另一方面，它提供了一个基本物——粟裕的骨灰撒于天井。毫无疑问，这是原质的直接暴露，它给予观者以不可抗拒的冲击力。我们的脚下是伟大历史人物的身体的一部分！过去的历史事件在这里升级为高度的、无须实证的华美存在（死亡）。崇高客体也找到恰当的形式：不可见，但就在我们眼前；它既是现实，

图 6 新四军纪念馆的穿军服的讲解员

图 7 江南指挥部指挥陈毅办公室兼卧室

革命史·快感·现代主义　　　　　　　　　　　　　　　　　　　　　　　　　　9

又刺激着想象；更重要的是，它还是永恒精神的唯一身体对应物。它像一块埋于地底的基石，确定下旧馆的意识方向和基本结构。

　　这就是80年代初中国现实的表达。目标明确：爱国主义、革命传统教育。方法朴实：经典叙事和原质冲击。当时的现实需求相当单线，它无须太多其他层面叠加进来，也无须更多的意指可能性——革命的历史只代表自身。

　　28年后，张雷设计了N4A新馆。新展馆建筑面积达3650平方米（和旧馆相当）。大致来看，它是一个56米×28米的矩形体块，内分三层，高15米。外在的视觉层面上，新馆采用了与旧馆泾渭分明的空间塑造模式。首先，它是一个巨大的、综合性纪念广场规划的一部分，一个标准的人造物（图8）。新馆位于旧馆西面中北河中的一块平台上。两馆之间夹着一个宽阔的空间。它们相距两百多米，左右布置着先烈亭、碑林、户外雕塑等中小尺度的纪念物。相比于旧馆，这一广场更像休闲娱乐的主题公园。其次，新馆采用了硬边几何体内向异型切割的处理方法。8米×8米的柱网，规则的框架体系，内部空间用一个100度的双折线区分开研究与展示两个部分。建筑师在其中各自挖出两个透底与半透底的空洞——用多个不规则斜面连接起来。它们在功能上起着院落的作用——设计者的意图是把传统内向院落（旧馆的模式）反转为从内向外穿出的运动。乍看去，新馆像一块被凿了几个不规则凹洞的矩形花岗岩，或是虫子钻过的乳酪（图9）。第三，新馆的视觉要素完全符号化。几何母体表示建筑本身就是纪念物，石板贴面则象征着石碑的经典含义。用红色铝板做内桶的表皮象征着革命战争洒在山岩上的鲜血，也有铭刻历史的岩石的意象。而且，东面的几个凹洞把正立面用"N4A"三个字母给图解出来（图10）。第四，展示空间主题化。三层展厅分为五个主题：运筹帷幄、疆场烽火、风雨同舟、民族忠魂、华夏脊梁。它们借助声、光、电多媒体手段，模拟场景、光纤动态主体沙盘，力图形象地再现出历史场景。

　　在张雷的设计意向中，字母和院落是出发点。字母作为设计的前提条件，院落空间的反转研究这两项主题，设计者都已有过长时间的思考和试验。在他看来，字母和院落都是建筑的原子，是无法深入分解的基础物质，代表着某种开端。这是典型的现代主义思维：建筑的发展和现实表达并非由意识形态所左右；它根植于自身的元要素，无论是技术材料，还是空间类型，或者是抽象概念以及某个组成世界特殊结构的基本物（比如字母）。从完成结果来看，院落空间发挥了充分的效用：内向空洞增加了展览空间的层次，同时也微妙地改变了几何体建筑连贯的硬性轮廓。字母虽然没有成为建筑的唯一原型，只停留在正立面，但是它和两个靠前的院落之间的结合可以说相当的灵巧。

无论是综合性的纪念广场，还是整体化设计思路，或者是刻满隐喻和象征符号的形式系统，新馆都传达出这样一个暗示：建筑自身的阐述，成为了纪念历史的主线。在第一个纪念馆中，历史事件只是通过冻结历史瞬间来表明自身的真实性，它没有用衍生出的意义来进行道德训诫，而是以骨灰、手枪等创伤之物强行冲击观者的身与心。建筑没有独立的视觉构架，它是一具传统建筑的空壳（明万历年间的遗物），和革命战争只是偶然相逢。但是，在第二个纪念馆中，情况完全倒转过来。历史文物虽然有 736 件之多，但基本都是征集来的应景之物，和水西村这段历史直接相关的极其寥寥。革命主体不是主角，展示体系才是重点。它没有旧馆朴实的仪式感，而强调游戏化和互动化。也就是说，革命进程中的元语言，在此全部转化为次一级的再现形式——场景还原与电子书（图11）。另一方面，建筑表现出强烈的自我意识。全套现代主义视觉语言——几何体的抽象力度、材质的隐喻、内部空间的有机体的扭曲运动、均匀网格、异形幕墙——悉数上场（图12）。建筑自身塑造的成功与否，成为了该项目以及建筑师的核心课题。正因为此，脱离开遗物的历史，开始在建筑身上寻找自己的形式——多重决定的符号性。就这样，建筑语言外在的视觉表现和历史的符号需求结合起来。我们在李布斯金设计的柏林犹太人纪念馆的新馆中也看到了这一点。

这一结合的最终结果就是，在青瓦屋顶、白墙、尺度怡人的旧馆前 200 多米处，矗立起一个时髦的、表现感十足（背景空旷、毫无遮拦）的现代建筑。

和 80 年代初相比，2007 年的中国现实已经很不一样。虽然溧阳只是一个很小的城市（江苏安徽两省交界处的县级市）。但是，它现在面临的问题和大城市没有什么差别：发展的需要，以及相关的计划。"创建全国爱国主义教育基地，打造华东红色旅游特色品牌"，这是官方报纸《溧阳宣传》对新馆专题介绍的总标题。可见，新馆不再是单纯的展览，它还是旅游业的一部分。它和自然景观天目湖（"绿色名片"）一样，成为城市旅游业的窗口——"红色名片"。革命的历史，现在和经济发展紧密地搭接在一起。

实际上，这一变化早就悄悄开始。2000 年，"红色旅游"（图13）这一说法首次出现在江西。2004 年，国家旅游局确定 2005 年为"红色旅游发展年"。中共中央办公厅、国务院办公厅联合下发《2004—2010 年全国红色旅游发展规划纲要》，正式启动全

革命史·快感·现代主义

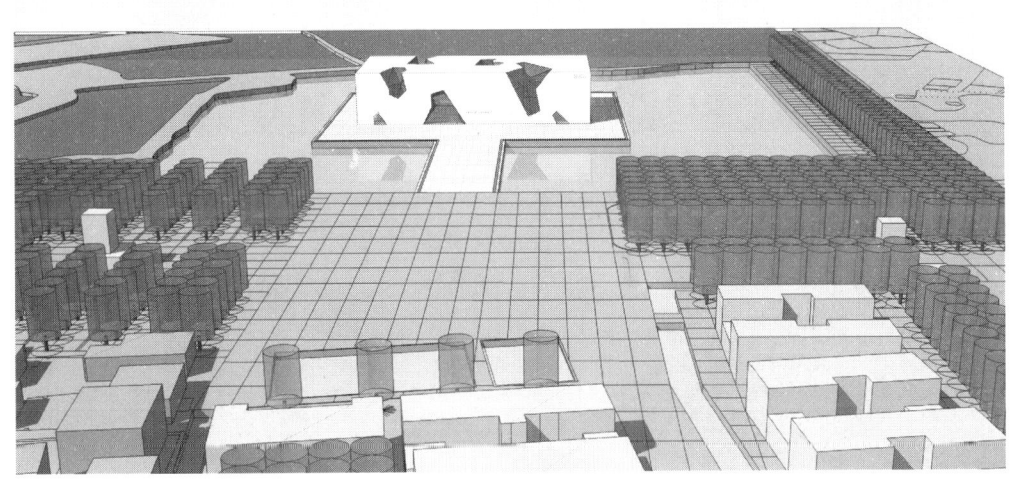

图 8 N4A 新馆的鸟瞰设计图

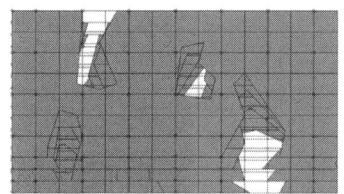 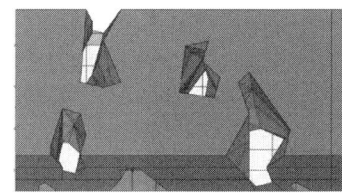

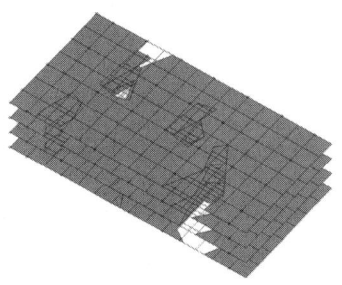 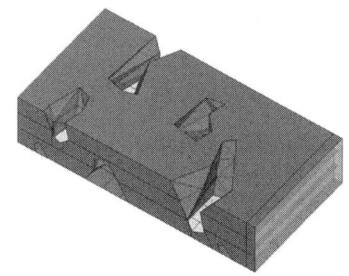

图9 N4A 新馆设计图

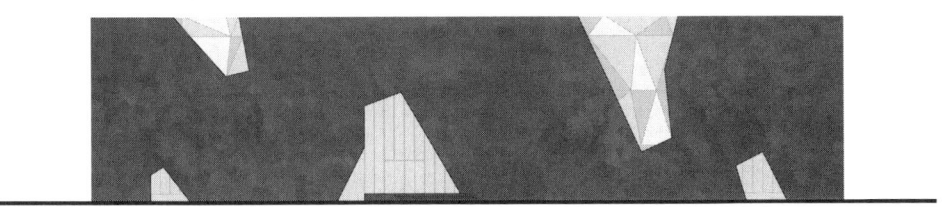

图 10 N4A 新馆立面图

图 11 N4A 新馆的室内展示

图 12　N4A 新馆室内的小中庭

国范围内的"红色旅游"工程：建立 10 个"红色旅游基地"，20 个"红色旅游名城"，100 个"红色旅游经典景区"为主体的"红色旅游"的骨干体系。[2] 在这一经济风潮之下，新四军纪念馆纷纷开始重建——2003 年江苏盱眙黄花塘新四军军部纪念馆落成，2005 年泰州新四军纪念馆扩建完成，2006 年安徽泾县新四军军部纪念馆扩建，2007 年盐城新四军纪念馆扩建，2008 年则是溧阳新四军纪念馆新馆完成。

如果说纪念馆是一种历史陈述，那么 2000 年后的革命史就是关于自身的一个系列重写（这里应该从 1998 年的茅山纪念馆的旧馆翻新工程算起）。正如前文归纳的，第一阶段的历史陈述的特点很鲜明：革命等同于革命史，过去等同于现在，旧址等同于纪念馆。整个空间和遗物凝结成一块纪念碑，不可穿透，无须诠释，不提供解读的可能。它的显在价值是膜拜。这种膜拜不是个人行为，它是有着固定时间表的团体活动——比如盐城的小学生们每年必须在一个特定时间里集体参观当地的新四军纪念馆。第二阶段的历史陈述有了新的发展。如果说第一阶段的要点在于确定内容，那么现在的目标则在于获得形式，也即某种独立的叙事形式。这是历史在进入书写环节时的正常需求——用

图 13 "红色旅游"

文本的隐喻来支撑历史表述。这使历史由静止的过去转变成为一个审美文本。它可以被反复书写和修改。当然，最重要的是，这决定了过去在现实中的嵌入位置。所以，现在，革命史和革命分离，过去和现在分离，新馆离开旧址另行建筑。

　　文本的历史隐喻在此表现为一种新的物质叙事系统的创建。在建筑的外观上，寓意成为形式塑造的目标。黄花塘纪念馆的"枪刺"图形、当地民居的屋顶意象（图14）；盐城新馆的一个设计方案中自觉地采用反射玻璃墙面（按照设计者的说法则是，"它映射了原有纪念馆的光辉形象，同时低调体现新馆的现代感"[3]）；在2006年泾县纪念馆的新馆的一个方案设计中徽州的建筑特色细节（牌坊、装饰性内墙面）被抽象转化到建筑细部之中，整体构图则采用了钟形平面。溧阳的新馆更是隐喻无处不在，渗透到每个角落。在这些案例中，我们可以清楚地看到，建筑的视觉形态都不约而同地借助专有的通识图象（刺刀、鲜血、石碑、民居、N4A……）转化成符号来传递革命史的内涵。在建筑室内，历史事件的讲述采用替代进入式的叙事方式（类似于电影和游戏），取替了对真实之物的沉重凝视。从1998年的茅山纪念馆新馆开始，声光电现代多媒体表现手法就被普遍应用，现在已经是必备的展览手段。在环境处理上，空间布局向复合景观发展。以黄花塘纪念馆为例，县政府租用土地150亩，旧址、旧居、陈列馆和园林等几部分组成一个综合的旅游景区。此后的新馆改建翻修均沿用此类景园设计手法。2007年盐城纪念馆扩建工程在保留主轴线的同时，平行增加了一条副轴线，原本颇大的园区（50亩）一下扩大了几乎一倍（图15）。南昌的纪念馆计划扩建成"铁军广场"，而且"大门要放到大街上去"。溧阳的新馆也是一样，纪念碑式的朝圣之地成为大型休闲娱乐广场，

图 14 黄花塘新四军军部旧址

图 15 盐城新四军纪念馆卫星图片

其边界拓展到城市空间的范畴。

在三种尺度（城市、建筑、室内）上，历史的二次陈述都在调整着革命史的表现形式。"红色旅游"是一个重要契机，也代表着大他者（现实符号秩序）的新要求。[4] 革命史的自我重写在满足这一进程的要求的同时，也在逐步将这段绝对的原质历史导入普通历史的轨道。在盐城的新馆扩建方案简述中，新四军纪念馆被第一次比拟为"未来古迹"。[5]

在 N4A 新馆中，曾被朝拜的崇高客体（革命主体）现在也不可避免地"普通化"了——它被赤裸裸地定位成消费对象，是一种有待开发的"红色资源"。在旧馆中起奠基作用的创伤内核，已无启用余地，因为它与市场、旅游什么的格格不入，难以想象它能创造什么经济价值。其物质载体（骨灰原质）也已经封存在旧馆，封存于记忆。反观新馆，它除了油画、模型、电子书等再现媒介之外可说近似于空空如也。而被称为"镇馆之宝"的钟期光将军的上将服和张铚秀将军捐赠的毛毯，都是身份的象征性多于实在的纪念性，即使与旧馆的普通藏品相比也显黯淡。失去了创伤内核，失去了原质基础，失去了实证材料，现在的历史还剩下什么呢？

还剩下它的符号能力，以及推动这一能力的快感内核！究其本质，历史的快感内核是其创伤内核的时移境迁的对等物。两者的差别在于，创伤是原质冲击（鲜血和死亡）的结果；而快感则总在降格高尚之物（情感、道德），并且用符号游戏构筑新的现实世界。在旧馆中，原质冲击如此直接、强烈，意义和符号体系对此无能为力。在新馆中，原质的缺席，给了历史的快感内核以表现的机会，它如同一只无形之手，将现代主义形式系统、当下的意识形态、简陋的技术条件、革命战争史、风格化的民居传统，全部转化为符号游戏的参与者，转化为平等的符号构件。正如我们在前文所说的，开始，它（历史）是一个必要的借口，一个重复强化现实符号秩序的虚拟动机。随着现实的运转，它变性为一个活跃的结构——尽管只有抽象的框架——推动现实的符号进程走向物质性终点。

意义、符号、现代主义形式系统成为新的三元组，置换了原址建筑、遗物、骨灰这一旧三元组。现代主义卷入这一游戏，主要媒介自然是设计者张雷的现代主义建筑思维。一个更为重要的原因是，在现实的历史要素的诱导下，被现代主义视为原罪的历史的快感内核袒露出来——它和那只"无形之手"不期而遇，叠合在一起。正是在它的作用下，设计者严肃思考的现代主义的至善、透明、整体的伦理观被破坏。其形式系统被打散、分装进不同的意义包裹：字母原型"N4A"刻出了建筑的正脸（这个辨认起来有点费劲）；折线的轮廓象征着"革命斗争的复杂性"；院落的空间类型变异叠加上"血洒山岩"、"功勋铭刻"等主旋律标志（图16）；"几何形体、大面积墙面和深邃的开洞，是对水西村祠堂建筑墙面的形式抽象"；石质的永恒意象被一张由碎片连缀起的表皮所覆盖，设计者的意图是碎片的纹路来自江南民居的乱纹木格，但工人没有按图索骥，而是凭着感觉相当随意地将三种灰度的石板贴出云彩的效果；建筑放置在矩形水池中，原本意图是使建筑和地表构成一个完整的、硬质的、正交的几何关系，从而使广场具有轴线感和必要的边界，但是对这一点的正式解释是，整个建筑"犹如一座横卧江南水乡、经过岁月雕琢的丰碑"……[6]（图17）

如此混乱的杂交，产生出一片意义的丛林。自从"现代旅游经济"介入革命史之后，展馆的意义就离开了预设的直线模式（青少年教育），它等待着重构和多样组合。可以说，新馆利用了这一次机会。这里凹进凸出的洞穴难道不就是意义组合石化的结果吗？似乎只有在这种表面的视觉放纵和意义泛滥中，只有在一片完全外在化的快感丛林中，它所容纳的崇高客体才有可能在失去原质寄托之后，还能自由地栖居于沙盘、微缩景观、油画等娱乐形式之上，停留在墙面的折线处、内院的红色空腔里的符号游戏之中，并且发散出某种新的崇高性——通俗的崇高性。在娱乐价值逐渐取代它的绝对价值之后，它褪去了神圣的外衣，成为我们日常生活的一部分。

图16 内院设计图"血洒山岩"

图 17 "丰碑"

　　这里表露无遗的符号快感并非事出偶然。看上去它是由设计者一手催生，其实快感的种子早已埋下。多数第一批纪念馆和 N4A 旧馆一样，骨灰—原质这一基础结构使崇高客体处于一个符号高度缺失的状态。虽然这一状态保持得很稳定，但是在一些特殊的情景（比如环境的异变和极端的个体经验）中仍会出现莫名的快感泄露。这些零星的快感残片是秘密的内在快感的扭曲再现，这和新馆的显形快感符号系统正好相反。它们是历史的创伤之核的共生物，是我们在难以全数消化原质冲击后的情感剩余。它们只存在于创伤的时代，或者说历史的第一次陈述之中。

　　镇江的茅山纪念馆有一个广为人知的传说。在山脚下燃放鞭炮时，纪念碑上就会响起清晰的"嘀嘀哒嘀嘀，嘀嘀哒嘀嘀……"的军号声。鞭炮停，军号停；炮声响，号声起。并且不同的鞭炮放出来的军号声的响度、节奏均有差异。从此，"纪念碑下放鞭炮，碑上空响军号声"的奇观不胫而走。虽然经过专家多次调查研究，都无法获得一个令人满意的科学解答。对此现象的公开解释是，"山下放鞭炮，山上响军号"这一世界奇观生动地再现了当年新四军与苏南人民浴血抗战的悲壮场面。[7]

　　无疑，这里的军号声是一种幻听。它没有物质来源（军号和军号手），似乎是灵魂再现。这显然加重了历史的真实性。革命主体不是放置在展堂里的骨灰、塑像这些象征替代物，他们活生生地诞生在我们耳边。这一幻听共振出一个原本只存在于记忆中的场景。或许身在此地的人没有亲历过战争，但是自己的耳朵让它重现于眼前。那些只在电影里耳闻过的军号声瞬间点燃了我们的神经，沸腾了我们的热血，使我们仿佛置身于上甘岭、狼牙山，或者此地茅山的韦岗战斗之中。不可解释的幻觉居然创造出令人难以置信的真理的力量，这确实颇为费解。另一方面，幻听也将这一真理内容荒诞化。在私下里，这一现象被大家和茅山怪谜联系在一起。著名的"茅山道士"的传说也掺和进来。比之英魂再现，这一不容见于正史的民间口耳相传所给予的想象空间更为幽深莫测，且更具娱乐性。（透明公开的）科学真理和（讳莫如深的）鬼神之说如此怪异地糅合在一起，膜拜者在这一极端矛盾的状态下获得了巨大的快感。

这一私人体验化的幻听被历史的二次陈述迅速吸纳过来，转化为经济收益。军号怪谈成为该纪念馆开发"红色旅游"的招牌项目。年经营收入不断攀涨，现在已达300万元，而绝大多数同系列的纪念馆都在靠财政拨款苦苦支撑。今年4月份，由茅山新四军纪念馆投资，反映71年前新四军进入江南敌后在韦岗首战告捷的4D影片《韦岗伏击战》在浙江横店影视基地开机拍摄（图18）。原质快感再一次被充分利用起来。在此，幻听再现出的虚无飘渺的幽灵是一件必不可少的天赐虚构，它使原质和观者真切地相遇（相对于被动地受教育），且加强对这一关系的再生产——经济效益就是这么来的。最重要的则是，它还将所有的正常关系倒转过来：神话成为历史的证明，金钱则体现出道德教化的实证性。

还有一种特殊的快感存在——儿童的快感。它是新四军纪念馆的肇因之一，却常常被忽略。5月份的一则盐城新闻报道了盐城新四军纪念馆的户外展品正大量流失。纪念馆广场东侧有一批战斗机、山炮、坦克和舰船等大型历史遗物。这些年来，它们"遭受着让人意想不到的悲惨命运……一架歼七战斗机钢化玻璃机舱盖被人砸开，机舱内仪表电线等都不翼而飞；一辆水陆两栖坦克的肚子里空空如也污秽不堪，整个坦克被盗取得仅剩一具铁壳；那艘立下赫赫战功的鱼雷舰船如今驾驶舱内外所有能拆的都被盗拆了，连前后两挺高射机枪上的枪管也'飞'走了。记者还看到瘫痪在垃圾堆上的两架高射炮，其外表也是锈迹斑斑缺胳膊少腿。"[8]那么，这些"锈迹斑斑"的废弃兵器的零配件是被哪些人偷走了呢？有谁会对这些没有什么经济价值和审美价值的破铜烂铁如此兴致盎然呢？我们很容易把目光集中在那些顽童身上。（图19）

不妨假设一下，每年一度在此进行的爱国主义教育（这是盐城小学生的传统活动）产生了很好的效果。小男孩们的情绪被强烈地激发起来——革命、战争、保卫祖国等字

图 18 《韦岗伏击战》

图 19 盐城新四军纪念馆户外展品

眼配合着枪炮武器，让他们无比憧憬那个壮烈的时代。小小的身体容纳不了高涨的欲望，于是他们开始了玩笑式的窃取活动……拆下几支枪管枪托私下把玩。[9] 这一对战争遗物的私人占有，实际上是占有关于战争的想象。这是一种秘密的纪念形式，他们在禁忌的处境下分享着对革命与战争的热情。而且，正是禁忌的存在，使得快感强度直线上涨。这里我们很容易联想到电影《阳光灿烂的日子》里马小军在（军人身份的）父母不在家时的那些自娱自乐行为和那个富有隐喻性的军用望远镜。

这个纪念馆的新馆没有像茅山新馆一样对快感扩大化，且不遗余力地开发其经济潜力。相反，窃取快感被温和地制止。户外的展场种植上密密的小型灌木，小男孩们对那些飞机坦克大炮现在只能遥遥观之。但是新馆的室内增加了一些新奇的装置。一个展厅里被安设了一整面电子墙。墙做常见的战时的残破的砖墙模样，中间有些缺口。小孩的手一放进去，就会有轻微的电流经过，并且墙后背景火光四起，枪炮军号的轰鸣声不绝于耳。一般来说，小朋友会被惊吓得乱叫一番，满足而去。

军号幻听和窃取把玩都是对革命主体的非正常的接受。虽然一个上升为民间玄幻传说，一个则下降到不能宣之于口的违规秘藏。但是本质是同样的——神圣化的存在（革命主体）本来意味着快感的不可能性，但是对其曲折接受（鬼魂认同和触犯法纪）所引发的罪恶感，却导致对此不可能性的解封。并且，禁忌之后的快感尤其迷人。两者的传播方式也是一样：隐秘，快速，没有边界。在这些反向的变形行为中，不可触动的革命主体越发神圣，其崇高形象也越发完美。但是，随着历史的二次陈述的出现，当崇高性不再是历史的唯一特性时，原始的禁忌也随之瓦解——与此同时，快感大转移。民间传说转换为枪战大片；偷窃把玩则为电流过身所取代。茅山和盐城的两个新馆都对不慎外泄的原始快感做了规驯。它们都被注入新媒体之中，被控制、压抑、转换、导向外部。

尽管这是两个相当特殊的案例，但是我们已经看到历史两次陈述各自具有的不同性质的快感：一个是声音中的快感（这是一种被压抑的能指快感，不可感知的前意识形态快感，我们只能在鬼魂幻听和儿童咿呀自语中看到其略微表露的快感残余）；另一个是意义中的快感（外向的、有新的形式载体的、群体的快感）。

相比之下，第一次陈述中的快感基本都是沉默寂然。第二次陈述则是花样百出。茅山新馆为历史的二次叙述找到 4D 电影这一时尚外衣。[10] 但这只是个特例，因为这一对现成的原质/镜像(幻听/4D)难以为其他纪念馆所复制。盐城的纪念馆具有一定的代表性。相比茅山，它的快感转移的动作较小，仅在室内传统的展示形式与内容上做出改变。虽然新媒体的运用新意迭出，但这只是对原有的秘密快感的局部替代。[11] 溧阳新馆的快感转移重点放在建筑上。它在其外化形式上做出了全面更新——休闲式的空间组团、谜语式的图像隐喻、娱乐式的游戏世界，将快感的诸般消费形式一股脑全搬了出来。我们可以怀着轻松随意的心态来接受和享受这一平民快感花园。

这一快感花园结构严谨。三条符号链（环境、建筑、室内）是其三个组成部分。它们分别由视觉符号与其对应的意义连接而成。这一系列对应关系（前文已经罗列了一部分）的恰当组合使建筑自身成为空间中的统一体，也是快感的统一体。在这三种表现形式中，建筑的快感统一体预示着一个更大的趋势。它和旧馆的关系也更为决裂。[12] 不过，在另一方面，以上三种类型导向同一结果：快感的个人性被公开化，其至关重要的维度（想象力量）被消解。无可逆转的，建筑越来越有趣，历史越来越平实，快感越来越乏味。

当然，不是所有的纪念馆新建工程都做到了三条符号链的全新设置。在泰州、武汉，新建工程基本在旧址上进行。但是，总体来看，在茅山的扩建、黄花塘新建、盐城扩建、溧阳扩建、泾县扩建方案这些大多数作品中，三条符号链的缓慢形成还是清晰可见。而且，这也是现代主义与中国现实相接合的过程。纵观这一过程，我们会发现，从80年代中期的展馆设计开始，现代主义就起着两个主体（革命主体和参观主体）间的形式调停的作用，它使得两个主体间的关系成为稳定的现实符号秩序中的一部分。由于这一秩序（大他者）在不断变化，随之，相应的主体间的关系，以及现代主义在其中的角色也在发生变化。

1986年完成的盐城新四军纪念馆是（西式）现代主义建筑风格进入该系列的第一例。首先，该纪念馆的总体布局是一种自足性颇高的单向轴线空间层级布置。虽然设计者强调这是"传统方式"，它的目的是"从大门开始，使参观者逐步进入一种庄重、肃静的气氛中"。但是，从大门—群像—喷水池—纪念碑，最后抵达终点纪念馆，这一空间叙事模式却有着西方纪念性广场建筑的特征。[13] 其次，主体建筑采用中轴对称、体块塑形等常规现代主义手法。并且，在外部的视觉界面上密布革命史的浅近寓意和专有标记。"入口两侧的实面做成两面旗状的花岗石的宽画面，象征当年新四军北上和八路军南下两股革命力量在盐城会师重建军部的历史事件，旗状实面采用红色花岗石上以线雕形象地再现当年新四军的光辉战斗历程，新四军臂章镶在立面中间部位，正门上方是李先念主席题写的镏金馆名匾……"[14]（图20）

题词与浮雕等本属于"辅助陈列"的内容，现在却尽可能全部铺陈在建筑的外表皮上。这种革命叙事情节直接镌刻在外的手法，明显沿用了苏联的国家现代主义风格。实际上，由那些里维拉式的浮雕、罗马皇帝或苏联战争英雄式的骑马铜像、喷泉组合起来的户外纪念空间已经很清楚地表明这一意向。它们和莫斯科的那些革命公园何其相像。

尽管展馆混合了多种异质之物（主要是若干不同类型的叙事线条的交杂），但是现代主义风格仍然建构起参观者与革命主体之间的新一层关系。它是对之前旧址纪念馆的主体关系的强化。单纯的遗迹、遗物已经难以满足20世纪80年代现实符号秩序的需要。展览馆的教化功能的执行者必须增加新的建筑空间语言的助力。更何况一开始此展览馆就定位在3A级别上。特定的国家现代主义风格显然最为合适，而且这也合乎现实的建筑设计专业环境。众所周知，苏式纪念性建筑对那个时期的国内建筑师的个人经验有着重要的影响。[15]

在1998年的茅山纪念馆的翻新和2003年的黄花塘纪念馆新建当中，现代主义没有继续苏式的国家社会主义道路，换上了本土建筑的躯壳。两者不约而同地在现代展览空间之上采用了民居的草棚意象。这一转变正好与历史二次陈述的时间相吻合。2001年发表在《中国博物馆》上的"试论革命纪念馆扩建工程中应重视的几个问题"一文，为革命纪念馆扩建的风格走向做了一个明确的归纳——"最好能够保护革命旧址周围整个区域或整片街区的历史原貌的真实性和完整性"。[16] 此时，和革命教育一样，环境意识、（民

图20 盐城新四军纪念馆

族性的）历史意识都成为大他者的要求。所以,"人们在参观革命旧址时,还要领略与这些革命旧址息息相关的重大事件和杰出人物的发生地的山水人情、风土环境,以此来感受当年这些重大事件和杰出人物的历史氛围和传统文化背景"。[17]革命主体和观者的关系不再是严格的一对一的关系。观者的注意力必须被引向其他地方——那些可以脱离革命史而存在的自然物质环境、"民族民俗的绝好内容"。[18]民俗版的现代主义要平衡的就是这组分岔的联系。

这一要求延续至今,基本左右了1998年之后在有着自然环境背景下的N4A系列设计的风格,甚至包括刚刚完工的湖北大悟的展览馆。

在这两股主导潮流之外,还有一种原真的现代主义正在微妙地介入。这里的现代主义是经典意义的现代主义。[19]盐城新馆在功能安排和空间形态的选择上依据了该类型建筑当前国际化的设计模式。开敞明亮的展览空间,简约清爽的双层玻璃盒体水平错动叠加,竖向分割的节奏克制,颇有瑞士风格意味。[20]但是,几乎同时期进行的溧阳新馆没有拘泥于对此设计模式的还原,尽管设计者本人的瑞士情结十分浓厚。在此,现代主义不是一种单向的风格输出。它真正的作用在于其历史快感内核与革命史本身的快感内核合二为一,共同发挥"虚无之手"。这支虚无之手对传统的纪念性元素做出修改,将所有的寓意都潜藏了一层,以便与具体的现代主义手法实现不露痕迹的融合。所以,我们可以说,内部的红色空洞和正面表皮的折线是传统民居院落母题与N4A的图形变体。但是它们其实更靠近现代主义的纯净几何体块的异形下凹式减法处理——这和民族特色没有什么关系。

这是一种娱乐化（或者说快感化）的现代主义。泛滥的、强行植入的、随时可能出现理解错误的寓意与拆散的现代主义手法精密地结合起来,把红色纪念馆推到一个新的境遇。革命主体和参观主体的关系被彻底改造——成为一种散漫的智力解谜和自由消费的关系。如果说,以前以苏联版的国家现代主义为代表的盐城旧馆和以民俗版的自然现代主义为代表的黄花塘纪念馆,都是革命史通往普通历史的中间站,那么,溧阳的新馆可以说又向前迈进一大步。

这固然是一个成功,但是它也付出了相应的代价:张雷的另一个方案被毫无悬念地抛弃（图21）。很明显,这一方案的着力点也是对现代主义与中国现实的结合方式的探索。看上去,它和茅山新馆、黄花塘展馆的设计思路非常类似。外表皮是旧馆风格的延续——大面积白墙、暗青色勒边、小开窗大入口，这些是直截了当的图像移用。而藏于墙体之后的八片单坡屋顶的纵横交错更有明显传统民居意味。内部则运用了纯粹的现代主义语法：42.8 米 × 42.8 米的总平面布置下正方形网格；网格内做正交的加减法以划分不同功能，由此产生出来的 5 个内向庭院使均匀的内部空间出现微妙的变化。屋顶作为空间区分的关键元素，在满足展览要求的同时，也使得内部空间产生统一性。这种内外两分的杂交，尝试着用含蓄的中式表皮围合起现代主义所特有的控制精确、但变化丰富的空间节律，同时使这一节律完全内敛，在建筑的表皮上丝毫不显端倪。低调的处理手法（在我看来，比之同类的几个展馆，它要出色得多），和新馆外化的符号游戏南辕北辙。

在这个方案里，设计者将普遍的中国意象（民居）和一般意义上的现代主义空间语言成功地连接起来，这导致该方案具有了范本的力量——中国传统建筑和现代主义之间的抽象结合。但是，它忽略了当下的现实所铺垫下的初始氛围，比如革命史这一贯穿场地的决定性条件。或者说，它对革命史的运用只在传统建筑符号的延续上——此方案是否为新四军的展览馆似乎已经无关紧要。所以，它无法像新馆一样，为我们提供一种符号的系统建构来认识特定历史（革命史）的新内涵，只能无奈地停留在概念模型的真空状态。[21]

但是，这不是方案被抛弃的原因——实际上类似思路的黄花塘、茅山，甚至粗糙不堪的大悟纪念馆都被具体落实。这里我们需要重新审视大他者的欲望（地区的）的具体状况。它和"红色旅游"这一主流的大他者欲望（国家的）并非完全吻合。2005 年，溧阳市委市政府全局铺开"绿色＋红色"的旅游计划，实施"两山一湖，南北联动"的大旅游开发。南部以天目湖和南山竹海自然景区为主，北部则以水西村和瓦屋山的红色纪念为主，"串珠成链"以形成一个联合旅游品牌。正如我们所见，目前，旅游业已成为溧阳的主导产业。或者说，这个身处茅山与太湖之间的被称为"绿色明珠"、"江南仙境"的城市已经被彻底旅游化了。整体而言，现在的开发重点基本上在北部的天目山与天目湖等自然景区（它们都是 4A 级的标准）和南部的瓦屋山（这里有李白的登临处和宝藏禅寺）。红色旅游在此只是结构上的需要（与"绿色名片"相对应），并非重点——新馆 2800 万的建设资金只是中等投入。这和其他红色旅游的项目有着细微的差异——革命纪念馆与风景区并非共生关系，结合得没有那么紧密。

按照溧阳旅游局局长汤全明的说法，这个纪念馆的作用在于"充实溧阳旅游的红色内涵，提升旅游文化的品位"。（图 22）所以，我们可以看到，与纪念馆相比，这里的

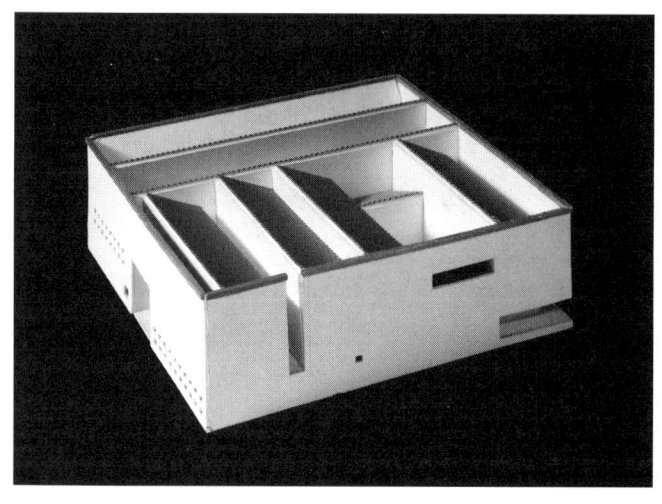

图 21 N4A 新馆方案二模型

水西翠柏茶和新四军菜谱更被重视，是要"做大做强"的项目。[22] 纪念馆已毋须承担太多旅游责任，它的商业吸引力被周边的"大品牌"[23]的绿色旅游和饮食文化等附加产品瓜分殆尽。这一状况导致了一个意外的结果——其角色一定程度地落回到单纯的纪念性上。而且，在地理位置上，这一点也从侧面得以强化。溧阳的南北风景区，以及整个城市，被104国道和宁杭高速公路一分为二。水西村旅游点正在公路附近，新馆与国道斜斜相对。所以它在这片视线开阔的无特征空间内还具有一定程度的地标意义——连接南北两区，为溧阳树立门户形象。[24]（图23）可见，大他者的欲望在此也是相当复杂，甚至不乏悖论之处。在这一含混的情形下，娱乐版现代主义给出的答案（变形的纪念碑）被选择可说是相当的偶然——但民俗版现代主义遭落选就是很必然的了。

在这个偶然实现的现代纪念碑中，我们看到了符号活动和建筑内容的连接，也看到两者合二为一的趋势。当然，纪念馆设计中对建筑的符号叙事能力的经营已经是国际主流。比如前文参考的柏林犹太人纪念馆，它和溧阳新馆颇多相似之处：有着创伤性内核，也是比邻而居的新建，同样致力于对新的纪念性的探索。最终，馆藏多少已不再重要，建筑本身的叙事能否达到最大化的戏剧性才是要点。这一叙事的基本材料是空间、光、声音——在柏林犹太人纪念馆中，倾斜的、不规则的内部空间，反复出现在墙面与屋顶的交叉光带，以铁面具铺满地面的声音冥想室（踩上去脚底发出的噪音如同噩梦），一起构成了一个感受密实、内里虚空的纪念体。它给予观者以全新体验，由内往外辐射能量、激活环境。曾被原质所压抑的快感（或创伤）由此曲折回归。历史已不再是一厢情愿地树立起纪念碑，以供观者缅怀、朝拜、纪念，或回忆，而是要让我们体验震惊、享受激情，并在其中获得自身与它（这一历史）的联系。

这是一种新的纪念性。历史的二次陈述也因此具备了某种独立性——它开始形成某种新的记忆。这也意味着历史的另一项重要功能开始启动：它参与进主体（观者）的心理构成活动之中，也即，历史真正进入到主体的内心。

"新纪念性"是一种形式游戏。但是它并非简单地撇开内容，虚构出创伤内核的符号替代物（比如红表皮等同红岩之类）。它的作用在于，借助新的建筑语言，穷尽视觉信息互换模式的所有可能性——室内空间、外部造型、城市街区、种种渲染图广告等——以使自身成为一块不能被忽略，无法轻易绕过的硬石。说起来，这也是历史一次陈述中的创伤内核的特点。只不过对于观者而言，前者从视觉惊诧开始，至感官疲惫结束，后者则以幽灵的形式飘荡于"崇高客体"的原质之上，存在于儿童的想象世界之中。无论是国家版现代主义还是民俗版现代主义显然都无力承担这一"新纪念性"。它们要

图 22 《溧阳日报》关于红色旅游的专版

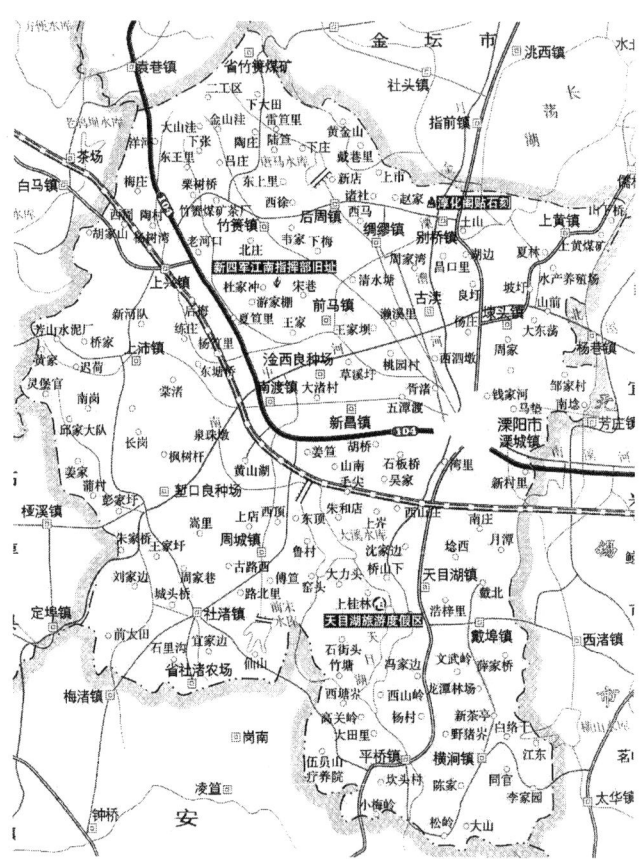

图 23 溧阳地图

么还在维持着意识形态教育的旧有机制,要么简单地将这一机制与风光游览叠合起来。这些单向的延续和杂交削弱且混乱了历史的创伤内核的原始能量——这一能量对于历史的重复陈述来说不可或缺。那些纪念馆也由此沦为大他者欲求的乏味回应者。从这个角度来看,茅山纪念馆的 4D 电影和溧阳新馆是两个特殊的案例,也较为相似。前者纯粹的视听轰炸让人晕眩:如此高科技(也是高投资)的立体电影只是讲述一次杀敌十余人的小伏击战,形式显然是第一位的;后者则是现代主义的碎片在芦苇荡中的强力插入。虽然两者为观者提供的接受方式角度有别,但它们都以感官快感为导向,且将革命史的原始能量传递下来,使之进入到观者的心理构造之中。

这很困难,但也非常必要。从前文我们已经可以看到,历史的自我重述有着诸多动机:大他者的种种欲望——经济上的、教育上的、宣传上的、国家的、地区的——在上述分析中已经逐一呈现出来。这里还隐藏着大他者某些秘而不宣的冲突,比如陈毅、粟裕两个下沿系统在八路军、新四军纪念路线上的权力平衡……它们在很大程度上操纵着 N4A 系列的运行。但是,和以下原因相比,它们都会显得微不足道。那就是"新纪念性"中包含的历史自主重述的内在动因——历史能够,且应该成为每一时代的主体构造的基本成分,它是人类自我推进的力量源泉。这显然已经超出大他者控制的范围。换句话说,历史一直都有着自主的本体之维,无论它在现实的符号秩序(大他者)的结构安排中处于什么位置,它都必然走向普遍的、广义的、中性的人类史。

"新纪念性"是一条可能的路径。它所包含的种种极限对比——建筑与环境、室内与室外、光线与声音——和革命史裹挟的巨大复杂性(创伤与激情、黑暗与光明)正相

图 24
南昌新四军纪念馆

呼应。两相作用之下，无疑有利于唤醒观者心理中相类似的结构。所谓中性的人类史，正产生于这三方（"新纪念性"、革命史、观者）的相互作用之下。它要求我们严肃地面对历史中包含的一切深刻对抗的关系，而非盲目地顺应着大他者的要求，将历史简化为一种单向的纪念对象、利益工具和审美产品。

在这片芦苇荡中，拥有绝对价值、崇高内涵、一维方向的独立革命史正沿着"新纪念性"的道路走向人类史。它挖掘出世俗生活、寻常趣味、个体激情的崇高性，肯定了它们与革命史的平等地位，且用充斥着快感的形式游戏将二者激进地交织在一起。它迫使 N4A 系列重新思考自己的存在理由——对自我历史的回溯，已经不再可能仅是关于原始创伤的纪念，对于现实秩序的暂时巩固。它已经无法保持对于特定族群的精神世界的塑造魔力。它为自己设立了新的目标：参与进人类的整体循环（经济循环、日常生活的微循环等等）之中，成为中性历史的一部分。

现在看来，N4A 系列的后续建设与此尚相距甚远。无论是刚刚完工的湖北大悟的纪念馆，还是 2006 年安徽泾县的纪念馆新馆方案，或者是预计 12 月完工的南昌纪念馆新馆，它们都选择在国家现代主义和民俗现代主义之间徘徊。尤其是南昌的新馆，简化通俗版的罗马诺的泰宫式正立面令人哑然（图 24）。所以，例外还是例外，偶然依然是偶然，溧阳新馆的风格再现看来还有待时日。如果有一天，娱乐式、快感式、奇观式的现代主义能够成为 N4A 系列的显在潮流（这是有可能的），那么，我们才可以说该系列真正地融入人类的普遍循环，而革命史也将抵达人类史的终点。迎风摇曳的芦苇掩映下的这块凸凹有致的巨型石碑是一个提前的证明。这个 2 万多平方米的广场会成为年轻人呼啸来去的滑板公园。茅山式的 4D 电影也必将被跑酷短片（例如 Kasparworks 为 BIG 的山型住宅所摄的"*My playground*"）所取代。

胡恒：南京大学建筑与城市规划学院副教授

注释：

1. "1985年1月9日，文化部颁发的《革命纪念馆试行条例》也明文规定：'各类革命纪念馆的辅助陈列应尽可能利用革命遗址、纪念建筑中不需要进行原状陈列的房舍。一般不新建辅助陈列室，以免破坏革命旧址、纪念旧址的环境气氛'。"见倪兴祥："试论革命纪念馆扩建工程中应重视的几个问题"，《中国博物馆》，2001年第3期，第50页。

2. 转引自侯晋雄："红色旅游下的革命纪念馆"，《井冈山医专学报》，2006年第3期，第91页。或见"2004−2010年全国红色旅游发展规划纲要"网络pdf版。

3. 卢君："盐城市新四军纪念馆扩建"，《山西建筑》，2008年第5期，第47页。

4. "以市场为导向、产业为纽带、网络为重点、效益为中心，打破行政区划和行业界限，整合资源，红红联手，创整体品牌。"侯晋雄："红色旅游下的革命纪念馆"，《井冈山医专学报》，2006年第3期，第92页。

5. 同上，第46页。实际上"未来古迹"一说来自1990年11月全国政协副主席洪学智参观旧馆时所说的，"随着时间的推移，年代越久。……其历史和艺术价值也将越来越高，必然会成为未来古迹"。参见徐兆云主编：《铁军颂——新四军纪念馆》，中国大百科全书出版社，1998年，第151页。

6. 摘自本方案的设计文本。

7. 江苏教育电视台的江苏教育新闻"茅山新四军纪念馆：吹响苏南抗战的军号"。参见网页 http://www.ec.js.edu.cn/newsfiles/46/2008-07/11713.shtml

8. "江苏盐城新四军纪念馆展品被弃垃圾堆"。参见网页 http://www.19lou.com/forum-922-thread-21826277-1-1.html

9. 经纪念馆的工作人员证实，这些偷窃行为确由小朋友们所为。

10. 现在在纪念馆里增建了动感影院，"该动感影院按20座设计，由特效座椅、60度环幕、高清投影机、6个独立声道音响系统、播放控制系统等组成，采用数字影片播放，根据韦岗战斗故事情节配备了喷气、喷水、刮风、震动、烟雾等特效。……根据剧情的需要，运用喷水、烟雾、座椅等特效设备，营造出机枪射击、炸弹爆炸、硝烟弥漫等真实战斗场景，使观众产生身临其境的感受和受到强烈震撼，全方位、多角度感受和体验红色文化。据悉，《韦岗伏击战》还是国内第一个以动感特效方式制作的近现代军事题材的影片。"参见网页 http://www.xibaipo.com/news2007/News/zhouzaixing/2009/618/096181412511JCDCHI6H770B444C1JE.html。

11. 所以最终的差异也是很明显的，盐城新馆的收益基本还是为零。

12. 溧阳新馆完成之后出现了一个略显滑稽的情况，作为建筑物标志（或名称）的N4A三个大字应该放于何处似乎成了一个不大不小的问题。在其他的纪念馆中，这三个字都毋庸置疑地放在建筑正脸的中心。但在这里显然不可能，因为它没有一个同类建筑必须有的对称的正立面。所以三个字母的摆放被反复调整。首先放在入口上方，然后移到右上角，然后把下端的"New 4TH

AMRY"一行字去掉,再就是将白底蓝框蓝字的标准 Logo 换成普通的黑体字母,然后又嫌字体过大,将之缩小,再在建筑的背面左上角放了硕大的三个字母……几番折腾下来,这个建筑不像庄严的纪念馆,反而像个挂牌出售的商品。究其原因,我们可以发现,这个建筑完全不需要这三个字母。因为该标记已经彻底转化为建筑的身体,建筑自身已经是一个自足的个体。换句话说,建筑应该有的寓意已经内化为建筑身体的组成部分,快感的统一体上不需要重复的名称指示。

13. 喷水池是西方广场空间设计的重点,也是中国古典景观设计中不可能出现的元素。在此方案的原始稿中,喷水池处于相当重要的位置,但是最后被取消了。

14. 鲍家声、武向兵:"新四军纪念馆简介",《东南大学学报》,1990 年第 5 期,第 82 页。

15. 盐城的新馆也已经完成,虽然风格相当现代,而且也将最前端的雕塑几乎放置在建军东路和旧馆中轴线的相交处,但是整体上仍旧保持了旧馆 80 年代的庄严感。

16. 倪兴祥:"试论革命纪念馆扩建工程中应重视的几个问题",《中国博物馆》,2001 年第 3 期,第 52 页。

17. 同上。

18. 王春:"中小型革命纪念馆社会功能刍议",《博物馆研究》,2007 年第 3 期,第 22 页。

19. 这指的是发端于 20 世纪初欧洲的新建筑运动。功能第一性、新材料、新结构、空间透明、形体几何化、去装饰等是它的基本特点。它与中国相遇、碰撞的历史,和这段新四军的纪念史正相平行,且相互映射。

20. 这是一个相当不错的建筑,但它没有对其容纳的两个主体(革命主体和参观主体)的关系进行重新解释。它和旧馆之间的联系只存在于一面完全多余的外墙——它将现代的玻璃盒体遮蔽在身后,且在正面表皮上刻下与旧馆外皮同一比例的分隔线。虽然略显勉强,但是可以看出来纯净的现代风格已经相当程度地进入这一系列之中。

21. 相比之下,盐城新馆的做法和这个被弃方案颇有共通之处,它们都是从设计本身出发,而忽视了大他者的欲望,所以设计的可贵尝试在此各遭不幸际遇——一个用一道墙半遮半掩之,一个在方案阶段就被直接忽视。

22. 溧阳的茶文化产业发展迅速,各种茶文化节和相关的高层论坛层出不穷。

23. 李金堂:"打造苏南红色旅游第一品牌",《常州日报》,2007 年 11 月 1 日。

24. 这一点,国家版和民俗版现代主义都很难做到。现在在宁杭路上来往的车辆都会看到这个不经意间就会撞进视线之内的黑沉沉的异型块状建筑,它已经成为溧阳的一个招牌(或者说符号)。

Hu Heng

History of Revolution, Enjoyment, Modernism

Behind the various attitudes of modernism to the historical issues, there exists the same background, the structure of the history as some kernel of enjoyment that drives forward the modern movements. Although it is cruelly concealed in the ethics of the western modern architecture, where the history is deemed as the original sin, upturns always come up at somewhere unpredictable. During the process that modernism got transplanted overseas (for example, China), the kernel of enjoyment of the history found an opportunity to show up. It seems that those primarily-developed areas were containing some capability, which crossed with modernism and enabled the inner structure of modernism to reform arbitrarily. Subsequently, the history, as the kernel of enjoyment, lifted up its veil as well. Certainly, we are not adopting the strange locations to interpret the mysterious connection between modernism and the history. In stead, our purpose is to analyze the mode in which modernism combined with the reality in China, since, for many times, the existing history has been the combination of them both. Besides, it is not its original material and given meaning that function here, but its structure as the kernel of enjoyment. Used to be haunting here like a ghost, it now made a grand debut (strange locations).

The New 4th Army Jiangnan Headquarters Memorial ("the N4A Memorial" in short) was completed in November 2007 at Liyang City. It set a good example for the smooth dock of modernism and the reality of China with the history as the pivot. As a Memorial for the history of CPC, which is located at some Chinese tourist destination and in the global web age, it indicates something special. With these layers intersecting with each other, the results thereby arising are quite thought-provoking and give us an opportunity to survey the ever-changeable encounter forms between modernism and the reality of China. Apparently, our analysis should start from the history. It is no longer the vestige of the past as it usually is. Exactly speaking, it starts as a necessary excuse and a virtual motivation, which strengthens repetitively the symbolic order of the reality. However, as the reality revolves, it gradually turns to an active structure, which, despite abstract framework, pushes the process of symbolization in reality forward to a material destination. At here, we may find that a scaled memorial project (architecture of the CPC history) is launched at a small city (at the county level) and attempts to incorporate a "sublime object" into a decomposed modernism form system.

The "N4A Memorial" is part of a memorial series. So far, nearly 10 memorials named after the New 4th Army have been established, respectively located at Yancheng, Maoshan, Changxing, Taizhou, Nanchang, etc. Despite the different locations, their contents remain the same, the war history of the New 4th Army. It is a special kind of history. On the strength of close and vivid characteristics, it breaks successfully away from the neutral grand history but erects as an independent realm of absolute value. Certainly, it is the "sublime object" (the officers and soldiers of the New 4th Army) that supports it. That's why it is widely addressed "the Iron Army".

The New 4th Army Memorials previous to the N4A Memorial and its precursor are built for the education of revolution traditions and patriotism. They represent the characteristic of the symbolic reality of that age (China in the early 1980s). In terms of design, this retrospect to the self-history is expressed in quite a plain manner — to reconstruct the narration about the past through the most direct demonstration. Firstly, it involves protecting the place where the historical events take place and solidifying it. To follow it, such media as the relics, photos and written words are adopted for the classical narration of ditheism. In addition, necessary theme memorials are added (sculptures, inscriptions, etc.) It is quite a mature set of narration mode. The spatial imaging participates in it cooperatively instead of proposing independent ideas (especially conceptual ideas). The old N4A Memorial, which was restored and opened in 1979, set a good model.

The old Memorial is located at an ancestral temple of Shuixi Village in the northwest of Qianma Town, the old site of Liyang New 4th Army Headquarters. 2460 square meters in land area, 3560 square meters in constructed area, it is divided into 4 parts, namely the Memorial Hall, the Marshal Hall, the Hexagonal Pavilion and the Tablet Corridor. The Memorial Hall contains an exhibition room and a wing. In the exhibition room the bronze statues of Chen Yi and Su Yu are displayed. At the back of the statues, inscriptions by Li Yimeng, the former Secretary-General of the New 4th Army, are displayed along with other exhibits, such as photos, real objects, diagrams and electronic models. In the wing, the offices and bedrooms of Chen and Su's are reserved respectively. In honor of the marshal, part of Su's ashes has been scattered in the patio of the exhibition room. The life stories of Chen Yi and other 76 New 4th Army Marshals and Generals are displayed in the Marshal Hall. On the 1st floor, over 80 precious photos are displayed, while the introductions to the lives of 4 Admirals, 8 vice Admirals and 62 Rear Admirals can be found on the 2nd floor. The exhibits are telescopes, handguns and other articles once used by the generals. On the tablets along the Tablet Corridor the inscriptions and calligraphy works by old New 4th Army soldiers are embedded.

From here, we can see clearly two characteristics of the old Memorial. Firstly, the revolutionary subject is taken as the only exhibition object. It is shown by the two statues at the entrance of the Memorial. By contrast, the architecture itself doesn't offer any space for expression. It only provides an original atmosphere, restores the real looks of the historical events and at the same time emphasizes the ultra-objective value of the revolutionary subjects, through which the revolution goes in front of us. Secondly, the metalanguages in the revolutionary process are encoded into the materials for narration. Most exhibits are old articles of Chen Yi or Su Yu, such as the soundly reserved offices and bedrooms. As real evidences for the history and metalanguages free from any symbolic treatment, they combine perfectly with the architectural space. Radiating from them, other secondary languages (photos, written words, and various articles of other officers and soldiers) align in turn by degree of importance. Not far from the old Memorial, the Tablet Corridor offers marginal supplements with calligraphy works and inscriptions. What is more, in the old Memorial is also set a symbol, small-sized tablets. Both the gate sides (entrance) and the ash-scattered patio (the climax of the exhibition), two of the most important places, have their presences. On the one hand, this closely-structured narration makes the historical events comprehensive and readable. The reproduction of the recoded characters and plots complies with the normal mode of understanding: the primary and middle school students may admire the bronze statues, read photos, written words and graphs along the screen wall, feel such war memorials as the military maps, handguns and telescopes and then view and emulate the calligraphy works in the corridor by the riverside. On the other hand, it offers something basic, the ashes of Su Yu's scattered in the Patio. Without doubt, it reveals directly the Thing and brings about the viewers irresistible impact. We are standing on part of the body of a great historical figure! As a result, the past historical events upgrade to some supreme and splendid existence (death), where no physical evidences are needed, and the sublime object also finds the right form, which is invisible but right in front of us. It is real but inspires imagination. What's more, it is also the only physical counterpart to the eternal spirit. Just like a cornerstone buried deep underground, it determines the direction of consciousness and basic structure of the old Memorial.

  This is how the reality of China is expressed in the early 1980s. It has explicit target: to conduct the education of patriotism and revolutionary traditions, and adopts plain methods of classical narration and Thing shock. The demands from the reality at that time were quite linear, requiring neither the overlap of many other layers nor more meaning possibilities. The revolutionary history represents nothing but itself.

28 years later, Zhang Lei designed the new N4A Memorial. 3650 square meters in architectural area (equaling that of the old memorial), the new N4A memorial looks like a rectangular block, 56 meters long, 28 meters wide, 15 meters high and made up of 3 floors. Seen from outside, the new N4A Memorial adopts a completely different spatial creation mode from the old. Firstly, it is part of the planning of a gigantic comprehensive memorial square and a standard artificiality. The new N4A Memorial sits on a platform in the midst of Zhong Bei River in the west of the old Memorial. Between the two Memorials lies a 200-meter-or so wide space. Both Memorials are decorated with memorials, either small or medium-sized, by the two sides, such as the Martyr Pavilion, the Tablet Corridor, outdoors statues, etc. Compared with the old Memorial, the square is more of a themed park for leisure and entertainment. Secondly, the new N4A Memorial adopts the handling method of inward special-shape cutting of hard-edged geometry, where there is an 8*8 square-meter column grid, a regular framework system and a 100-degree double-broken line, which divides the internal space into two parts, for research and display respectively. In them, the architect dug two holes, either transparent or semi-transparent in bottom, and then linked them with several irregular and inclined surfaces. Jointly, they function as the yard. As Zhang Lei intends to reverse the traditional inward style (pattern of the old Memorial) to the outward movement, at first sight, the new Memorial looks like a rectangular granite with several irregular pits, or a cheese riddled by food-worms. Thirdly, the visual elements of the new Memorial are completely symbolic. The parental geometry represents that the architecture itself is a memorial, while the stone-plate coating symbolizes the classical connotation of the tablet. The surface, whose inner barrel is made of

red aluminum plate, signifies the blood scattered on the rocks during the wartime and meanwhile conveys the image of rocks inscribed with the history. What's more, with several pits in the east, the figures of "N4A" is illustrated in the front. Fourthly, the display space is theme-based. The exhibition room on the 3rd floor falls into 5 themes, namely the Strategy Workshop, Beacon Fire, Stand Together, Nation's Souls and China's Backbone. Multi-media approaches such as the sound, light, electricity, scene simulation and fiber dynamic sand-tray are adopted to restore the historical scenery in a vivid manner.

In Zhang Lei's design, both the letter and the yard act as the starting points. The letters are taken as the preconditions for the design, while the yard space is reversed. In fact, the designer has been considering and testing the two themes for quite a long time. In his view, both the letters and the yard are atoms of the architecture, irresolvable basic materials and representatives of some beginning. It is a typical modernism thinking: the development and reality representation of an architecture are out of the control of the ideology, but take root in its own meta-elements, either technical materials, spatial types, abstract concepts or basic components of some special latitude of the world (such as the letters). As the results suggest, the yard space has exerted all its impact. The inner space not only adds more layers to the exhibition space but also changes the continuous but hard outline of the architecture geometry artfully. Although they are not the only archetypes for the architecture, but stay in the front, the letters combine very subtly with the two forward yards.

Whether from the comprehensive memorial square, or the overall design thought, or the form system engraved with metaphors and symbols, the new Memorial conveys such an implication that the self-elaboration of the architecture has become the main line to commemorate the history. In the first Memorial, the historical event manifests its own authenticity only by freezing the historical flashes. In stead of delivering ethical sermons with the derivative meanings, it imposes objects of traumas such as ashes and handguns upon the viewers to shock them both mentally and physically. The architecture has not an independent visual architecture but stands merely as a shell of a traditional architecture and comes across the revolutionary war by accident. However, in the second Memorial, things are reversed. 736 as many, most of the historical relics are collected claptraps, with few related directly the history of Shuixi Village. Thus it is the display system rather than the revolutionary subject that plays the leading role. Lacking the plain sense of ceremony that the old memorial has, the N4A Memorial emphasizes the sense of game and interactivity. In other words, all of the metalanguages in the revolutionary process transform to the secondary form of reproduction here, i.e. the scenery restoration and E-books. On the other hand, the architecture expresses strong self-consciousness. The whole set of modernism visual languages, namely the abstract force of the geometry, metaphor of materials, twisted movement of the organisms in the internal space, even the grid and deformed screen wall, all enter on the stage. Whether the self-construction of the architecture is successful or not has become a core task for the project and the architect. That's why the architect chose to break away from the history of the relics but seek for its form from the architecture itself, or the symbolism determined by multiple factors. In this way the external visual performance of the architectural languages combines with the historical symbols. We can also find it in the new Jew's Memorial that Daniel Libeskind designed in Berlin.

As the final result to the combination, 200 meters or so away from the old Memorial, which enjoys bricked roof, white walls and pleasing size, stands a fashionable and expressive modern architecture (against the clear and unblocked background).

Compared with the early 1980s, the reality in China has changed a lot in 2007. Although it is but a small city (a county-level city at the juncture of Jiangsu and Anhui provinces), similar to many other big cities, Liyang also faces such problems as the requirements for development and relevant plans. Building national patriotism education base and making featured brand of red tourism in East China, so does the headline of "Knowing Liyang", an official newspaper, read when introducing the new Memorial. Therefore, the new Memorial is no only a pure place for exhibition but part of the tourism industry. Along with the local natural scenery Tianmu Lake ("Green Business-card"), it has become a window to the tourism industry in the city, or the "red business-card". So far, the revolutionary history has been closely connected with the economic development.

As the age changes, the history is also changing inevitably. The worshiped sublime object (revolutionary subject) has turned into an object of consumption and a red resource awaiting development. Despite the cornerstone of the old Memorial, the traumatic core has to be sacrificed here, since it has no truck with the economic growth, and it is hard to imagine what economic value it can bring about. Along with it, the material carriers (Thing) have been sealed up at the old Memorial and in the memory as well. To review the New Memorial, apart from those media for the reproduction, such as the paintings, moulds and e-books, the new Memorial is almost empty. Even the uniform of General Zhong Qiguang and the blanket donated by General Zhang Zhixiu, which are addressed the most precious collections in the Memorial, are more dramatic than memorial and are dimmed by even the common collections in the old Memorial. Without the traumatic core, without the thing basis and the empirical materials, what else remains in the history?

Its symbolic capability and the kernel of the enjoyment that pushes forward the capability do remain! In substance, the kernel of the enjoyment of the history is just another face of its traumatic core. Their difference lies in that the trauma is both the results of the impact of Thing (blood and death) and its motivation, while enjoyment is always degrading holy things (emotion and morality) and attempts to build new real world in the symbolic game. In the old Memorial, the impact of Thing is so direct and intense that the meaning and symbolic system can do nothing about it. In the new Memorial, due to the absence of the Thing, the kernel of the enjoyment of the history gets an opportunity to perform. Just like an intangible hand, it transforms the modernism form system, the existing ideology, the shabby technical conditions, the history of the revolutionary war and the featured civil residence traditions into participators of the symbolic game and equal symbolic components. As is mentioned above, at the very beginning, it (the history) is a necessary excuse and a virtual motivation that intensifies repetitively the symbolic order of reality. However, as the reality changes, it gradually transforms to an active structure, which, with nothing but abstract framework, pushes forward the process of symbolization in reality to the material destination.

Of course, modernism is involved in the game mainly due to the modernism architectural concept of the designer, Zhang Lei. However, what's more important, it is because under the temptation from the historical elements of the reality, the kernel of the enjoyment of the history, which is deemed as the original sin by modernism, was exposed. It came across that intangible hand and then overlapped with the latter. Upon its influence, the supremely good, transparent and integrated ethics of modernism, which the designer has been reflecting on seriously, was destroyed. The form system was broken and packed into different meaning packages. The letters "N4A" curved the front face of the architecture. The outline of the broken line signified the complexity of the revolutionary war. The spatial type of the yard transformed and overlapped with such mainstream signals as "blood scattered on rocks" and "exploit inscribed". The geometry, wide walls and deep holes were form abstraction to the walls of the ancestral temple of Shuixi Village. The eternal stone image was covered by a fragment-spliced surface (the workers pasted an effect of clouds with the stone plates in 3 different grey scales), with the idea from the interlocked grains of the lattice windows of the civil residences in Southern Yangtze River. The whole architecture looks like a monument, lying across the Southern Yangtze River and going through the ages.

Jumbled, the cross-breeding produces an undergrowth of meaning. Since modern tourism economy got involved in the revolutionary history, the meaning of the Memorial has been deviating from the given linear mode (education of the juveniles), and awaiting reconstruction and diversified combination. As it were, the new Memorial offers a new opportunity. Aren't these holes, either dented or projected, the lapidification results of the meaning combination? It seems that it is only in this superficial visual indulgence and meaning overflow and the totally eternalized undergrowth of enjoyment that the sublime object contained by the new Memorial is likely to dwell freely in those entertainment forms, such as the sand-plates, macro-landscapes and paintings, and give out some new holy meaning after it is unable to find substance in the Thing: as the entertainment value replaces gradually its absolute value, it takes off the holy overcoat, becoming part of our daily life and the neutral history in general.

That's why another plan of Zhang Lei failed. Similar to the new Memorial, that plan also focuses on the combination mode of modernism and the reality of China. The external coating continues the style of the old Memorial. The wide white walls, dark cyan edges, small windows and big entrances and the interlocked 8 single pitch roofs hidden behind the walls implies evidently the flavor of traditional civil residences. What the internal design follows is pure modernism. In general, there is a square grid, 42.8 meters in width and length respectively. Within the grid, the orthometric method of addition or deduction is adopted for functional classifications. The 5 inward yards thereby arising bring about subtle changes to the even internal space. When satisfying the exhibition demands as the key elements for the spatial classification, the roofs produce unity in the spatial space as well. It is a hybrid that combines completely different internal and external treatments. It attempts to enclose the space rhythm, which is endemic to modernism, precisely controlled and change frequently, with reserved Chinese coating, and at the same time keep the rhythm completely contained and prevent any signs of it from showing on the coating of the architecture. This low-keyed treatment (in my view it is excellent) is diametrically opposite to the symbolic game of the new Memorial.

In this plan, the design links successfully the general image of China (civil residences) to the general spatial language of modernism, which empowers the plan to act as a model for the abstract combination between the Chinese traditional architectures and modernism. However, forced to ignore the initial atmosphere upon the existing reality, for instance, the revolutionary history, the pacing factor through and across the whole site, it had to stay in a vacuum state of conceptual model, unable to provide us a symbolic necessity to understand the new connotation of the given history (the revolutionary history) just like the new Memorial.

On the contrary, in the new Memorial we have seen the link between the symbolic activities and the architectural contents, or the broken modernism and the existing reality of China. What's more, we also have seen the independent revolutionary history, which possesses absolute value, pure connotation, and one-dimensioned direction, gradually stepping toward even wider history of the human beings. So far, the retrospect to the self-history is no longer purely the memorial to the primary trauma and the solidification of the order of the reality, just like the old Memorial in the 1980s, but is shouldering new responsibilities to participate in the general overall circulation of the human beings. And yet, in here it expresses a stodgy purpose: to become a motivation and stimulate the development of the local tourism industry.

胡大平

南京长江大桥

　　诞生之前，"南京长江大桥"就注定将是一座奇特的地标，它具有：古代的庄严、现代的崇高；视觉上的优美、象征上的厚重；历史的伟大、当代的完满。因为，它是新中国试图战胜自然（长江天堑）和历史（旧中国的无能）的伟大尝试；它是一种深层的乌托邦冲动和现实的集体力量、领导意志和群众运动在特定条件下的结合。由此，它能够成为新中国工人阶级创造的奇迹。始终伴随着大桥的是一种历史美学。这种美学并不依赖于外在的记叙，而是把历史内化到自己身上，在现代性时间中构成辩证的意向：一方面，它以自己的充盈性占据着一个永恒的位置，从而作为艺术品为测量历史时间提供了绝对的高度，并由此抗拒时间本身的流逝；另一方面，它亦无法摆脱自己作为一个瞬间的起源，作为一个功能性空间而经受时间的打磨。作为艺术品和功能性空间这种辩证的张力，在同质性时间中消解了并凝固成一种政治美学，但是在异质性时间中，它恰恰成为体验时间之异质性的中介，转化为历史美学。

　　作为一座建筑，南京长江大桥始终是完整的。作为一个意象，大桥最初是充盈的，甚至达到这种地步：除了其原始的意象，没有给任何其他可能性留下空间，以至于对大桥的别样涂写构成对它得以产生的那种语境的挑战。然而，在今天，无论建筑本身，还是在意象上，大桥的完整性都瓦解了，它不再是唯一的、自足的、完整的"南京长江大桥"，时间在其上打了几个楔子，将其分割为几个对峙的形象：作为记忆的大桥；南京的大桥；长江的大桥。

　　时间与空间对大桥的多重切割使之成为等待归零的地点。也由此，大桥，成为一个正在消隐中的中介，不只是呈现了物对时间的绝对敏感性，更重要的是以那种辩证的张力敞开了时间在其本质上的异质性：时间是生产性的，每一代人只能守住自己创造的时代，也因此，只有面向时间的敏感性，一个社群的历史才是生产性的。

南京长江大桥

南京长江大桥全景

一、2011·印象·桥

不管是南京人,还是其他地方的人,你总是从一个点开始接触这座桥。

让我们从其南引桥的入口开始吧。这个地方,叫四平路广场。

四平路广场已经很难再称得上广场。20世纪90年代中期,为适应南京现代化发展的进程,快速化的城西干道高架桥直接穿过广场与大桥的引桥连接起来,广场退缩到一角,虽然仍然保留了广场的规模,但它显然只是另一个城市现代性的注释,而不再是它的正文了。站在上桥的巴士专用道上,向南看去,远远是江苏电视台的发射塔,它标明某个地点,而城西干道高架桥,无论说它是从城中伸出来的,还是由外面插入城市的,反正形成了一个通道。桥上与桥下几乎日日雷同的景观——大小汽车排着队等待着冲上大桥,从这里逃出城市——讲述着一个事实:这是一座繁忙的桥,一座其交通功能已近饱和的桥。

转身向北,便能走上大桥,但你看不到完整的桥。在城西干道高架桥与大桥公路桥

从四平路上桥巴士专用道沿着城西干道看南京市区

大桥南引桥工字堡及其周围景观

引桥的交叉处，有一个可能吸引你的景观，这是两个对称的广告柱。这两个广告柱，很醒目，它们现在构成了一条分界线，提醒你存在两个不同空间。它们又是一种联系的中介，告诉你两个不同的空间是没有缝隙地联系在一起。它们是广告文化的标志，又可称典型的现代艺术作品。构成艺术性的不是其形态，而是占据这一建筑的姿态：在大声说话的广告牌里面是沉默的工字堡——它们是大桥诞生的纪念柱。尽管广告并非惊世骇俗，但与艺术家们别出心裁包裹海岸、帝国议会大厦的效果一样：它让人们看到空间的多维性、景观的脆弱性——没有任何一种景观会像它当下呈现的那样永远自然而然——以及最重要的，包裹行动代表的欲望的绝对性。

你可以将大桥视为一件艺术作品。因为，每一根柱子都是一个标杆，它挺立在那里，有时，就是用来供你测量世界的。与它相比，毗邻的大厦显然是一群野兽。一个活生生的巨大的野兽派作品。换一个角度，你会发现高度原来是一种有弹性的物质性质。照片上的景观与实际当然有差别，因为它运用了强迫透视光学原理。不过，既然透视都是可强迫的，在许多情况下，大小只不过是一个视角问题，取决于你怎么看。所以，你可以把眼光从桥面上移开，从侧面看一看它的样子：一座有些岁月的拱桥。

桥上的玉兰灯显然不是当下的流行样式，它会让人想起伟大首都的天安门，因为那里的灯就是这个样子的。物以某种相似性联系起来，在不同的地点编织出空间的同质性。据说，大桥上的玉兰灯正是当时国家领导人选定的，与天安门使用它的逻辑一致，它既是一种民族风格，又是高贵的象征。在 20 世纪 70 年代的一幅年画中，我们看到，一杆玉兰灯以出其不意的比例占据了十分显著的位置，在前景上甚至盖过了桥头堡。其效果如董希文在著名油画《开国大典》上去掉了一根天安门廊柱，这正是典型的 freudian slip，在建筑上是失败上的，但它以艺术呈现了那个时代的意识形态框架。在今天，不管我们是否仍然喜欢玉兰灯的风格，但它们顽强地见证：这是一座深深地嵌入环境而以自己的历史风貌抗拒着时间的桥。

现在，沿着桥面前进，你可以体验到完整的大桥。因为小学课本上的那篇《南京长江大桥》，许多 20 世纪 60 年代末出生的中国人都会有这种向往，赤脚在大桥上走一走。"清晨，我来到南京长江大桥。今天的天气格外好，万里碧空飘着朵朵白云。大桥在明媚的阳光下，显得十分壮丽。……宽阔的公路上，行人车辆穿梭似的来来往往。两座雄伟的工农兵塑像左右挺立。塑像后面，耸立着两个高大的桥头堡，顶端的一面面红旗，映着阳光，十分艳丽。正桥笔直的公路上，一对对玉兰花灯柱，像等候检阅的队伍，站

"文革"期间大桥招贴画

得整整齐齐。我手扶着桥栏杆，站在大桥上，远望江面，江上的轮船像一叶叶扁舟，随着波浪时起时伏，侧耳倾听，一列列火车鸣着汽笛，从脚下呼啸而过。"课本上说的，在今天，你极难遇到。没有"万里碧空飘着朵朵白云"——快速都市化的南京一直被新近天气预报所定义的"霾"这种天气困扰着，被附近建筑围攻的大桥也不再"十分壮丽"，车辆倒是塞满了桥面，但行人很少。人行道改成了非机动车道，你在上面行走，冷不丁地会听到身后的呵斥，轻一点——喂，喂，重则——找死啊。与时间赛跑的现代人，忍受不了他们前进道路上的丁点儿障碍，无论开小汽车的，还是骑自行车的。这很难让我流连张望与倾听，感受大桥之美。

途中，你会发现大桥新添的一些物件——防护网、新建的引桥。前者是防止行人或物体坠下大桥的，后者是把汽车送上大桥的。大桥是这个城市的代谢器官，但城市只是想把某些东西排出去，而不愿意接受从它上面挤进来的东西。一个新的引桥架到原来引桥之上，是否意味着南京开始向大桥索取更多的东西，从而开始了其"不堪重负"的历程？大桥不会开口，但它自己在讲述。

现在，你回望城市。大桥既在城市之中，又在城市之上。它在城市之中，但永远不可能被城市淹没，它在城市之上，却又从未压抑这个城市。在南京这个城市中，大桥与其他建筑一直共生着，无论这个城市过去的那种静穆，还是它现在的这种挣扎着要撑破

南京长江大桥

南引桥上的不同景观

天空的紧张。大桥，既属于城市，又不属于城市。它是观察城市的别样眼光。虽然它并没有以直接的方式记录自己见证的城市变迁，但你站在它身上便会感受得到。

接近桥头堡的时候，你会遭遇到另一段很长的防护网。这是在大桥成为许多厌世和轻生者的"自杀圣地"之后树立起来的。许多大桥，例如举世闻名的美国金门大桥，都没有幸免于"自杀圣地"的称号。这给大桥的审美带来了一种颠倒的两面性：大桥本身是壮美的，它让人们体验到人类之崇高；大桥的高度不仅没有改变个体生命之脆弱本质，相反，倒是更清晰地将其呈现出来。任何一个社会对此都无能为力。在金门大桥上设置防护网的计划，曾经引起旧金山市民的热议，计划终究搁浅。理由是它既无法阻止那些轻生者之轻生举动，而且劳民伤财反而使大桥失去了原来的美观。有人建议，不如将那笔费用花在那些因为贫困、疾病、情感危机而失去生活勇气的人身上，这倒是一种善举。在南京长江大桥上，防护网还是立了起来。当然，不是全部。让我们留意一下设立防护网的位置：它们的下面都是铁道。如果我是一名轻生者，当我迈上大桥，我绝不会选择越过护网，但我却会因此更加坚定弃世的决心。因为，特别是那个"高压危险"的警告牌，那种强烈的"别靠近我"的姿态，仅仅陈述了一种禁令——你别给我惹麻烦。社会啊，它关注的是自我的安危，而不是人的苦痛。

来到南堡。在这里，破损的路面，布满灰尘的墙面和商店招牌，到处都是乱涂乱画和"牛皮癣"，一片衰败的景象，虽然不至于像那位志在用艺术干预自杀的艺术家描述的那样，大桥俨然已成废墟。在南堡驻足的，都是些来寻梦的人吧。见过世面的现代人，肯定再也无法直接感受大桥之雄壮和俊美了，近十年里，一座又一座长江大桥争妍斗奇，甚至让人审美疲劳了。不过，大桥仍然有让人无法不惊叹的地方，桥头堡上的"三面红旗"便是其中之一。它的色彩依然如旧，就像当年设计的那样。虽然建造它的红色玻璃并没有在阳光下闪闪发光，但它却格外地夺目：在历史时代中，它本身就是独一无二的，在今天，作为一种另类，尤其符合人们的异国情调审美。让大桥产生美学效果的，当然不只是桥头堡。只是，那些出身非凡但形象朴实的要素需要我们静心地去寻找和发现。

在发现之前，最好登上南堡的观景台去领略大桥的美学效果。今天，你在地面上的任何地方可能都看不到大桥的全部。不过，站在桥头堡上，你却可以感受它的全部。观景台上，视野的突然开阔，不只是让你换一个角度看到了想看而看不到的东西。这个时候，你会感到自己成了大桥的眼睛，感受到它看到的一切。此时，扎根于城市机体内部的引桥末端，就像是你自己的神经末梢，通过它，你感受到城市的温度。你会感受到，原来，

南引桥上的防护网

南桥头堡　　　　　　　站在南堡观景台上看南京市区

大桥像你那样根植于这个城市，关心着这个城市。你也会感受到，你被这个城市注视着，就像大桥那样。当你变成大桥的目光，你也就感受到城市的目光。在城市目光注视下的始终是大桥整体。周围的高塔丛林，慢慢地将会把大桥隐没，大桥也因此逐步变成另一个对象，一个将来的人们去探索和发现的对象。在观景台上，你会感受到大桥本身，作为一个整体的大桥本身。

在此刻，我们无法预言将来，我们能够体验到的是它的存在，这存在联系着它的诞生。作为一件艺术品，它的诞生，作为事件，记录了天地神人的际会。

二、大桥，作为艺术品

大桥一直被人参观和谈论着。

大桥的美学，首先是一种无用性。不过，它并非首要地指向形式上的美观，不是建筑美学，也不是埃菲尔铁塔那样的技术美学，而是一种历史美学。这种美学的基本特点是象征。它以某些象征记录了一个时代的乌托邦诉求，这些象征如此强烈，以至于在相当长时间里支配了人们对大桥的认知。在这种认知中，大桥首先不是一座具有交通功能的桥，而是他们全部欲望的浓缩。在此语境中，大桥不是在意义上共时性地承担了而是无与伦比地发挥了建筑的隐喻功能，成为一座纪念建筑，成为一个大写的符号。就一座承担实际功能的建筑来说，大桥是一座颠倒的埃菲尔铁塔，后者以零功能（无限功能想象）直接成为（法国）工业化和现代化的象征，是一个零度的符号；大桥无论在功能上和象征上都被牢牢地固定并且填得很实，甚至禁止了对它的想象式挪用。它是一个充盈的符号。

历史美学之为美学，在于其以激烈的形式记录了特定社会历史条件，甚至贬低了作为载体的建筑本身。这也造成了历史美学的难题：当社会历史条件发生变迁，其美学意韵也便失去了支撑，载体本身（无论其是否具有实际功能）也难逃被再度贬低的命运。最为极端的例子之一是"文化大革命"，在"破四旧"过程中，历史之物遭到了彻底贬抑。而最不易察觉的事件便是服装的变迁。这种变迁，往往被"审美趣味的转移"这种解释掩盖了其实质。然而，中山先生推行中山装这一事件恰恰见证了现代化之民主的诉求，服装上的等级象征被彻底打破。正因为这一点，大桥在诞生之初和今天会遭遇两种不同的目光：诞生之初，虽然它的实际功能远远大于政治价值，但人们所热烈欢呼的恰恰是

南堡展览厅里的毛主席雕像

他们自己的欲望对象,那是一种伟大领袖毛泽东表达的民族主义(反帝反修)、工人阶级主人地位、社会主义等因素复杂编织起来的意识形态;今天,则是改革开放逐步解放出来的剩余价值欲求,在这种欲求之中,尽管大桥实际上已经做出了它能够做出的贡献,但仍然因为妨碍了理论上的航运和其他更大的剩余价值机会而遭到彻底的贬抑。在后一语境中,大桥在意象上成为一个有待归零的地点。也因此,成为我们体验历史的一个正在消失的中介。

当然,这一过程,正如历史的展开,亦非一个简单的、直接的和瞬间的颠倒,而是复杂的转换。我们现在就要讨论这种转换。不过,在讨论之前,需要指出的是:历史美学,源自历史,因此其审美意象对于时间是敏感的,但是,作为历史美学载体的物,它符号化,恰恰需要一种符号学意义上的所指锚定。正是因为这一点,历史美学是极为脆弱的。大桥诞生的40余年里,在激烈的时代变迁中,作为一个符号,它实际上经历了三次锚定:诞生(锚定)、后"文革"反思(加倍)和改革开放(再加倍和重新定位)。经过这三次锚定,最初的实际功能和象征功能的完美结合恰恰成为其在预期寿命尚未到来之前便提前进入消隐程序的根本原因。

二之一：注册大桥

I. 命名和意识形态锚定

在南京长江大桥建成的那一刻，中国人民"热烈欢呼伟大的毛泽东思想和毛主席无产阶级革命路线的又一次伟大胜利，热烈欢呼无产阶级文化大革命又一丰硕成果"！[1] 这一命名与意识形态锚定的意义在于，它使大桥彻底符号（象征）化了。[2] 这个符号指向那个时代中国的三大历史主题：民族主义、工人阶级的主人翁地位以及社会主义。而它们又紧紧地与毛泽东和"文化大革命"联系在一起。

《新华日报》的社论如此定义大桥：

这是一座反帝反修的桥，它向全世界庄严宣告：赶走帝国主义，踢开修正主义，我们生活得更好。大桥的建造，没有一个洋人，没有用一件洋设备，自己设计，自己施工，自行安装，开创了我国自力更生建设大型桥梁的新纪元。我们的国家不愧为伟大的国家！我们的人民不愧为伟大的人民！

这是一座英雄的桥，它向全世界庄严宣告：用毛泽东思想武装起来的中国人工人，天塌下来擎得起，地陷下去补得平，没有不可克服的困难，没有不可攀登的高峰，什么人间奇迹都能够创造！

这是一座胜利的桥，它向全世界庄严宣告：我们社会主义建设和无产阶级文化大革命的伟大胜利，无比灿烂辉煌。让帝国主义、现代修正主义和资产阶级老爷们，像恶狗一般狂吠吧！[3]

大桥的诞生，它为新中国之社会主义、民族、工人的力量提供了物质象征。在"文化大革命"语境中，这一象征又凝结在领袖崇拜之上，因此大桥是伟大领袖思想的胜利，而它的作者就是毛主席。有评论者从建筑本身指出了这一点："在南大堡一楼大厅里的毛主席塑像就是在说明他才真正是这座大桥的作者，就像赵州桥头的李春塑像和京张铁路上的詹天佑像一样"[4]。实际上，这并不难理解。在大桥诞生的年代，毛主席语录满天飞，在这样一个巨型的象征之物上出现主席的塑像和铭写他的语录并不为怪。当时，从通讯到诗歌，无不强调大桥是"毛泽东思想武装的工人阶级的壮丽凯歌"、"天安门上一挥手，亿万人民同心干"。无论如何，这是非凡的大桥，它虽诞生于人手，但绝非一座单纯用

1969年通讯集封面

以交通的工具。

II. 注册

意识形态不是外在于时代的某种意识，而是一个时代维持自己结构的幻象框架，这一框架必然以物质化标记把自己呈现出来，注册到一个时代诞生的全部物和人的身上。大桥最后获得命名的那种意识形态框架，实际上在大桥建设期间已经演化为一系列诸如"向阳花"（葵花）那样的象征符号注册到它的身上，成为它的必要组成部分。

1. 桥头堡

新近诞生的一些长江大桥，大都采用了拉索或悬索方案，它们宏大的体量和干净利索的形式造成了一种速度感。就在南京境内的南京长江二桥、三桥和四桥都是如此。这些桥不再注重它们的桥头堡，而这使得大桥格外引人注目。

南京长江大桥的桥头堡，其完整构成包括四个雄伟的"三面红旗"桥头堡、四个巨大的雕塑，以及其身上八条鲜红的革命口号和毛主席语录。"三面红旗"（总路线、大跃进和人民公社），无须叙述，即便历史巨变使"何以如此"这个问题总是让人窘迫，从而让我们有意无意地在自己的记忆中擦除这项内容。在义务教育的历史课程中，这仍然是涉及那个时期的基本内容，提及了人们总是能够知道。

需要叙述的是雕塑，它并非如流行解释的那样是"工农兵学商"。这个解释由一个关于周总理的故事深深地锚定了。那个故事说，尼克松参观大桥时曾问总理每日有多少人通过，总理笑答"五人"。尼克松当然不解，周总理以雕塑注释"工农兵学商"。我

桥头堡雕塑

听这个故事的时候，还是个少年，十分敬佩总理的外交智慧，由此也形成这种印象：雕塑上的人物代表着当家作主的人民，它们拿着枪是在保护大桥和社会主义。现在看来，显然不是如此。

四组雕塑，乍看起来确实差不多，但实际上它们之间有着主题的差别，这集中体现在构成文眼的最高部分意象与人物形象的选择上。仔细观察，不难发现，它们分别指向四个主题："文化大革命"、毛泽东思想照耀世界各族人民、三面红旗、人民战争。这四个主题共同构成那个时代中国社会主义的实践和想象。"三面红旗"不难识别，"毛泽东思想照耀世界各族人民"那个主题雕塑也清晰可见，因为出现了非洲兄弟的形象，那位女孩所举牌子上"全世界无产者团结起来"字迹也很清晰。当时的百姓诗人也留诗句："大桥连接五大洲，送去真理传全球"。在今天，观察"文化大革命"这个意象可能有点困难，因为中间牌子上的字已经不见了，不知是风蚀，还是人为（现场看，不存在明显人为涂抹的痕迹）。不过，找一张老照片，便可以看到"革命委员会"几个字。在20世纪60年代末的历史语境中，桥头堡意象再现正是"将革命进行到底"的意识形态框架，在这个框架中几乎每一个工人面对这组雕塑时都会吟唱出"文化革命拨巨浪，红色政权万万年"这段词句。显然，这是"三面红旗"所没有涵盖的内容。没有它，大桥雕塑很难说是完整的。就此，我们再次体会当时的设计者和建造者们的苦心。

2. 向日葵

向日葵，俗称"向阳花"。当"东方红"的曲调响彻中华大地的时候，向日葵图案也同时遍布千家万户。从农村的"红卫村"到城市的"向阳院"，红太阳与向日葵构成了基本的文化符号。这一符号在大桥上的出现，没有任何理解上的困难。从大的镂空雕塑（铸铁）到栏杆边缘的装饰，有多少个，难以计数。真正令人惊奇的是向日葵图案设计：葵花的花瓣有31瓣，四周有四片叶子。为何如此？答案是：当时世界上的31亿人口从四面八方向往着红太阳！弄明白这一点，亦可轻松地理解，为何桥头堡雕塑不只是"工农兵学商"了。要说"工农兵学商"，至少也是五湖四海的"工农兵学商"，除了7亿中国人，还有24亿老外。

3. 铸铁浮雕

在大桥上，有两百块左右十分醒目的铸铁浮雕。这些铸铁浮雕的内容是记录当时新中国的建设成就和祖国大好河山，浮雕内容有重复，全部内容加起来计17项，包括：大庆油田、成昆铁路、大寨大队、北京火车站、鞍山钢铁公司、抚顺煤矿、新安江水电站、海岛女民兵、沙漠骆驼、上海万吨级轮船、内蒙古大草原，等等。

从内容上看，它以持续至今的新闻记录语法呈现了一个多民族多阶层社会主义新中国之政治、经济、文化建设成就，这些成就完整地包括工农业、城市与乡村、内地与边疆、科技与国防等方面。在新闻报道意义上，它类似于那个时期由中央新闻纪录片拍摄的"祖国新貌"，它们综合起来便是一个全景视角。因此，那个时代，便有工人诗人如此描述：

大桥画廊在哪里？／一幅幅浮雕桥栏上立。大桥画廊有多长？／红旗一展万里河山好风光——铁流纵横二万五千里，／今日雪山红来草地绿……火红的战旗飘长城，社会主义工地上一代风流人……大庆的油塔大寨的田，／"自力更生"花开红艳……万顷海浪上红日升，／子弟兵挎枪筑起长城！……／万吨巨轮踩浪花，满载情谊送往亚非拉……大桥画廊啊三千米，"继续革命"是主题。／沿着毛主席路线朝前走，共产主义前程似锦绣！ [5]

当然，正如下页图表现工业（油田）成就的那块浮雕所示，"红太阳"构成了其背景，这一切都是伟大领袖毛主席的功劳。所以，有一首诗是这样叙述栏杆浮雕的：

向日葵装饰

铸铁浮雕（工业学大庆）

从井冈山走到大桥上，/毛主席留下闪光脚印一行——/领袖的足音已化作桥下的涛声，/历史铸成这铁的画廊。革命打从风风雨雨中走来，/风风雨雨雕凿成我们一代英雄形象，/就像打开一卷光辉灿烂的史册，每一幅都闪烁着路线斗争的火光……[6]

在大桥上落户的不止这些东西，还包括玉兰灯，以及许多表面上看来微不足道的细节。无论如何，这些物注册了大桥，并因此构成大桥的历史语境支撑物，它们全部综合起来便是建筑中"高大全"。[7]所以，在今天，有学者断言：

> 总体上来看大桥上的艺术装饰，大堡一层大厅里的毛主席雕像，大堡、小堡上的主题雕塑和大桥栏杆上的浮雕是个有机的整体，它们用形象的语言告诉人们新中国成立后我们国家进行社会主义建设的方法（"三面红旗"）、领域（"工农商学兵"）、成就（浮雕内容）和所有这一切的总顾问、总工程师（毛主席）。实际上，如果把大桥上川流不息的车流置换成川流不息的人流，那么大桥的桥面就可以被自然地设想成为一个长1576米、宽15米的露天展览馆，桥两边的栏杆就是这个展览馆的展板，202块浮雕作品就是这个巨型展览的具体内容。[8]

由于这一点，人们便有理由认定大桥是值得保护的"历史文化遗产"，以期对抗今天日隆的拆掉它的声音。其实，这种辩护多少有点儿无奈与苍白。这一点在同一作者的评论中已经清晰地表现出来，尽管他本人可能并没有意识到。他说：

南京长江大桥并不是只有符号功能的景观，但在过去的很多年里，在很少有人拥有自己的汽车、大多数人是用双脚来丈量大桥长度的时代，大桥更大意义上是一个社会主义中国伟大成就的标志物。总有一天，大桥还会再次成为人们驻足流连、拍照留念的地方，那就是当大桥"退役"成为像江北的浦口火车站那样的"废墟"的时候，但条件是不要在那一天到来之前被满脑子"进步"其实是短视的人们当作绊脚石给拆除了。⁹

在这段评论中，作者显然清楚，大桥的美学的基础在于其无用性（"废墟"这个词的意思。当然，更准确地说，只是其基础之一）。但是，他并没有触及两个事实：第一，大桥的使用价值并不是以个人作为标准来衡量的（满足他们小汽车的通行），其公铁路对建成后的国民经济和社会贡献即便还原为经济学的数字也是极为惊人的。就此，大桥绝不是一个简单的如个人审美所捕捉的那样的标志物。由于这一点，大桥的意象与桥本身始终存在着对立。这种对立是由历史语境造成的，并且正由于这一点，大桥美学始终是建立在更深的裂口——作为功能物和作为美学对象之间的冲突。这种冲突，在"文化大革命"语境中被掩盖了，而一旦发生语境转移，立即会产生新的问题。这正是后面我们将要讨论的。第二，当大桥的功能耗尽真正成为历史遗迹（"退役"），它绝不会成为大众而只能是小众的审美对象，无论它是不是革命记忆的载体。这是由于其空间和建筑双重性质决定的。作为空间，作为万里长江上的一个被锚定的点，它太实了，在未来百十余个类似的点中，它再也无法独享自己曾有的美学地位，尽管大家都知道其非凡的出身；作为建筑，如果它最终被还原为象征功能的时候，恰恰只能满足小众们异国情调的或怀乡的情愁。这正是大桥的美学难题。这一难题的形成也是其在诞生之初便如此密集、坚硬、突出地被锚定和注册的结果。

当脚手架从大桥身上移走的时候，一种厚重的意识形态褒衣便披挂在其身上，成为其本质。作为物的大桥被贬低和压抑就同时被永恒地记录下来。由此，在其未来的生命周期中，大桥只是在这一本质上被反复注册，以至于一旦揭去那个披挂，大桥便摇摇欲坠。

二之二：加倍注册

在为自己的《古典时代疯狂史》法文二版做序时，福柯说：

一本书产生了，这是个微小的事件。一个任人随意把玩的小玩意儿。从那里起，它便进入反复的无尽游戏之中；围绕着它的四周，在远离它的地方，它的化身们开始群集挤动；每次阅读，都为它暂时提供一个既不可捉摸，却又独一无二的躯壳；它本身的一些片段，被人们抽出来强调、炫示，到处流传着，这些片断甚至会认为可以几近概括其全体。到了后来，有时它还会在这些片段中，找到栖身之所；注释将它一拆为二，它终究得在这些异质论述之中显现自身，招认它曾经拒绝明说之事，摆脱它曾经高声伪装的存在。[10]

福柯基于符号学假设（能指与所指之间任意关系）描述了一本书与其传播学效果之间的关系，在这种关系中，作者似乎是被动的，因为它不能控制传播本身，也因此，福柯本人拒绝对自己著作的评价。当然，这又是一种强姿态，一个试图在署名权保护下重新控制文本的策略。对于多数符号来说，无论其能指与所指是否已经进行了意识形态的锚定，在时间中漫游时，都具有福柯所称的那种命运，不同的是，由于那些符号最终不受任何签名作者的署名权保护，它们呈现出更加离散的方式。在其中，意识形态符号的特殊之处在于，锚定其能指与所指之间的那种原初的权力行为会通过无数的变体甚至颠倒的方式不断地重复、复制、加倍（double）、再加倍[11]。

对于大桥的加倍注册，在大桥诞生之时就已经开始了。1969 年 11 月，有关部门推出了一部纪录片《南京长江大桥》。这部片子亦构成对大桥进行历史认知的重要资料。我们可以通过它真切地体验它诞生的那种语境以及其中人们的情绪。在其中，值得一提的是其主题曲：

巍巍钟山迎朝阳，万里长江添新装。
毛主席亲手绘蓝图，工人阶级把奇迹创。
自力更生，奋发图强，反帝反修斗志昂扬。
江心托起擎天柱，金桥飞架过龙江。

天堑变通途，无产阶级文化大革命捷报传四方。
毛泽东思想永远放光芒。

这是一种直率的意识形态重复，所以在内容上并没有多少值得评论的地方。不能忽视的是其重复形式：虚构化和叙事化。它通过电影这种现代形式把在大桥建设期间就已经开始的大桥文学推到了顶点。同时，电影的通俗化和普及化功能直接推动了大桥符号在中华大地日常生活中的泛滥。

在大桥文学中，最值得一叙的是食指在1970年4月发表的那首诗，在诗中，他写道："我自豪地 / 占据了人们 / 精神世界的 / 大地长空；我用我的 / 闪光的铆钉 / 更牢地加固 / 人们心中 / 无产阶级 / 革命的阵营；我用我的 / 预应力梁 / 更高地筑起 / 人们心中 / 反帝反修的 / 万里长城；我用我的心脏 / 把革命的脉管接通 / 我用我的粗壮的臂膀 / 加速着历史的进程。"[12] 这首诗在全部大桥文学中并不见得有多高明，因此其价值并不在于其文学性。特殊的是，当岁月的痕迹爬上这位青年额头的时候，并没有像在其他人身上发生的那样磨去了他曾经的风华，他与诸如浩然那样的著名作家一样，成为"青春无悔派"的代表，亦因此成为"忏悔派"攻击的典型。

诸如"浩然该不该忏悔"这样的问题可能并不成立，但对于全体中国人来说始终面临着一个基本的问题：我们究竟怎样看待那样历史？当事人显然比我们这些后来者更难面对它。在大桥文学中，有一首叫做《我们来到毛主席走过的大桥》的歌曲，它在直接的意义上亦提出了这个问题。歌中唱道："红小兵走上金色的大桥，想起毛主席来过这里，我们多么幸福，多么自豪……毛主席当年绘宏图，自力更生凯歌高，一道彩虹跨天堑，万里长江换新貌……红小兵桥上立誓言，长大要把重担挑，……奔向共产主义远大目标。"[13] 我们不论一座桥是否真的能够承载这样的功能，但是"南京长江大桥"作为一个厚重的意识形态能指落在了那个时代的娃娃们身上，这是一个不争的事实。更重要的是，这个事实并不是外力强加的，而是发自内心的迎贺。这在大桥符号的泛滥中可以看得十分真切。

大桥，在那个时代，被注册到几乎任何需要符号的物和空间之上。邮票、粮票、像章；烟标、火花、糖纸和其他各种商标；年画、月历、明信片；"文革"宣传画；练习本的封面、扑克牌和其他各种需要美术标志的地方，甚至各种杯具……人民币可能是唯一的例外。这是因为武汉长江大桥已经占据了第二套人民币二角的正面。所有这些，在今天，都进入了古玩市场，但到处也都可以找到。

最有趣的事情之一，以建筑闻名的我国著名高校同济大学，其四平路校门上的浮雕，其背景正是南京长江大桥。大桥符号无孔不入，因此，也产生了一些特殊的事件：因为它如此神圣，又因为它如此普通（到处都是），难免会发生碰擦从而产生政治。最显著也最吊诡的事件便是1974年对安东尼奥尼的纪录片《中国》（1972）的大批判。这一事件吊诡之处在于：安东尼奥尼本来是作为朋友应周恩来总理之邀来中国拍摄纪录片的，但结果却成为"敌人"。这个故事有一个背景：安东尼奥尼是意大利著名的左派艺术家，周总理邀请他之举旨在以西方艺术家之眼光来消除西方百姓对中国人的敌视或误解。就如荷兰著名导演伊文斯等人实际表现的那样，这是非常成功的外交或国际交流举措。遗憾的是，因为江青攻击周恩来总理的需要，安东尼奥尼的有个性的艺术无意中成为政治炸弹。安氏的个性在《中国》中最"贴切"地构成"罪证"的便是对大桥的再现。1974年1月30日《人民日报》发表评论员文章发起了对安东尼奥尼的批判，文章认为安氏拍摄的"中国"丑化了中国人民的形象和面貌。在文章中直接引证了大桥例子，说"影片在拍摄南京长江大桥时，故意从一些很坏的角度把这座雄伟的现代化桥梁拍得歪歪斜斜，摇摇晃晃，还插入一个在桥下晾裤子的镜头加以丑化"[14]。自这篇文章起，全国各种报刊在两个月内发表了数十篇批判文章，形成批判安东尼奥尼的运动。与该影片对照，我国电影对大桥的再现与长城等同值，例如"文革"刚结束拍摄的《十月风云》片头便是如此：大角度的巡航拍摄，长城、大桥、梯田成为中国人民不屈与挺拔的象征。

大桥一经诞生，它在社会生活中就不是一座简单的桥，而是一个大写的文化符号。作为大写的能指，它的所指不是原始功能意义上的桥，而是近代以来变革中的中国政治，它本身就是一座政治纪念碑。在这一神圣语境中，任何对大桥的贬低或轻视都可以成为反对"文化大革命"以及进一步反对中国革命的行为。由此并不难以理解安东尼奥尼对大桥的再现形式选择何以能够构成他反华的证据，尽管事件本身即便在当时语境中亦是闹剧。

这个故事，让人回想起那个关于周总理的故事。我想，如果尼克松真的问出了那个关于每日到底有多少人通过大桥的问题，绝非出于对大桥使用价值的科学（统计学）兴趣，在他的无意识之中肯定产生了两个问号：第一，就可能的现实情境来说，在中国行政生态中，领导人视察之安全规格造成的空巷氛围会让他对大桥的日常使用感到疑惑；第二，大桥的这一美学意象会让他对大桥的功能不解。现实就是如此：大桥不是用以交通的，

同济大学四平路校门上的浮雕

而是用来触摸的。作为一名另类的艺术家,安东尼奥尼并没有"准确地"触摸到其脉搏。

大桥符号泛滥着,但已经没有什么新的内容可以注册,正如"文化大革命"持续着,但革命本身也开始在日常生活层次耗尽其能量,变成一种机械的重复。所以,安东尼奥尼事件可以说亦是"文革"语境大桥意识形态注册的顶点。不过,这个顶点并非大桥迄今为止的全部历史中注册的顶点,那个顶点恰恰是在后"文革"语境中产生的。那一注册事件是1981年中国共产党"十一届六中全会"通过了《关于建国以来党的若干历史问题的决议》。这是一个重大的标志,某种政治正式终结,某种未来正式开始。在这种变迁中,大桥作为一个惊世骇俗时代的惊世骇俗之物,不可能不被触及。历史结构的变迁正是在这种触及中被记录了下来。在这个决议中,有一段话:

正是由于全党和广大工人、农民、解放军指战员、知识分子、知识青年和干部的共同斗争,使"文化大革命"的破坏受到了一定程度的限制。我国国民经济虽然遭到巨大损失,仍然取得了进展。粮食生产保持了比较稳定的增长。工业交通、基本建设和科学技术方面取得了一批重要成就,其中包括一些新铁路和南京长江大桥的建成,一些技术先进的大型企业的投产，氢弹试验和人造卫星发射回收的成功，籼型杂交水稻的育成和推广，等等。

　　文字总是免不了抽象。如果把它转化成图像，更加直观。在一张中学历史教学标准用图上，"文革"期间的建设成就一清二白。更有趣的是，在一张"文革"期间出版的招贴画上，大桥和氢弹正是那个时代毛泽东思想结出的丰硕成果之注释。或许，正是在这种直观的方式中，我们看到了挽留大桥的意识形态必要（不论大桥是否具有伟大的社会经济功能，也不论在这些成就之外无法用数字计量的其他社会主义成就，它们构成后来改革开放之经济成就的历史基础）：擦除它，那段历史将更加空白。不过，值得注意的并不是这一事实，而是这一事实的后果：在大桥加倍注册的历史中，《决议》是最后一根钉子。它既牢牢地把大桥锁定在十年动乱的语境中，又坚定地把它与这个在政治上被否定的历史语境剥离开来，使之成为新中国最初的三十年以及最终全部社会主义的正面符号。这是一朵出污泥而不染的奇葩。在接下来的历史中，它将复归平凡，经受改革开放的洗礼，并以新的方式证明自己的不凡。

＊1966~1976年主要建设成就示意图　　　　　"文革"期间工业和基本建设成就图示

"文革"期间招贴画

二之三：历史内外的美学插曲

大桥，就其作为物来说，它的基础是功能之物。然而，就如并非功能之物的埃菲尔铁塔一样，它亦是形式之物——审美对象。大桥的诞生，无论是否体现了中国"工人阶级志气高"，但它确实是那个时代的"世界第一桥"。它不可能不引起职业艺术家的注意，更何况在文艺为革命服务的语境中文学早已闹得沸沸扬扬。

在绘画中，不能不提两个人。一是吴冠中，他曾于1973年作油画《南京长江大桥》，也撰文《桥之美》提及自己的创作；二是钱松喦，他留下数幅与大桥有关的国画。前者受到人们较多关注，但坦率地讲，并不成功，因为其风格并不适合。吴先生长于变形制造飘逸韵味，具传统文人画之优点，所以其《长江万里图》等作令人心动。但是，以这种风格来再现大桥，实属困难。因为，正如前文所述安东尼奥尼事件，巍峨、壮丽、神圣、崇高是大桥再现的基本原则。或许正是因为这一点，吴先生坚守油画之古典主义风格而聚焦于点、线和面，但他显然对再现大桥并无把握。在其《桥之美》（因该文之美而被选入中学语文教材）中，他提到大桥的时候最后竟没有结论，而只是交待了"想寻找与桥身的直线相衬托、呼应、引申的点、线、面"而"曾爬上南京狮子山"。[15] 他的《南京长江大桥》便是从这一角度再现的。但是，显然，作品并不高超，不如其他作品上乘。且不说在形式上的问题，如右上角因为大桥引桥结构而造成皱感，从而破坏了其整体性。在这件作品中，这倒是小问题了。因为，在根本上的意象上，大桥只是架在前景之上的似乎多余的元素，去掉它反而更好。

南京长江大桥

吴冠中面临的困难,在魏紫熙以及后来钱松嵒那里大体解决了。魏有多幅同名《天堑变通途》的作品,最早创作于1973年,最晚的则是1992年对旧作的命题绘画。这些作品中,有一幅采取了标准招贴画从南京城俯看视角,而其他的则都是从幕府山燕子矶附近的视角来再现的。这两个视角十分有趣,第一种以写实方式处理了如此大体量的对象,一方面近景充分撑满画面表现出雄伟,而远景则延伸了对它的想象;第二种则是典型的中国画技法之运用,与吴冠中从狮子山视角之不同在于,它借助了幕府山造成的"遮破"技法的效果,即借助山体之雄伟把大桥圣化。就这一点来说,景观变形了,但大桥没有变形。这充分满足了意识形态之再现祖国大好河山的艺术需要。有趣的是,在最初的版本中不曾见到,但在后来却能够清晰地识别大桥中间悬挂的巨幅"伟大领袖毛泽东主席万岁"的标语(这些标语现在已经卸掉了)。

后一种再现方法在钱松嵒那里有极致表现。其1980年的《江山宏图》可谓大桥之艺术再现的顶点。虽然是长江一角,但无疑在大桥之雄伟和崇高之再现上实现了完满。前景的崇山峻岭已造成中国山水之雄奇意象,同时又让长江尽可能地虚化为磅礴之势,尽管大桥的直接形象并不占据画面多少面积,但结构上的居高临下位置恰恰使其升华成无与伦比的创举。这一视角无论如何是不能在南京这个地方获得的。实际上,钱先生是站在采石矶那里想象的。这也就提出一个艺术问题:只有拆散地点、实物的真实结构,才能充分地把握所欲再现对象的位置。在这里,全部的对象都不是景,而是大桥在诞生之初便锚定的那个意识形态地位。中国山水技法帮助艺术家解决了大桥再现的难题,其

吴冠中的《南京长江大桥》(油画,1973年)

魏紫熙的《天堑变通途》（国画，1973年）

钱松嵒的《万里长江》（国画，局部，1980年）

效果就如董希文著名的《开国大典》,它必须在结构上打破真实生活——拆掉天安门城楼上的几根重要的立柱,从而让城楼充分向广场上的群众敞开,同时与群众直接通达城楼上的领袖,才能够再现新中国成立之典礼的意识形态框架,而不是以自然主义手法描写典礼事件。在新中国最初三十年里,大桥同时是检验艺术家们政治敏感和艺术造诣的又一个对象。反过来,在这种再现中,大桥溢出了历史。也因此,当支撑这种再现的历史语境改变时,我们同时清晰地听到咣当一声巨响,那是大桥从天空中回落大地发出的声音。

三、等待归零的地点:历史美学的消隐中介

桥是一件物,它的诞生也生产了一个地点;桥占据着一个空间,一个由长江和南京标识出来的地点。当大桥占据的那个空间,最终成为一个地点,并被命名为"南京长江大桥",它亦在瞬间锚定了多重曾经对峙的要素:自然与历史;旧社会与新社会;中国与外国。因为,在这个名称中,长江是自然的符号,南京是历史的符号。大桥的出现,不仅是征服自然从而克服自然与历史对立的象征,见证了由南京代表的历史之断裂——从无能的旧中国到全能的新中国("人有多大胆,地有多大产"之历史语境),而且由于外国在那一历史中的表现——美国专家所做的"NO"(最好译成中文的"没门")到中苏关系破裂导致的关键材料供应中断——而代表着真正的独立自主。

不过,无论大桥诞生之时如何作为一个纯粹的和浓缩的象征,作为一个历史美学的对象,它都不能抗拒时间之剑在其身上的打磨。20世纪90年代,当它20多岁的时候,从其自然寿命来看还是少年的时候,衰老的征兆就已爬上其面容。更重要的是,在美学上,它开始成为一个等待着归零的地点。归零地,作为体验历史美学的中介,但它却以建筑的消隐为特征。就如"9·11"之后的纽约双子楼曾经占据过的那片空间。这种中介,无不是历史在借以展开之后又往往抛弃掉它的残渣,无论它们曾是人或物。对于历史中活动的人来说,必须将它们归零,才能够充分地展开自身的欲望。每一座纪念碑都是要被推倒的,它所占据的位置最终都将成为 Ground Zero(归零地)。[16] 在一个新的现代性中国奔向远方的过程中,大桥占据的那个空间已经成为归零地,大桥本身已经开始表现为"消隐的中介"。

三之一：地点的诞生

由于长江，也由于南京，一座大桥在文化中便早已存在。早到什么时候，不得而知。确知的是，作为现代化的大桥，当南京成为中华民国的首都之后，它便确定地存在，尽管在任何地图上都看不到。也因此，南京长江大桥，作为新中国一个真实地点的诞生，无论如何都是惊世骇俗的事件。尽管大桥是平躺的，但它是一座塔，这座塔的高度不在于其占据的空间，而在于其占据的时间。

中华民国定都南京，是遵照总理遗训的。孙中山先生的《建国方略》便直接提出了南京至浦口的过江隧道规划。这一规划，不是大桥，然而它却是大桥存在的证明，并且也正因为这一点，大桥更加卓尔不群。原因很简单，在设想南京段长江之南北沟通时，桥可望而不可即。1927年国民政府定都南京后曾巨金聘美国华特尔来宁实地勘测，他的结论也是"NO"。这一事件，几乎后来所有的大桥叙事都会提及。美国人所说的"NO"，国民党所为的"无"，这个语境对于大桥的诞生至关重要，这决定大桥的诞生不只是一个纯粹的战胜自然的事件，而且是战胜历史的事件。所以，尽管南京长江大桥并非长江上的第一座桥[17]，也尽管毛泽东是为武汉长江大桥题写"天堑变通途"的，但不是后者而是前者最终成为"天堑变通途"这一文化意象的标准注释。

不能贬低武汉长江大桥的意义。为什么第一桥选址不在南京而是武汉，尽管有着复杂的历史和自然原因，但是，不仅在建桥经验上，而且在桥的建设方案上，南京长江大桥都依赖于武汉长江大桥，这也是事实。等跨平弦连续梁、菱格形腹杆、公铁两路用途等等，在这些桥梁的核心技术指标上，南京都重复了武汉。然而，它们的差别又不只是体量上的。要说清它们，还得把时间再往后退30多年，退到1928年或更早。

1927年，当国民政府正式定都南京时，在其空间布局中，大桥就直接现身了（虽然在现实层面上仍然是一个空位）。这不仅仅是已故总理在十多年前的《建国方略》中就提出了这个梦想，而且这是南京作为一个追求现代化的国家之国都的需要——无论是经济、政治还是文化上的。有趣的是，虽然长江是一道自然天堑，它为中华南北沟通造成了难以形容的不便，但是在先前千余年文化史上，它却几乎没有成为界限、障碍或壁垒。从先秦开始，中华文明历史曾数次出现多个政权并存的局面，淮河或其他河流往往成为各个政权的自然边界，但长江很少作为边界出现（东晋十国时期前秦与东晋边界的西端利用了一段长江、南北朝时陈齐界线也利用了长江，这些政权都较短暂）。也由此，征服长江之梦想的直接提出，代表着中国现代化历史新的一页。国民政府定都南京，恰好为其实现造成了必要的历史条件。我们看到，在 1928 年开始制订并于次年颁布的国民政府《首都计划》中，大桥便成为直接的问题出现了。该计划如此描述：

浦口方面现在入境之铁路，亦只有津浦一线。该线与对岸之路线，尚未联络，因而铁路交通，不免为长江所中断，故所以使之联成一气者，实为铁路计划之重要部分。关于越过长江之方法，不外建筑桥梁、建筑隧道、设置火车渡船三种。惟长江江面，阔而且深，两岸土质，又欠坚固，殊不适于架桥，架桥一法，暂可不论。关于建筑隧道，亦以江水过深，甚有深至一百六十五英尺者，故大部地方，均不适宜。惟据民国十一、十三两年海军所制水道图所载，只有水西门西之浅滩，可筑一预铸造筒管式之隧道，故建筑隧道，亦惟选择此地。实行建筑之时，须由浦口车站筑一与长江平行之路线，与之相联，惟该隧道之建筑，需款颇巨，苟非至可能时期，浦口方面与南京方面之火车，应用火车渡船相联络[18]。

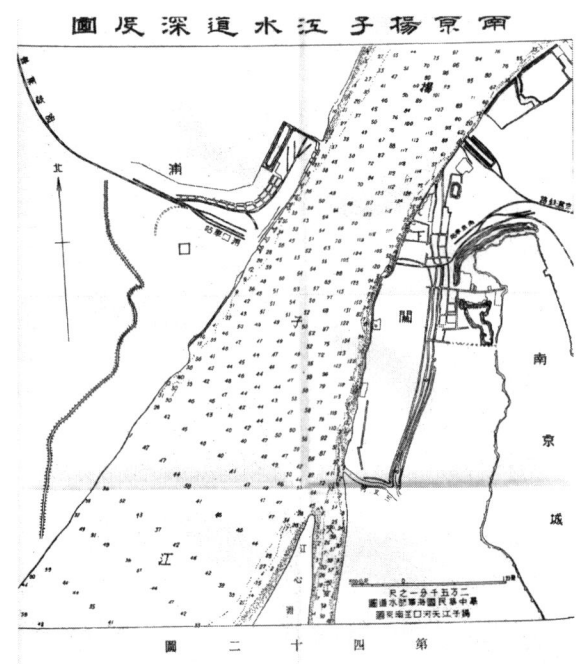

南京扬子江水道深度图
（1928 年《首都计划》）

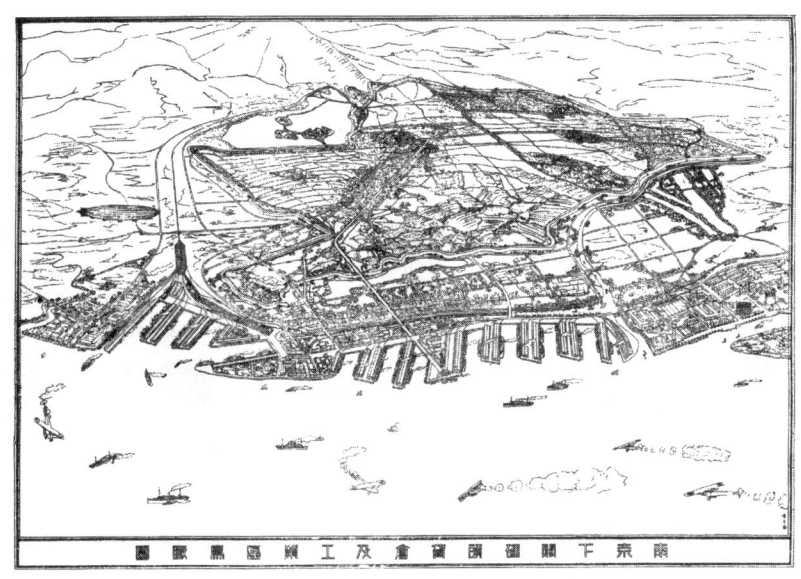

南京下关码头货仓及工业鸟瞰图（1928年《首都计划》）

值得注意的是，尽管在这里，大桥不曾构成立即实现的计划，但在整个计划中，这种遗憾是十分突出的。它在前面两张地图中清晰可见。第一张是《南京扬子江水道深度图》，该图上在标示长江深度时，采取如此密集的分布，其焦虑溢于言表，每一个数字都是心口上的痛；第二张是《南京下关码头货仓及工业鸟瞰图》，这张图上，铁路与水运之规模甚至夸大了。最值得注意的是，无论是城市上空，还是开阔的江面上，异常地出现了飞行器——飞艇和飞机（有六件之多）。在这里，征服长江的梦想是如此尖锐和突出，不能用大桥来征服它，就用飞行器！编制这个计划的技术人员之苦心与焦虑再度醒目地写在文本之上。征服长江已经成为一个民族之现代化梦想的征兆。也正是因为这一原因，新中国建立后，或早或迟都必须在这个早先判定不可能的地点建造一座现代化大桥。

作为一个工程，南京长江大桥是1958年大跃进氛围中上马的，正式动工则是1960年，时值三年自然灾害。同时值得强调的是，在整个建设过程中，中苏关系破裂，这对于大桥建设具有重要影响。武汉长江大桥得到了苏联实质性帮助，中苏关系破裂迫使中国人走独立自主、自力更生的道路。正是这一原因，大桥被工人们称为"争气桥"，在其意

南京长江大桥设计方案

识形态命名中增加了反帝反修的内容。

在后来大桥的叙述中，新中国与国民政府之间的关系很少再提，特别是在"文化大革命"语境中，毛泽东个人崇拜与"反资反修"主题冲淡了近代中国历史在现代化问题上的连续性以及新中国与旧中国的断裂。不过，这一问题显然存在。实际上，在武汉长江大桥的设计中，建筑师和工程师通过桥头建筑设计方案已经充分地表现了这个主题。在这些方案中，宫殿式、城堡式和凯旋门式成为主流，所有这些方案都可以说有据可依，但焦点只有一个：作为新中国的如此大型公共工程，它应该具有宏伟性和纪念性。也正是在这一背景下，西式风格借助于那些受过西式教育的专家们得到表述。当然，最后结果还是民族风格的亭式建筑，略有遗憾的是，在视觉形象上，它显得矮小。有武汉长江大桥先例，应该说南京长江大桥的设计相对要容易一些。在征集方案过程中，情况差不多。不仅同样出现了武汉长江大桥方案的雷同，甚至有方案只是直接在前者最终方案基础上稍稍做了一些美学上的改进。真正另类的是大桥最后选择的方案，该方案可以说恰当地诠释了当时的意识形态。这一点我们已经在前文中做过分析。

无论如何，南京长江大桥产生了。大桥诞生于南京，但是，它不属于南京。在功能设计上，它不是南京的市内桥，而只是过境桥。更重要的是，即便我们不考虑其意识形态命名，在整个中国现代化历史中，作为双重跨越——现代化和社会主义——的象征，它也属于整个中国。

三之二：归零：谁的南京，谁的长江，谁的桥？

大桥坐落在南京，大桥属于南京。这是理所当然的。当长江上游的某城市领导在某次市长论坛语出惊人，要求炸掉大桥，人们突然意识到，大桥的归属是一个重要的问题。

按照今天的中央和地方财政划分以及官方和民间资本差别，大桥是属于国家投资，也是那个时代全民动员的成果，为大桥建设做出贡献的单位和个人不计其数，从鞍钢这样著名的企业到消隐在历史深处的老艺人赵子康。[19] 所以，大桥坐落在南京，但它是属于全中国的，全中国人的，这也是大桥符号如此广泛地流传于全中国的原因。

不过，时间解除了大桥意识形态紧身衣，敞开了它作为物的功能，同时亦为空间吞噬它创造了契机。在市场经济逐步深化过程中，先是南京把大桥本地化和生产资料化，接着是在同一逻辑中，长江最终完成了生产资料化并由此产生了对大桥的重新定位。长江从天堑概念转换成黄金水道概念，大桥在意识形态上便归零了。

I. 大桥和长江的生产资料化

大桥是充盈的。这种充盈性，时间不能将其打磨掉，它坐落的南京也不能消化掉，除非时间改变自己的性质。20 世纪 90 年代初，不仅大桥诞生的"文化大革命"语境已经消失了十多年，而且改革开放也结出了自己的果子。当社会以新的原则来结构时，我们就很难说两个时代是处于同质性时间之中。大桥，就在市场时间中开始了其革命出身的消耗过程。当然，起点是非常困难的。市场勃兴，毛家红烧肉都开始在街头流行了，但能不能在大桥身上做广告这个问题却困扰着大桥的管理方。

真正的突破并不是在大桥身上发生的，而在其外，或者更准确地说，它所处的南京空间。1980 年南京市编制了《南京市城市总体规划（1981-2000）》，1983 年国务院批准该规划。在这个规划中，关于城市道路系统的规划是：以长江大桥南岸引桥和从长江大桥落地桥（回龙桥）平台附近引出高架快速道路等措施，设置疏解过境和入城交通的线路。以南京的这个规划作为起点来说事，并不意味着大桥的变迁只是直接与此相关。

实际上，推动和决定大桥变化的因素有很多，从宏观的政治经济结构到微观的南京空间，从这个角度叙述只是一种方便的法门，它直接表明在变化的起点上：对于南京来说，大桥是一个过境桥，而变迁最初的动向就是对这个过境桥提出更多的交通效率和经济价值的要求。

变化一旦放开阀门便不可收，这是近30年多年来我国的基本特征。在南京空间重组中，紧接着便是《南京市城市总体规划（1991-2010）》。这个规划实际上在前一规划被批准不久就开始编制了，虽然到1995年才获得国务院的批准。与前一个规划相比，最大的变化是南京区域范围明显地扩大了，提出了"南京都市圈"概念。这个概念表明南京旨在建设一个"以长江为依托，以主城为核心，以主城及外围城镇共同组成的高度城市化地区"。正是在其中，我们突然发现，大桥已经成为南京的市内桥了。这一变化，不仅改变了南京人对大桥的再现，而且带来了复杂的全国性反应。

先说南京，借助于"华商会"——大规模事件营销已经成为我国各级城市大规模重组其空间的噱头——于1996年完成城西干道的快速化改造，即以高架桥的方式把市内主干道之一与大桥无缝对接。2009年，南京重新规划把该高架桥改成隧道，虽然受质疑，但于2012年开始动工。这次的噱头是2014年的"青奥会"。由于大桥已经变成了市内桥，加之南京二桥（1997-2001）、三桥（2002-2005）、南京大胜关长江大桥（铁路桥，2006-2009）、四桥（2008-2012，尚未投入使用）以及南京长江隧道（2005-2009）等多条过江路线，在南京过境条件已大大改善。有趣的问题也正是在这一背景中产生了，交通路线的改善不仅没有缓解大桥的压力，甚至反而使其更加不堪重负，成为南京最堵的路段。产生这一现象的原因并不难理解：一是其他桥隧都是地方建设性投资（据资料，尚未投入使用的四桥是国家投资），结果都是收费道路，而大桥则不是；二是南京城区的扩张造成的大桥内化使之承担了更大流量的市内交通压力。在此背景下，通过建设更多的跨江桥隧来缓解大桥的压力，成了纯粹的意识形态式借口。实际上，在规划中，这种措辞后来也不再出现。但是，在交通管制行动中，这种措辞是必不可少的。例如，2005年底，南京管制大桥禁止外地车辆通行，理由便是巨大流量以及大桥本身的安全隐患。当然，这遭到了来自各方的抵制，媒体上亦出现了"谁之大桥？"的质疑。我们不论类似大桥问题的许多地方性改革动作如何回避了造成问题的根本性原因而流行地方性利益之间的博弈，在此需要提出更深层的问题是：当地方（以及行业部门，如国有大中型企业）以利益集团身份参与市场博弈时，它们的资本归属该怎么看待。这是传统体制

南京长江大桥设计方案

留下的巨大的遗产性问题。在传统体制中，国有（全民所有）以及为整体福利而行有计划（即分工协作）生产，尽管部门利益与整体利益之间有矛盾，但不涉及此类问题。在市场体制，问题逐步显著，但是恰恰又被各种利益彼此心照不宣地回避和掩盖。在这里，实际上，大桥作为国家共同财产被南京生产资料化了，同时，由于与各方利益的高度关联性，它能够被尖锐地提出。因此，大桥意象的变迁，与整个国家的经济和政治结构的变迁联系在一起，它绝不是一个局部事件。也正是从这一结构的角度来看，长江的生产资料化，使已经摇摇欲坠的大桥雪上加霜。

因此，我们不再纠缠于大桥在南京市内化的结果，转而观察在整个空间生产资料化背景下大桥意象恶化的过程及其意蕴。像长江这样的自然禀赋以及大桥这样的历史禀赋，它们的生产资料化都是在市场经济发展过程中不知不觉完成的。让我们感受到这一点的，是大桥的存亡异常地成为公众讨论的问题。异常有两层意义：其一，即便大桥需要修缮，但无论就其设计还是实际使用状况来讲，都还没有上升到存废的高度；其二，尽管一些桥梁工程方面的专家也被媒体拖入了争论，但争论的主体主要不是他们，而是首先关注经济问题的专家和百姓。争论在20世纪90年代便引人注目。在其中，《南方窗》的介入值得关注。因为，其中一篇文章明确地使用了"千年铁锁"比喻，在这个比喻中，大桥意象实现了从英雄到坏蛋的根本性逆转，这一意象在此后媒体对大桥的再现中十分流行。当然，这一意象的翻转之所以得以成立，与长江之"天堑"意象翻转成"黄金水道"必须同时发生。[20] 在这里，我们看到，社会结构的变迁如何左右了我们对同一自然条件的不同看法，长江以及大桥意象的翻转见证了我们脚下土地的变动。这一争论的高潮出现于2006年元月上旬，在一次市长论坛上，时任重庆市副市长黄奇帆与南京市副市长蒋裕德围绕大桥进行了一次公开辩论。黄奇帆认为南京长江大桥和武汉长江大桥阻碍重庆的发展，应该考虑将其拆除；而后者则誓死捍卫大桥。有趣的是，这一争论与大桥本身无关，并且出于同一类理由：地方利益。后来，凤凰卫视《时事辩论会》节目以此事件出发也组织过一档辩论。辩论的结果并不是我们的关注点，值得注意的是：这一辩论的实录出版后被收录到新课标人教版高中语文选修教材《演讲与辩论》之中[21]。这一现象的产生可能实属偶然，但它却与另一个事实形成对照：小学语文课本曾经长期收录一篇题为《南京长江大桥》的文字，后来实施新的课程标准，才有许多地方教材弃之不用。这篇文字曾是许多60-70年代出生的人对大桥想象的触发器。这种对照提出了令人深思的问题。或许，因为出于市场标准而产生对大桥贬低声音过于强烈，也引起一些声称左派立场的民间批评，其中最为激烈的便是把"炸桥"视为一种丑化中国形象的"阴谋"[22]。

围绕大桥的沸沸扬扬的争论，有时候几乎完全陷入了情绪化，甚至不少专家都是如此。在争论中，始终没有触及到的问题是：为什么今天才开始从市场价值角度来考量长江（即所谓"黄金水道"）？这一视角在什么意义上才是合理的？政府官员为何采取了如此态度介入争论？在这些问题中隐含我们已经指出的当代中国社会结构的转型。对于这一转型，无须我们专门分析。在大桥问题上，客观地说，从1957年长江上第一座大桥（武汉长江大桥）诞生，直到20世纪90年代初，长江大桥总数不超过8座。在这其中，南京长江大桥的社会经济贡献无疑是非常大的，它是中国最繁忙的京沪铁路和公路枢纽。就是在今天，其意义仍然不可低估，因为尽管按照官方（同时也是民间）说法，南京二桥、三桥、润扬大桥、江阴大桥、苏通大桥等江苏境内的长江大桥分流了该段长江通行车辆，缓解了大桥压力，但它仍然是最忙的大桥。为什么在更先进的桥出现之后，它仍然还是最忙，这个问题当然有着复杂的社会原因。不过，为什么遭到质疑的是南京长江大桥而不是其他的桥呢？为什么我们会经常无意识地用"缓解南京长江大桥压力"这样的修辞呢？为什么我们也习惯用车流量过大为大桥本身的破损进行辩护呢？在此，一种合理的解释是，大桥本身的原始交通功能仍然没有得到承认，人们用当下的经济价值（效率标准）来评判大桥时，这种评判仍然是意识形态的作用。事实上，经济和革命正是两种不同的意识形态氛围。更进一步，如果说在革命氛围中，我们强化了它的革命意义，而忽视了它的经济意义，那么在今天的经济氛围中，我们则是无意识地从经济角度来要求它具有同样的革命意义，或者说要求它具有与革命意义一样高度的经济意义，对此，大桥当然不堪重负，急剧地在人们的意识中衰落下去。因此，在这里，我们必须进一步在理论上指出，意识形态作为一种再现体系，虽然在其中复制、再现并再生产的生产关系都是真实的，但是在这种复制、再现和再生产过程中，个体与他的对象的关系却可能是颠倒的和扭曲的。所以，当有人举出各种事实主张大桥是长江这个"黄金水道"的"千年巨锁"时，原因并不在于大桥根据建造时代标准采用了24米这个不能满足今天航运需要的净架空，而是大桥得以诞生的原始语境和基本意象为今天的市场失败（即对长江的利用没有达及其自然限度，同时南京以上江段的发展不足）提供了一个借口，一种纯粹意识形态的借口。在两种语境中，大桥之原始功能都得不到承认。这一事实同样证明，与物相关的社会生活与其原始的自然性质之间永远存在着对立。

大桥如此，长江亦如此。在社会生活中，江的意象永远是辩证的：对于两岸的人来说，江是一道创伤；对于两头的人来说，江则是一个纽带。桥沟通了两岸，但同时据说，它的净架空亦割断了两头。因此，对于重庆人来说，想象中的万吨轮被挡在南京以下的长江航道上，桥便成为一个罪过。当长江被生产资料化，那种想象便成为重庆人眼中的事实，与此同时，早已开始的大桥的生产资料化则让南京人愈加受益，对于南京人来说，大桥是永恒的英雄，这是不可更改的事实。

II. 大桥意象的再本质化及大桥本身的不可能性

发生在大桥之外的争论并没有影响大桥本身，但是导致那种争论的历史语境的转移却早已开始了改变大桥外观的过程。然而，这种改变，不仅没有改变大桥的基本性质，反而使这一性质更加牢固，从而亦进一步加速大桥本身在流行意识形态再现中的死亡。

为了便于说明问题，我先做一点理论铺垫：把先前注册大桥的诸种物件理论化为"原始语境支撑物"，强调其构造了大桥符号化的原初语境；同时，在对立的意义上，把后来附着上去的另一类物称为"增殖衍生物"，它们包括广告、新建引桥、照相点以及其他后来陆续铭写的对象。两类附着物都构成了对大桥原始功能的压抑。作为附着物，它们不是指承担着额外功能的大桥部件，而是外在于大桥主体并且吞噬着它的寄生物。

如果说，附着于大桥之上的"原始语境支撑物"记录了当时中国政治意识形态，那么，在同一结构中，附着物的增生则是对原初意识形态的剥离和贬抑。因为，新的铭写转移了人们的视觉焦点，实际减弱了"原始语境支撑物"的作用强度，从而淡化了和压抑了原初意识形态。事实上，广告、新建引桥、照相点等等这些"增殖衍生物"最显著特征是强化了大桥的"经济"功能。如果考虑到桥的原始交通功能的经济性质，那么增殖衍生物的产生恰恰是大桥能指之原始所指的一种恢复，其结果必然是对意识形态能指的挑战。特别是在一种历史性对比中,我们将强烈地感受到这一点。因为,如果桥下一根晾衣绳便构成"反华"罪证,那么,今天大桥的破旧形象甚至脏乱差形象恰恰在巨大的反差中成为政治意识形态衰落的证明。[23]

问题并没有到此完结。因为,"增殖衍生物"的出现,不仅仅旨在恢复大桥的原始功能,而且直接带来了两类新的问题:

第一,广告、照相点等物的出现同时是对大桥本身的再利用。这种再利用是一个重新动员的过程,不仅无须贬低大桥意识形态能指,相反,这一能指正是它再利用的对象。在这一意义上,如果注意到最初爬上大桥的广告是安徽扬子集团,那么我们就会发现,在这里作为改革排头兵的当代企业通过这一广告战略实际上利用了作为一种历史骄傲的长江(扬子江)大桥位置,后来江苏扬子江药业的广告几乎如出一辙。几个照相点的设置,特别是为获得最佳拍摄位置而割断栏杆建设的那个照相点,按照现代经济学语言来说,是对大桥旅游资源的开发。它所动员的并非大桥的交通功能——因为诚如下文将要评论的那样,这一功能相对今天的社会需求恰恰是大桥本身的"原始缺陷",而是它的历史资源。[24]甚至在飞利浦公司赞助大桥的"亮化"这一公益行动中,我们亦明显地看到,飞利浦公司这一行动也正是利用其独特的历史而制造广告效应。[25]

第二,与对大桥进行商业挪用同时,大桥实际交通能力与不断增长的社会需求之间的差距以及不断产生的新桥将形成对大桥的挤压,[26]因此形成对大桥使用价值的贬低并激发对大桥重建的要求。正是因为这一原因,有关"南京长江大桥该不该拆"的问题引起较为普遍的兴趣。[27]

上述两个问题同时也是两种矛盾:在第一种情形中,对意识形态能指的商业挪用直接表明政治意识形态地位在日常生活中的下降。一点并不难以理解,因为对神圣之物的任意涂写正是祛魅行动。但是,这种挪用本身恰恰也说明,大桥能指仍然在我们社会生活中发生着作用,甚至以某种方式强化,因为广告必须追求焦点效应这个规则决定了它不是任意发生的,诚如名人做广告那样,广告媒体与广告内容是相互提升对方的。因此,在直接的意义上,大桥上的广告本身也强化着大桥作为意识形态能指这个事实。在第二种情形中,对大桥原始交通功能的强调逐步抽离了大桥能指的历史基础,大桥能指就逐步从意识形态向一座真正的桥回归,这似乎抬高了大桥本身长期被压抑的意义。但是,当社会经济增长的直接要求压倒革命要求时,我们同样看到,这种意义在回归的同时也被贬低,因为在新的经济条件下,大桥开始重新出场时,它就带着"原始的创伤"(净架空制约了长江航运、桥身承载不足经常引发交通堵塞等等)而不能满足社会需要。因此,恰恰是大桥经济功能的回归使大桥成为一种不可能。

如何理解上述矛盾呢?一种可能的解释是,作为政治意识形态能指的衰落不是意识形态本身的消解,而是一种意识形态的转型,这一过程直接表征着一种意识形态对另一种意识形态的替代冲动,而在当前形成两种意识形态并置的局面。或者直接说,新的经济条件为观察大桥所提供的眼光恰恰仍然是意识形态的。因此,大桥本身的原始交通功能仍然没有得到承认,它们仍然被贬低。

所以,当大桥成为一座平凡的桥时,当它因不堪重负而备受指责的时候,正是它昔日的神圣衬托着今天的平凡,让人真切地感受到它的衰落绝不是一种自然的规律——一种任何人或任何物都无法摆脱的生命周期的更替,而是社会结构变迁的结果。这样看,当有专家指出这座桥的质量是何等优秀至少还可以使用70年的时候,与其说是为南京长江大桥辩护,倒不如说是对人们已经习以为常的"彩虹桥"现象以及日益浮躁的社会的批评[28]。也因此,当我们提出对第二类附着物的分析时,关键不是指出诸如广告等物在桥上的出现表征了意识形态的转移。相反,意识形态不可能凭空出现,它只是特定生产关系的自然后果。当它通过物再现出来的时候,一方面这种生产关系的支配地位已经形成,另一方面,更重要的是,在这种生产关系中诞生的物天然地倾向于为它的母体进行辩护。在这一意义上,"衍生物"的扩散无疑强化着新的意识形态,而对大桥历史的贬低和否认恰恰是这种意识形态的效果。所以,当一位网友评论说"个人意见可以拆了重新造了,实在是块鸡肋啊",关键不在于它确实老了,而是在现代经济中成为一块"鸡肋"。这样,另一位网友的评论便是这种意见的最好注解之一,他说"太老了,没有上海的南浦、杨浦大桥好看"。[29]

三之三:漂移中的地标:回到南京

不管出于什么理由,南京人至今守护着这座桥;也无论如何,大桥地方化为南京的地标。就如在中国大地发生的,社会主义地方化(著名的南街村和华西村)。然而,作为南京地标之一,无论其是官方定义的"四十八景之一",还是民间理解活博物馆,在今天,它同样难以确立自己的位置。这既与南京这个空间在时间中的漂浮有关,亦与桥这种在今日时空中的际遇有关。生在南京,大桥之美学便受这两种局势纠缠。

大桥上的涂鸦（摄于 2003 年）

在南京这个地方，清以降，特别是近代，中国的苦难塑造了其独特的"前朝旧事"和"劫后山河"意象，并构成其文化再现的核心，至今不辍。这种意象本身支配了关于南京地标的认知，使得它在文化叙事中始终缺乏统一的地标概念，而只是体现一种（模糊的）整体景观的性质，缺乏易辨识出的西方式的普罗斯特的"尖塔"。[30]

不过现在，人们似乎越来越需要那样一个"尖塔"来推销自己的城市，例如上海的外滩和东方明珠电视塔。在识别南京的"尖塔"时，或许会有人首推秦淮人家。尽管在很长时间里，因为其风月历史与社会主义不合，那片属于它的空间被废弃了，任由它在工业化进程中渐成南京的龙须沟，但近年来又成香饽饽了。作为一个空间，重建的秦淮人家固然有其独特的价值，但不在于文化和历史而在于商业，就前者来说，它是赝品中的赝品：既不是老东西，承载的亦非具有本真性的文化。某种意义上，今天的它是俞平伯那一辈婉约派小知在20世纪20年代想象的颠倒版本。有趣的是，俞老年轻时候写的《桨声灯影里的秦淮河》因为文字原因长期以来一直收录于中学语文课本，因此竟成今天多数人想象秦淮人家的蓝本，只是我们在今天仅仅做了些样子而已：桨声、灯影和秦淮河都有了，但文化不复。实际上，这并不是新中国之后的事。1946年，一个叫黄裳的记者便如是讲述：南京有什么"文化"呢？干脆地说一句，我找不到什么。在这"劫"余的首都，民生凋敝，文物荡然。这里有大官的汽车，歌女的惨笑，可是绝对找不出什么文化来。夫子庙成了杂耍场，这已经是"古已如斯"的事了……[31] 秦淮人家颇有点意外地在今天以这种样子复苏，因其丧失深度"古已如斯"，恐难以胜任南京的地标了。

年龄不及秦淮人家，但绝对深度在近代鲜有匹敌的是中山陵，它无论如何都应该成为南京的地标。略有遗憾的是,南京也没有懂得呵护它。一是把它孤立起来了,而它本来应该与整个中山大道(从中山码头到中山陵)联在一起的。这本来是在中国城市史上绝难找到第二条的金带——近代记忆和象征的样本。二是那种东家的态度不对,本来我们是护陵人,现在它成为我们的生财之道了。这个地标是被糟蹋了。

在南京这块地上,似乎还能找出许多备选的"尖塔",明孝陵、雨花台,甚至新建的那个历史上"有记无楼"的阅江楼等等,但它们面临的问题绝不会比秦淮人家和中山陵少。南京长江大桥如何呢?我们已经叙述了它的故事,同样流失了。

但是,中山陵和南京长江大桥的流失,是真正让人遗憾的事。因为,它们不只是南京的,而且就是中国的。对于南京来说,特殊之处在于,它们二者恰恰可以改变南京那种不知何时开始的忧郁意象之支撑。

一种压抑的、病态的美,似乎构成南京意象的主线。这是从何时开始的,不得而知,确知的,杜牧《江南春》关于"南朝四百八十寺,多少楼台烟雨中"的吟唱便透出那种惆怅。至于李煜的《虞美人》,因为其经历注释,南京之"废都"意象便牢牢地扎根于文人们的心头。"春花秋月何时了,往事知多少。小楼昨夜又东风,故国不堪回首月明中。雕阑玉砌应犹在,只是朱颜改。问君能有几多愁,恰似一江春水向东流。"明之后,惆怅与失落像阴影一样牢牢地投射在南京古迹之上,明朝亡国、清末太平天国之血、民国时期日寇屠城……在明末清初的余怀那里,"愁"、"哭"、"可怜"、"奈何"、"惘然"、"泪"、"夜凄凄"、"恨悠悠"便成为金陵古迹引发的全部情丝。例如石头城,"西望石头城可怜,降旗犹见水连天。百年春草无情绿,夜深野鸟秋郊哭。"而他对乌衣巷的描述,"年年花发旧乌衣,燕子于今归未归。南渡衣冠犹自可,荆棘铜驼愁杀我",与刘禹锡"旧时王谢堂前燕,飞入寻常百姓家"名句对比,情感犹为强烈。余怀是清初知识分子,亡国之痛时时地袭击着他,金陵的一草一水因此都成为残败的迹象。至近代,知识分子对南京那种"幽幽的古味"的流连,多为报国无门与风花雪月这两种状态的奇怪结合。朱自清的《南京》一文描述了这一点,"逛南京像逛古董铺子,到处都有些时代侵蚀的遗痕。你可摩挲,可以凭吊,可以悠然遐想;想到六朝的兴废,王谢的风流,秦淮的艳迹。"[32]

既有的崇高消蚀之后,我们是否还在寻找崇高的东西?这是我的疑问。我不是试图给这个问题一个答案,而是把这个疑问挂到大桥身上。作为一个地标,南京长江大桥的意象变迁直接提出了这个问题。

南京长江大桥的诞生，如前所述，代表着征服自然和历史的双重姿态。这种姿态恰恰是饱受屈辱的中国重新追求自身现代性过程中必须完成且最终完成的东西。在这一意义上，南京长江大桥是中国现代性的象征，它不应该受到时间的规训。也正是在这一意义上，它与法国的埃菲尔铁塔具有相同的结果。后者并不征服什么，它只是表征征服姿态，因此超越了时间。中国需要一座实实在在的桥，中国人也需要超越先前的历史，历史语境造成这一独特的情势，产生了大桥。大桥便是平躺着的高塔。

埃菲尔铁塔的崇高与秀美，依赖于纯粹的形式，这种形式取消了任何具体的功能，而使铁塔本身占据了符号的零度。由此，铁塔占据了绝对的高度。作为塔，南京长江大桥之崇高，不在于其形式，而在于其内容。并且，就其内容来说，它亦不依赖于自身的长度或高度，而依赖于长江宽度和深度所造成的建桥难度，依赖于中国跨越近代起点各种历史情境造成的实现自身现代性的难度。

我们有理由把目光投射到像大桥这样的建筑身上。因为，可能正是凝结在它们身上的那种记忆将继续支撑起中国的未来。也由于这一原因，对大桥这样的地标之探险格外令人焦虑：厚重的历史正一片一片地剥去，或者更严格地说，正一片一片地重新包装，在新包装出来的景观中，弥漫着竞争力的神话。这是旨在创造历史的神话，但与那种正在创造的历史与生活并没有多少关联。

后 记

作为一个南京人，有两年时间（1993-1995），我几乎每天都乘车经过大桥。感谢桥，因为它，我感觉自己并没有脱离南京。在南京这块地方，尽管大桥弥合了长江天堑，但它却始终没有弥合南京人心头上的天堑，江北的浦口始终被视为另一个地方，就是像曾经浦东对上海的那种关系。当然，我也有点怨恨它，因为它，南京大学才被政府"骗"到鬼城一样的高新区（在很长时间里，晚上是没有人的），而大学可能有更好的新校区选址（2006年后，南京大学果真另择校址，并在2009年投入使用）。当然，我更同情它，车水马龙，渐渐地成为南京最堵的路段，也成为南京交通信息重复频率最高的地名，成为人们抱怨最多的地方。虽然二桥、三桥和过江隧道都开通了，但情况没有丝毫的改变。与此同时，在全国，逐渐形成一种要废掉它的声音，甚至还很激烈。当然，这又使得许多南京人开始捍卫大桥。当大桥以如此方式重新占据南京人生活的焦点位置，变成南京日常中的日常，以至于南京人自己也忘记了：它本不属于南京，也不是一座仅仅用于交通功能的桥。

　　因为与它同龄之故，这样一个物事的命运，似乎特别吸引我的注意力。作为人，我们这一代并没有像大桥那样把前17年的历史直接内化到自己身上，但却与它一样背负着新中国的梦想。在现代化大道上，我们已经换车了（比方说，从东风125式拖拉机变成了6缸大众汽车），即便真的拆掉这座桥也没什么，但它为什么如此令南京人爱恨交织？从2003年开始，我便陆陆续续地关注大桥，并写过一篇讨论其符号意义的论文（其主体已经融进了本文）。胡恒兄是做建筑研究的，他一直鼓励甚至诱惑我研究下去。这倒成了我的一个心病，因为我确实找不到恰当的叙述方式。今年的国庆长假，我再次来到大桥。在南堡的观景台上，车辆经过产生的那种轻微晃动让我产生了非常独特的感觉，那一刻，我真的很想跳下大桥。不是因为拥抱大地的浪漫主义冲动，而是那一刻的感觉如此的自然，几天前，我经历了或许余生亦不会更甚的心理危机。在大桥之上，像大桥那样注视周围世界，把目光伸向尽头的时候，我的心情突然释然。大桥符号已经被从笔记本、粮票、奖状以及其他各种物件上抹去了，它在今天顶着抱怨甚至拖着皮外伤，然而它就是这样把自己奉献给了南京、中国，注视着它们的生长。或许，有人会指责这种描述是一种传统文人的想象。是的，但空间不正是因为我们的情感投注而散发出它的灵性吗？如果不再需要这种想象，我们是否还能谈论灵性的空间？当我在观景台上以大桥的视角注视世界的时候，我也明白：不可能像巴特审视埃菲尔铁塔那样来审视大桥，更不可能以零度写作的方式来叙述它。大桥是充盈的，这篇对它的叙述亦是一个与零度写作相反的充盈写作凝结而成的文本，我试图用自己内心深处的那一滴泪来温暖大桥。

胡大平：南京大学哲学系教授

注释：

1. 在"文化大革命"期间，这是对南京长江大桥建成进行新闻报道、历史记录和日常评论的标准语法。例如，《人民画报》是这样说的："用毛泽东思想武装起来的我国工人阶级的这一伟大创造，是毛主席无产阶级革命路线的伟大胜利，是无产阶级文化大革命的又一光辉成果！"（"我国工人阶级的伟大创举"，《人民画报》，1968年12月，第22-28页。）一位工人工程师则说："南京长江大桥的建成，就是我国社会主义革命和社会主义建设，特别是无产阶级文化大革命的丰硕成果之一。"（王超柱："工人阶级的革命志气"，《红旗》，1969年第10期，第57页。）

2. 在此，需要强调的是，虽然某些物在社会生活中可能从来都不会以其自然功能出现，但是，它的自然功能能够为社会生活剧变的连续性提供不变的合法性基础。这意味着某物在社会生活中的形象与它的实际自然功能是无关的，因为某物的自然功能可能是恒定的。这一点对下文至关重要，因为在今天对大桥贬低是以大桥交通功能不能满足需求为理由，而在建成之初，则是因为其使"天堑变通途"。所以，只要后者是一种意识形态效果，前者便不能脱离与意识形态的关系。在理论上，当列维-斯特劳斯、拉康等人指出："自然……提供了能指，并且这些能指以某种创造性方式组织着人类关系，使它们具有结构并塑造着它们。"（Lacan, *The Four Fundamental Concepts of Psycho-analysis*. Penguin Books,1994,p.20）事实上，我们便可能摆脱能指与所指之间的恒定关系假设，坚持索绪尔强调的语言符号研究之"符号的任意性"这个第一原则(索绪尔:《普通语言学教程》，高名凯译，商务印书馆，1980年，第102页)，把目光投向某种确定意义与它得以产生的那种"创造性方式"之间的关系，即能指的锚定机制，揭示意识形态的变化与社会生活变化之间的关系。

3. "工人阶级所向无敌：热烈欢呼南京长江大桥铁路桥胜利建成通车"（《新华日报》1968年10月4日社论），载《毛泽东思想的凯歌：南京长江大桥新闻通讯集》，1969年。

4. 钱振文：《这座了不起的大桥：南京长江大桥调查手记》，大象出版社，2010年，第59页。

5. 李华岚："大桥画廊"，《天堑飞虹：南京长江大桥诗选》，江苏人民出版社，1972年。

6. 晓叶："大桥剪影（三首）"，《天堑飞虹：南京长江大桥诗选》，江苏人民出版社，1972年。

7. "高大全"是"文革"期间文学艺术创作之人物的典型形象，集"崇高、伟大和全面"于一身。电影《阳光大道》的主人公"高大全"是其注册形象。

8. 钱振文："南京长江大桥"，《博览群书》，2010年1月7日。钱振文：《这座了不起的大桥：南京长江大桥调查手记》，大象出版社，2010年，第58-59页。在后一文献中，中间有一段前文引述的关于毛主席是大桥作者的那段文字。

9. 钱振文：《这座了不起的大桥：南京长江大桥调查手记》，大象出版社，2010年，第167页。

10. 〔法〕福柯：《古典时代疯狂史》，林志明译，三联书店，2005年，第1页。

11. 在这里，我们使用"加倍"（double）这个词时，并非直接的福柯语境。它来自桥牌的叫牌策略。在这种策略中，加倍和再加倍，既可能是同伴之间巩固和扩大自己成果的进攻方式，亦可能是对手之间报复性或惩罚性防御方式。由于后一种可能，再加倍行动实际上亦可能是重新定义意识形态的策略。这一点，我们将在 20 世纪 90 年代对大桥符号的商业征用中十分清晰地看到。

12. 食指：《食指的诗》，人民文学出版社，2002 年，第 60-61 页。

13. 李朝润词，"我们来到毛主席走过的大桥"，《太阳最红毛主席最亲（歌曲集）》，江苏人民出版社，1977 年，第 60-62 页。

14. "恶毒的用心卑劣的手法"，《红旗》，1974 年第 2 期，第 80 页。

15. 吴冠中：《吴冠中散文选》，国际文化出版公司，1995 年。

16. 在现代性展开过程中，尤其是在今天，人们对归零地越来越感兴趣。在这一点上，纽约是最具现代性的城市，因为它根本就对"遗产与保护"这种华而不实的理想不感兴趣。而当今中国则是最具现代性的国家，因为"遗产与保护"在根本上就是 GDP 的范畴，实施它的完美方式就是拆。有一位忠诚于这个时代和自己职责的地方官员说得好：没有强拆，就没有新中国。有一句影响了许多过来人的电影台词说——"为了新中国，前进！"，在今天，或许可以改写为——"为了新中国，强拆"。

17. 南京长江大桥是长江上的第三座桥，前两座分别是武汉长江大桥和重庆白沙沱长江大桥。

18. 国都设计技术专员办事处编：《首都计划》，南京出版社，2006 年，第 123 页。

19. 赵子康是一位老艺人，他在苏州红木雕刻厂工作，被请来承担浮出铸铁浮雕的木模雕刻工作。特别一提的是，他对自己工作提出的酬劳只是一枚南京长江大桥纪念章。顾信："大桥栏杆浮雕图案设计经过"，《跨越天堑：南京长江大桥建设纪实》，东南大学出版社，1996 年。

20. "如果不是南京长江大桥的限制，即按现有的航运条件，5000 吨级海轮每年到汉港的时间至少有 7-8 个月，万吨级海轮每年到武汉港的时间也有半年左右。可现在南京长江大桥犹如一把千年铁锁，锁住了我国这条最大的'黄金水道'，使远洋轮船只能驶到南京。"转引自"黄金水道上的'桥隧之争'"，《南方窗》1997 年第 6 期。该说法最早出现于王义国："南京长江大桥忧思录"，《航海》，1994 年第 10 期。

21.《演讲与辩论》，人民教育出版社，2010 年。原文"辩论实录:《应当炸毁南京长江大桥吗？》"，载程鹤麟等：《真理越辩越晕——凤凰怪谈·时事辩论会》，北方文艺出版社，2007 年，第五章。

22. 参阅网友文章："揭露所谓精英专家对长江和南京长江大桥的种种谎言：话说长江和南京长江大桥与上游各省的关系以正视听"。http://www.wyzxsx.com/Article/Class4/200709/24265.html，采集日期：2011 年 11 月 13 日。

23. 其中有关大桥脏乱差的报道，参阅"长江大桥'人老珠黄'？"（载《江南时报》2001 年 9 月 6 日第 1 版），甚至用竹子简单地处理护栏缺损(事件报道参阅"南京长江大桥出现尴尬一幕"，载《江南时报》2002 年 7 月 23 日第二版）。

24. 据大桥管理处统计，自 1970 年到 1999 年，参观这一大桥的有 70 位外国元首（包括美国总统尼克松），600 多个国外代表团，360 多万国际游人，20 多万港澳来宾和 2000 多万国外游客。这些参观者绝不是冲着它的交通功能来的。

25. 由于涉及对公益行动的批评，为此必须小心使用证据。在这里的结论并非套用了对一般公益广告的分析，而是基于以下两点理由：其一，就实际效果而言，正如一篇文章指出的那样，"1990年搞起的大桥夜光灯由于是大功率的泛光灯具，存在耗电大、对日常生产运行不利，成为一大负担，以致只有在重大节日才'大方'地亮一亮。"（"拟花亿元为大桥'美容'"，《江南时报》2001年6月25日第1版。）其二，飞利浦仅在南京地区的赞助就并非大桥一项，还包括"秦淮人家"等项目，所有这些项目恰恰都具有丰富的历史内容（即巨大的潜在广告资源）。因此，飞利浦公司的赞助不是对其交通功能的恢复（"亮化"本来与交通功能就没有直接的联系），而获得在大桥身上进行铭写的权利（其中英文纪念牌已经贴上了桥身），这种铭写旨在动员"大桥"意识形态能指以获得广告效应，是对这一能指的再利用。不过，在今天，那块纪念牌不知何故已经消失了。它曾经占据的地方，已经成为一块黑斑。

26. 据不完全统计，2003年时，长江上在建和拟建大桥已达34座。根据有关信息至2013年将达到60座。至2012年，南京已建5座，江苏段已达8座。

27. 罗昌平："南京长江大桥该不该拆"，《中国商报》，2003年8月26日。

28. 四川綦江一座被称为"彩虹桥"的政府形象工程意外倒塌，造成巨大损失。其后来的重建工作正是由南京长江大桥建桥队伍完成的。反讽的是，这支队伍在当代桥梁建设工程中中标率却很低。对此现象，有记者曾撰文"南京长江大桥缘何青春长驻"进行评论，该文载《光明日报》1999年9月21日。

29. 资料来源：因特网央视国际社区，CCTV.COM，"关注我们共同的家园"之"点评：南京长江大桥"，评论日期2001年，资料搜集日期2003年9月19日。在此，从实际使用寿命看，第二位网友"太老了"这种意见显然不能成立，在其陈述中，"没有上海的南浦、杨浦大桥好看"恰恰是"太老了"的原因。南京现在已经有了与南浦、杨浦大桥一样好看的二桥，但大桥仍"需要""拆了重建"；当大桥自然寿命最终到头的时候，它当然"需要""拆了重建"；无论如何，它都得重建，但二种不同语境中的"重建"含义却并非一致。在这里，老去的不是作为交通功能的桥，而是历史。所以，当一座比一座更现代化的大桥在长江上争先恐后地崛起的时候，南京长江大桥的衰落并非由于它在共时性空间中落伍了，而是它的历史逐步失去了现实的支持。所以，同一社区的一位网友如此中肯地说，"作为在'文革'年代竣工的南京长江大桥，是那个时代值得骄傲的。不要用现在的眼光去观赏、评判这座大桥。像很多过去年代的建筑物一样，南京长江大桥也带有鲜明的痕迹，这是历史。"与其他许多人一样，他正确地理解了大桥本身是一段历史的象征，但还没有接受这一历史正在被摧毁的事实。因此，需要进一步评论的是，正因为大桥曾是一个意识形态的能指，"重建"的要求才愈发强烈和迫切。所以，在此，有意识的"重建"要求恰恰是意识形态无意识作用的结果，它是一种意识形态试图压倒另一种意识形态的隐喻。

30. 在《追忆似水年华》中，普鲁斯特这样描述法国的日常生活，"人们必须返回到尖塔，它总是统治着其它所有的东西，一个尖顶就出人意料地概括了所有的房屋"。中国空间体认传统较之西方更为复杂，地标在同一地域可能按照中轴线、景观制高点、神圣性、世俗权威等多个维度来确立，并因此长期保留着人类所称的那种整体景观的依附性。

31. 黄裳：《金陵五记》，江苏古籍出版社，2000年，第10页。
32. 朱自清："南京"，蔡玉洗编：《南京情调》，江苏文艺出版社，2000年，第6页。

朱涛

大跃进中的人民大会堂

庆典（广场）

1959年10月1日上午10时，中华人民共和国建国十周年庆典在北京天安门广场开始。首都70万人参加了典礼，这是新中国成立以来规模最大的一次。（图1-4）

为了在空间上配合这次庆典，中共中央在1958年8月决定要进行天安门广场改建和在北京建设"国庆十大工程"，两组工程同时于1958年11月开工。经过10个多月的超常努力，1959年8月底完成改建的天安门广场，比之前扩大了两倍半，东西宽500米，南北长880米，总面积达44公顷。广场中央矗立的是人民英雄纪念碑，于1952年8月动工，1958年4月完工，是在有着近700年历史的北京南北中轴线上新添加的政治地标。广场的东、西侧近乎对称地坐落着同于1959年8月底落成的中国革命历史博物馆和人民大会堂，是"国庆十大工程"中最显要的两座。它们与英雄纪念碑一道，更加强了北京城传统的南北中轴线的格局。

与北京南北纵向轴线相垂直，东西长安街被规划为北京的东西向横轴，加以打通、拓宽和延伸。长安街在天安门广场处宽达180米。按军方的要求，道路中心不设任何绿化隔离带，呈"一块板"形式。路面上实现"无轨无线"——公共汽车取代了有轨电车，所有架空电线全被改装入地下管线。路面上不但考虑了日常车行，还能经受60吨坦克行驶，甚至可作战时飞机起降跑道和直升机自由降落场地。[1]

传统的控制城市、建筑空间布局的南北中轴线，与现代的"动线"——东西长安街交通干线相交的地方，就是天安门广场。这种布局赋予了天安门广场无与伦比的空间地位，它成为北京乃至全中国的"几何中心"。1959年国庆典礼就是在这样的空间设置中展开。（图2、图3）

10月1日上午9时50分，毛泽东、刘少奇陪同苏共中央总书记赫鲁晓夫一道登上天安门城楼，紧随其后的是周恩来、朱德等党和国家领导人，以及胡志明、金日成等来自 10 多个社会主义国家领导人和 60 多个国外共产党的领导人。天安门城楼两边观礼台上也站满了各国家、政府的来宾。

10 时整，北京市委书记、市长彭真宣布庆典开始。国歌奏响，五星红旗升起，礼炮轰鸣，400 名少先队员向人民英雄纪念碑献花，几十万人肃立在广场、街道、观礼台和城楼上，敬视着盛大典礼的展开。

首先是阅兵式。新上任的国防部长林彪，刚在 9 月取代了因"庐山会议"向毛泽东进言而被罢免的彭德怀，在阅兵总指挥杨勇上将的陪同下，乘车在天安门广场南侧和东长安街检阅了中国人民解放军陆海空各部队。随后，林彪登上天安门城楼检阅台，向三军发布《中华人民共和国国防部命令》。该命令要求全军指战员"以马克思列宁主义武装自己的头脑，认真学习毛泽东同志的著作"。在宣读命令时，林彪前后高呼了八次"万岁"，每一次都能引起"地动山摇般的应和"。最后，林彪振臂高呼："总路线万岁！大跃进万岁！人民公社万岁！"。顿时，"人们激越的欢呼声响彻云霄"。[2]

分列式开始了。陆海空三军 15 个徒步方队、14 个车辆方队和 6 个空中梯队，共计 11018 人，仅用 58 分钟，从天安门城楼前和天安门广场上空经过，接受了检阅。（图 1）多年以后，当时任第一徒步方队的主护旗手张太恒回忆到：当他擎着"八一"军旗，引领着方队沿长安街由东向西推进，在与天安门广场南北中轴线相交的瞬间，随着一声嘹亮的"向右——看"的口令，他感到的是"一腔热血顿时在全身奔涌"。[3]

之后是首都 70 万群众大游行。仪仗队抬着巨幅标语、花篮、国徽（前面摆着 10 个寿桃，寿桃周围环绕着 160 名手持鲜花的女同志），以及记载着钢、煤、粮、棉 10 年来跃进的数字、图表和模型。人民大会堂的建筑模型，作为建筑业大跃进的光辉典范，也跻身其中。大跃进的两大主题——人民公社和大炼钢铁——显得尤其醒目：农民乐队用唢呐、笙等吹奏着"社会主义好"，背景声则是排浪般的欢呼"人民公社万岁！"；钢铁工人则环绕着大型高炉、平炉、电炉、转炉和一组小高炉欢呼前进，高炉旁的烟囱里还喷出阵阵烟雾……（图 4）

大跃进的历史研究长期以来在国内被视为禁忌。直到最近，经过一批学者的努力，这段意义重大的历史才开始被一点点揭示出来。到目前为止，研究成果多集中在政治、经济、社会史领域中。本文尝试开启一个新角度——以空间，特别是城市空间的角度来读解那段历史。更确切地说，本文尝试以 1959 年北京十大国庆工程中的中心项目——人民大会堂为案例，通过对该项目的立项、设计、施工和艺术再现等环节的考察，探究

图1 1959年10月1日建国十周年庆典的北京天安门广场

建筑在那个特定时代中所扮演的角色,以及建筑与政治、经济、社会组织、人之间的关系。

"万"字情结

人民大会堂,原称人大礼堂,其中心功能是为全国人民代表大会提供开会场所。1954年出席首届人代会的代表仅1226人,以后各届人大会代表均在3000人左右,外加列席人员约3000人,总人数在6000人左右。那么,人民大会堂中的会议礼堂为何要修成"万人大礼堂"?

王军的《城记》给了一个解读:就因为毛泽东喜欢"万"字。[4]"万"字在汉语中不一定指代一个具体数字,它常被用来以一种抽象意义形容数目之巨。的确,毛泽东将这个汉语传统发扬光大,可说是到了无以复加的程度——他诗词中对"万"字的运用,俯拾皆是:看万山红遍,万里雪飘,万类霜天竞自由,万木霜天红烂漫,万里长江横渡,万户萧疏鬼唱歌,万花纷谢一时稀,万方乐奏有于阗,万丈长缨要把鲲鹏缚,万里风焰照天烧……

"万人大会堂"情结其实在毛泽东心中存在已久。早在20世纪40年代中的延安时期,毛泽东就曾站在可容纳千人,砖木混合结构,显得简陋的延安中央大礼堂里,立下宏愿:将来革命胜利了,一定要建一个万人大礼堂,使党的领导人能够和群众一起共商国家大事。新中国成立不久,毛泽东站在天安门城楼上俯瞰天安门广场时,又提出了建一座万

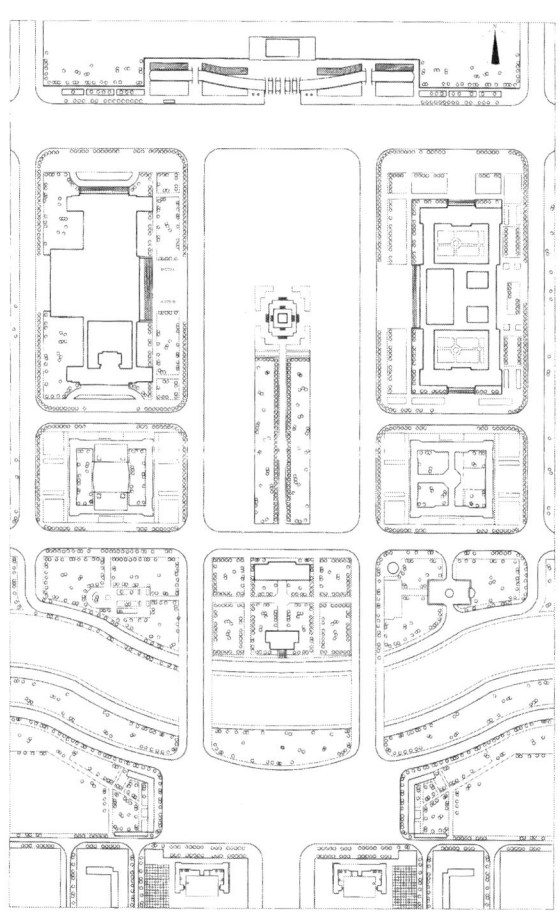

图 2 1958 年天安门广场改造规划平面图

人大礼堂的想法。在第一个五年计划期间，毛泽东还问过当时的建筑工程部部长刘秀峰，完全以自己的力量，能否修起一座万人大会堂？[5] 通常用来抽象地形容数目之巨的"万"字，在毛泽东心目中，可以轻易转化为一项具体的建筑指标，而使这一指标在人间得以实现的，还是靠他在 1958 年发起的大跃进运动。

自 1955 年年底开始，毛泽东就频繁讲话，批判经济建设中"右倾保守"思想，鼓动快速搞建设。1957 年年底，第一个五年计划提前完成，沉浸在喜悦中的毛泽东更是不断高调发言，抨击党和政府中的"反冒进"思潮，一心一意要把"革命和建设搞得快一点"[6]，要赶英超美。1958 年 3 月，中共中央在成都召开工作会议，主题是继续批评"反冒进"的务实思想，为实现国民经济的跃进鼓劲，为形成毛泽东的总路线统一思想。会议上，"气若长虹，势若破竹"[7] 的毛泽东在谈到北京城改建时，明确提出要在北京建万人大礼堂。

1958 年 5 月在北京召开的八大二次会议做出决议：一致同意党中央将毛泽东提出的"鼓足干劲、力争上游、多快好省地建设社会主义"作为总路线，统一了经济建设的指导思想。至此，大跃进全面发动，各级官员们开始抢着制定狂热的建设指标。

8 月，中共中央召开北戴河政治局扩大会议，紧急动员各层领导，通过决议，要在钢铁产量上，"号召全党和全国人民用最大的努力，为在 1958 年生产 1070 万吨，即比 1957 年的产量 535 万吨增加一倍而奋斗"。[8] 在农业上，通过大搞人民公社，加快社会主义建设的速度，于是——"共产主义在我国的实现，已经不是什么遥远将来的事情了。"此外，为庆祝建国十周年，北戴河会议还决定要在北京兴建一批包括万人大礼堂在内的重大建筑工程，同时改建天安门广场。针对天安门广场的改建，毛泽东认为要反映出我国历史悠久、地大物博、人口众多的特点，要庄严宏伟，气魄要大，要成为能容纳 100 万人集会，世界上最大的广场。万人大会堂，百万人广场，外加一系列超大建筑项目，所有工程要在 1959 年国庆节前竣工。

设计总动员

1958 年 9 月 5 日，北京市委书记处书记、副市长万里在市政府召开会议，传达中央关于筹备庆祝建国十周年的通知，要求在建国十周年到来之前修好大会堂、革命博物馆、历史博物馆、国家剧院、军事博物馆、科技馆、艺术展览馆、民族文化宫、农业展览馆，加上原有的工业展览馆（即北京展览馆）共十大公共建筑，[9] 另在玉渊潭附近建十几幢别墅式宾馆。会议认为：时间十分紧迫，设计工作是关键。会议决定马上召开设计人员动员大会，发动大家献计献策，以尽早提出设计方案。为了集思广益，还决定由市人民委员会和中国建筑学会联名发出电报，邀请全国各省市著名建筑专家来京参加国庆工程的设计工作。与此同时，建工局和市政工程局，要加紧准备建筑材料、施工机械，组织施工队伍，力争10月份——一个月后——破土动工。

9月6日，北京市规划局兼设计院院长冯佩之向规划局传达这次会议精神。规划局随即开始为十大工程选址，特别是着重做了大会堂和革命博物馆、历史博物馆在天安门广场两侧的设计规划。

9月7日，北京市建筑学会副理事长、党组书记沈勃和中国建筑学会秘书长汪季琦商定了邀请各地专家的名单，经万里同意后，向16个省、市、自治区的专家发出了电报。

9月8日，万里在中央电影院（现北京音乐厅）对北京的设计、施工单位的专家1000多人做了"北京市国庆工程动员大会"报告。

报告中，万里首先阐明建设国庆工程的目的是"反映建国十年来的工农业生产和各个方面建设取得的巨大成就，检验社会主义中国已经达到的生产力水平。不是有人不相信我们能建设现代化的国家吗，老认为我们这也不行那也不行吗？我们一定要争这口气，用行动和事实做出回答"。

万里还特别强调"十年大庆，将邀请数千外宾和华侨来参加，不但社会主义国家要来人，许多资本主义国家也会来人"。

万里激励建筑师："现在的设计建筑，不能连蒋介石、清朝皇帝时代的都不如。我们一定要超过我们的老祖宗，做出无愧于世界先进水平的好的设计来。"

万里号召建筑和施工专家们明确目标："高质量、高艺术水平、高速度地完成任务。高质量就是要有上乘的设计、施工质量，到世纪末以至下个世纪都用得上看得过；高水平就是要在条件许可情况下做到庄重典雅、美观大方；高速度就是用最短时间完成工程建设。""总之"，万里援引毛泽东的总路线为国庆工程的方针，"要做到多快好省"。

在创作思想上，万里似乎清楚：建筑师们在经历了1955年的反复古、反浪费运动，1956年的"百家争鸣"，再加上1957年的反右派斗争，已经噤若寒蝉，不知道什么才是"政治正确"的建筑风格，于是他鼓励道："在设计中大家要敢想、敢干，百花齐放，百家争鸣。过去曾经反对浪费，也反对过一阵大屋顶，因此形成了一些条条框框，我看这些框框可以打破，如果认为琉璃瓦大屋顶能搞出高度艺术水准就可以尝试搞大屋顶；如果有其他

图 3 1959年10月1日的建国十周年庆典的天安门广场

图 4 建国十周年庆典的天安门广场

更好的形式，就应当去创造新的更好的形式。总之，要讲究美观，大胆创新，不拘一格。"

万里还谈了一下"美的标准"："我们讲美观，它的标准不应是洋标准而是中国的标准，既要有现代的特色，更要有中国的民族形式、民族风格。在天安门前的建筑，应该与天安门相协调，必须要花的钱还是要花，要搞出好的建筑形式来，使六亿人民满意。"

紧接着，万里又补充："同时还要注意节约，不能浪费。实际上，有许多事例可以说明，搞得好的不一定就多花钱，多花钱的也不一定就搞得好，这里面有辩证法。"

在设计工作方式上，万里号召建筑师们"发扬集体主义精神，搞好共产主义大协作……中国的知识分子是有才华的，他们有很强的爱国心和民族自豪感。我希望建筑师们对国庆工程的设计不是为个人出名，而是为六亿人民，出六亿人之名。因为这些建筑代表着六亿人民，而我们个人只是六亿分之一。"[10]

集体创作

万里报告后，大会立即向在场的设计单位分发各项国庆工程的规划位置图和设计资料。各设计单位又马上回去向本单位职工作传达动员，开始组织技术尖子进行方案设计。当时参加国庆工程方案设计的单位共有 34 个。

各省、市、自治区领导收到设计邀请的电报，极为重视。如江苏省副省长于 9 日晚亲自约见杨廷宝（中国建筑学会副理事长、南京工学院建筑系主任）、江一麟（南京市设计院副院长），并代为买好第二天早晨的机票，送他们飞往北京。本来邀请20多位专家，实到有30多人。大家于9月10日晚，在北京和平宾馆汇齐。冯佩之和沈勃于当晚赶到宾馆，传达任务，要求大家在五天之内出第一稿方案，还请北京市建筑设计院为他们搬来了画板和画架。"专家们听了传达以后，十分兴奋。有些专家当晚就行动起来。"[11]

与国际通行的封闭式建筑设计竞赛，以保证个人创作版权不受侵犯的做法不同，国庆工程采取了一种非常独特的方式：所有参赛者以个人或小组为单位参加方案设计，分阶段限期交卷。经领导审阅，或在领导主持下，大家一起讨论、分析、评比，相互学习，取长补短，在意见汇总后再进入下一轮创作。如此一轮轮下去，经过审议、归纳、修改，逐步集中，"博采众长"，期望方案设计能在"最理想的阶段"达到"最佳效果"。这一方式，有人称之为"半开放式的集体创作方案竞赛"。[12]

为了开拓思路，十大工程设计"标书"只列项目名称、规模和规划位置图，不提具体功能要求，不发计划任务书，一切由作者自定。天安门广场上的项目，暂提有革命、历史博物馆和人民大会堂两种建设要求，二者只给出面积限额，并无具体内容要求，也没有明确规定广场规模和建筑用地范围。

9月15日，专家到京五天后，第一轮方案稿如期完成，上报市委审查。市委领导们认为方案不够理想，但没提任何具体意见，只要求"进一步解放思想"，搞好设计。

第二轮设计开始了，外地专家纷纷打电报给自己省市，调来年轻助手帮忙。9月20日，又是五天后，第二稿方案共一百多张图纸在北京规划局的五楼展出（方案包括大会堂、革命、历史博物馆和国家剧院）。各专家前往座谈，提意见，接着又开始了第三稿方案设计。这次，除北京各设计单位进一步做各设计方案外，和平宾馆的专家被分为三组：梁思成（中国建筑学会副理事长、清华大学建筑系主任）牵头作革命、历史博物馆方案设计；杨廷宝牵头作大会堂；赵琛（华东工业设计院副院长）和陈植（上海市设计院院长）牵头做国家剧院。

"这些专家从来没有设计过规模如此宏伟的建筑物"，经多次努力，三稿提出的方案"仍是老一套的居多。加上老专家们不好意思互相提意见，因此设计工作进展不快"。[13] 9月26日，刘仁（北京市委第二书记）和万里约请中宣部副部长周扬和文化部党组书记、副部长钱俊瑞到市委协助审查三稿方案。大家看后认为"设计思想还不够新"，需要更广泛地发动群众进行创作。市委、市人委还做出决定，由冯佩之、沈勃、金瓯卜、李正冠、刘小石五人组成领导小组，领导国庆工程设计工作。[14]

方案定不下来，其他一切工作都无法展开，各方领导都很着急。周恩来得知后，指示发动群众的范围再广些，让年轻人也参加到方案设计中。刘仁当晚就到清华大学，要求校党委组织青年教师和学生参加设计竞赛。同是当晚，北京市规划局局长、兼北京建筑设计院院长冯佩之也在局里动员，号召所有建筑师都积极参赛。

新老建筑师相互促进，各展所长，只用了三天，就完成了第四稿设计方案。在研讨中，大家争论最多的是两类问题：大会堂与天安门广场的总体空间规划和建筑风格问题，比如：大会堂的位置是在天安门广场南端正阳门的部位，还是在广场西侧？大会堂的高度是否可以超过天安门？人民英雄纪念碑左右，即天安门广场东西两侧到底是摆两个建筑物还是四个？如果大会堂和革命、历史博物馆各摆在广场东西两侧，它们之间距离，即将来天安门广场的宽度是350米、400米，还是500米？大会堂要不要大屋顶？

彭真听取了北京市规划委员会的汇报，作了发言。他要求大会堂的设计，要同天安门、故宫、正阳门、前门相统一和协调，继承和发扬我国的建筑风格和传统，同时吸收古今中外一切好的东西。他还给大家上了一堂建筑与阶级的课：在封建时代，皇帝搞的建筑，体现他的"唯我独尊"。在资本主义国家，资本家搞的建筑，大部分采用拜物教的建筑手法。我们社会主义祖国的首都的大会堂设计思想要体现"以人民为主"、"物为人用"、"为人民服务"的思想，要使工人、农民一进大会堂，不仅感觉到庄严雄伟，同时也感觉到自己就是建筑物的主人，不能使人走进大会堂像是走进故宫那样有压抑之感。那么如何才能设计好呢？他说——还是那句大家都在吟诵的口号——"贯彻党的群众路线，从群众中来，到群众中去，集思广益"。

针对专家中尚有人对如此庞大的建筑规模的必要性感到怀疑，彭真展开了理性化表述："我们不能只知道盖物质生产工厂，不知道盖政治工厂。万人礼堂就是一座政治工厂。试想一下，我们开会，讨论问题，如果一次能倾听一万人的意见，一次能把党的方针政策对一万人讲清楚，贯彻下去，能够产生多么大的物质力量呀，这不是几千万块钱可以相比的。"[15]

最后，彭真主持，做出几点明确决策：

1. 大会堂的位置选在西侧，包括宴会厅、会议室等辅助设施；
2. 大会堂的高度可以超过天安门，但要注意协调；
3. 大会堂和革命、历史博物馆距离定为500米；

4. 纪念碑左右各摆一个建筑；

5. 在形式上要尽量发挥大家的创造性，最后由周总理审定。

专家们在此基础上又做了第五稿方案。在讨论中，又冒出三个问题——关于中轴线对称、对位的问题：大会堂正门中心是否正对英雄纪念碑的中心？宴会厅的位置在万人礼堂的南边，还是翻到北边？大会堂和革命、历史博物馆是否在纪念碑两边完全对称？

刘仁和市委其他领导研究后决定：大会堂和革命、历史博物馆面向广场的正门，一定要避开纪念碑轴线，以保证广场开朗的气派和各建筑门前开敞的视野——"活人不对死人"，其他问题可发动建筑师们进一步研究。于是大家又做了第六稿方案。

10月6日，设计领导小组将第六稿方案送到周恩来总理办公室汇报。周提了一些具体意见，比如他指着张镈的大屋顶方案，说可用作美术馆的建筑形式；革命、历史博物馆可以和大会堂基本对称，但建筑面积要小些，做成一虚一实；为保证大礼堂看得好、听得好，他还用铅笔画了一个近似马蹄形平面，让大家研究一下。

周总理初审后，设计领导小组立刻组织建筑师们于10月9日完成第七稿。万里将第七稿中较有特色的八个方案，制成照片，发向全国27个省、自治区及各大城市的建筑专家，征求意见。等各地意见收拢回来，轰轰烈烈的群众集体创作进入了最后的"集中阶段"：设计领导小组请清华大学、北京市建筑设计院和北京市规划局三家，在发往全国的八个方案的基础上，再各自做一个综合方案，以供中央定夺。至此，住在和平宾馆的来京专家们开始陆续返回各地。在整个设计竞赛过程中，形形色色的"群众建筑师"们对各项国庆工程提出了400多个方案，其中为大会堂共提出平面方案84份，立面方案189份。

"新风格"的成长

将设计过程和结果分为平面、立面两部分进行探讨和展现，本身就反映出当时中国建筑师的主导观念：平面用来探索合理的功能布局，并遵从一整套构图法则（对称、比例等），立面则用来表达某种建筑风格。在相当程度上，二者之间可以分开考虑。同一个建筑平面可以在立面上外裹不同种类的风格外衣，或者，同一个立面，同一套建筑风格外衣内部可以装有不同的平面布置。值得一提的是，从现在能看到的当时设计竞赛的资料中，除了各种平面图和反映立面的透视图外，没有一张反映建筑三维空间构成的剖面构思图,也没有 20 世纪 20-30 年代起,欧洲现代主义建筑师开始热衷的一些非古典的空间表现形式,如轴测图等。[16]

总平面布置

总平面规划担负着多重任务:对天安门广场的改建规划,对广场周边的革命、历史博物馆、人大会堂,以及其他可能建筑项目的总体规划。在众多方案中,构思可分为三类:

1. 四栋式:在纪念碑东西两侧对称地布置四栋建筑,国家剧院(北部)和革命博物馆(南部)在东侧,大会堂(北部)和历史博物馆在西侧。不同方案对建筑物的体量朝向和对天安门广场的围合方式略有不同(图5、图6)。

2. 五栋式:与第一类方案近似,在纪念碑东西两侧对称地布置四栋建筑,但不同的是,大会堂作为第五栋建筑,位于天安门广场南端,取代现有的前门楼和箭楼(图7)。

3. 两栋式:在纪念碑东西两侧对称地分布两栋建筑:革命、历史博物馆(二者合为一栋建筑)和大会堂(图8-12)。

北京工业建筑设计院戴念慈等设计的方案,可说介于第一和三类之间:在纪念碑北部的东西两侧布置四栋建筑:东侧为革命、历史博物馆(北部)和国家剧院(南部),西侧为大会堂(北部)和青少年宫(南部)。每一侧的两栋建筑在体量上都一大一小,中间以廊道联成一个建筑整体,形成连续的围合广场的东西边界(图9)。在这类总图中,最具特色的是东北工业建筑设计院的毛梓尧等设计的方案:以纪念碑东西向轴线为界,纪念碑以北为硬质地面广场,东西两侧对称地布置革命、历史博物馆和大会堂,而纪念碑东西向轴线南侧则全部是绿化空间,一直南抵正阳门,与护城河绿化带联为一体,成为一个北京心脏地带的"中央公园"(图10)。该方案恐怕很难满足毛泽东的百万人集会的要求,但毫无疑问,如当初真的照此案实施,今天的天安门广场将会是一个截然不同的公共空间。

在大会堂平面功能布局上,也可分为三类:

1. 以礼堂和宴会厅两部分组成,沿东西方向布置,也有方案将宴会厅设在二楼(图

13-17)。

2. 以礼堂和宴会厅两部分组成，沿南北方向布置，或在东面设二者共用入口（图18-20、图22、图32），或以礼堂入口为主入口，礼堂与宴会厅之间以廊道和庭院相接（图21）。

3. 以礼堂、宴会厅、人大常委会三部分组成，被称为"一分为三"的布置方式。三段功能沿南北向排列，形成一栋完整的建筑体量。经过几轮竞赛，这种想法逐渐占据上风。并且，由于三段中礼堂是最主要部分，大家也倾向于礼堂居中，面向东面天安门广场开正门。于是剩下的选择就是宴会厅和人大常委会两部分，谁在南、谁在北的问题了（图23-31、图33）。

会堂形式

在会堂设计上，绝大多数方案都采用了古典剧院式平面。这反映了大家心目中对人大会空间运作形式的理解——会场空间分为两部分：中心舞台/主席台和观众席/会议代表席。按照这同一种空间模式，建筑师们提出大致六种会场平面形式：圆形、马蹄形、扇形、半圆形、六角形、方形。也许是因为周恩来在初审第六稿时，画过一张马蹄形平面示意图，后来的方案中以马蹄形或近似圆形的最多。但实际上对有万人坐席的会堂，马蹄形或圆形平面很难解决视听问题，最后还是扇形平面胜出。有方案在主席台-观众席空间关系上做了新颖的探索，如武汉中南工业建筑设计院殷海云等设计的方案，将一大一小两个会堂观众席左右两边布置，中间共用一个舞台。可以想象，当舞台左右两边分隔打通，该舞台从古典尽端式舞台转变为同时向两边观众席开放的岛式舞台（图16）。

抛开上述在统一的古典剧院平面基础上探索出来的多样性，真正体现出根本不同的空间追求的是南京工学院杨廷宝的两张草图。他的两个方案的力度不在于追求"有表现力"的几何形状，也不在于对声学、视觉等具体功能因素的考虑，而在于对项目涵义本身的独立解读：人民大会堂是一个人民代表聚在一起，"共商国家大事"的会场——为配合这种政治活动，杨在两张草图上的礼堂平面中都采用了议会式会议厅平面，而不是古典剧院式平面（图32、图33）。换句话说，在杨心目中，人代会所有与会人员都处在同一个空间——议会空间中。会场主席台不是高高在上，与会议代表席位相分离的"中心舞台",而是与会议代表席位同处在一个完整空间中的演说台;会议代表席位也不是仅仅用来被动观看主席台的"观众席",而是均匀铺开,面向演说台,大家又能相互看到的议席;围绕演说台和议席的是旁听席空间。

历史充满吊诡。半个多世纪以前,1906年9月1日,清皇廷向世界宣布预备立宪,并着手厘定官制。11月7日庆亲王奕劻等议定中央官制上奏,提出行政、司法、立法"三权分立"。其中立法当属议院工作,很难马上实现,于是奕劻等提议暂设资政院,以作为向议院的过渡。1907年9月12日,清廷下谕设资政院,专门聘请了德国建筑师科特·罗克格(Curt Rothkegel)在北京内城东隅的贡院旧址上设计资政院暨上下议院大厦(图34)。在引进西方议会建筑的空间布局的同时,清廷还表达出要以德国君主立宪政体为榜样,进行政治改革的决心。与此同时,清廷还通谕各省督抚,要求在各省省会设立谘议局,与北京的资政院相应。在谘议局的建筑设计上,清宪政编查馆规定道:"其新建者则宜仿各国议院建筑,取用圆形,以全厅中人能彼此互见共闻为主,所有议长席、演说台、速记席暨列于上层之旁听席等,皆须预备。"[17]当然,这些项目,随着辛亥革命的爆发和清政府的崩溃,都流产了。

立面风格

在单一意识形态主导的时代,人们总倾向于认为建筑风格和政治意义之间有,或者应该有,一对一的联系:政治意义作为内容,建筑风格是表达形式。但实际上,二者间的联系,往往是人们一厢情愿地臆造出来的,充满了任意性,没有逻辑可言。一方面深信形式和内容之间有联系,一方面其联系是任意的——正是这双重原因导致了建筑风格在狂热政治运动中的不可捉摸的命运。某种建筑风格,忽而被御用,作为最高政权的象征,忽而被"踏上一万只脚",彻底批倒批臭——中国建筑师饱受其苦。就近的例子是,1955年的反浪费、反复古运动将以梁思成为代表的探索民族形式的工作批判为"资产阶级唯心主义、形式主义、复古主义"建筑思潮。于是1956年,在毛泽东发动的"百家争鸣"运动中,很多人借势讨伐"复古浪费",转而将"现代建筑"作为进步风格加以拥抱。不料,在1957年的反右斗争中,"现代建筑"又和右派挂上了钩,导致建筑界又掀起批判"华(揽洪)陈(占祥)反党联盟"运动。这一场场出尔反尔的运动,愈发使中国建筑师对政治-风格之间捉摸不定的关系感到惶惑和恐惧。

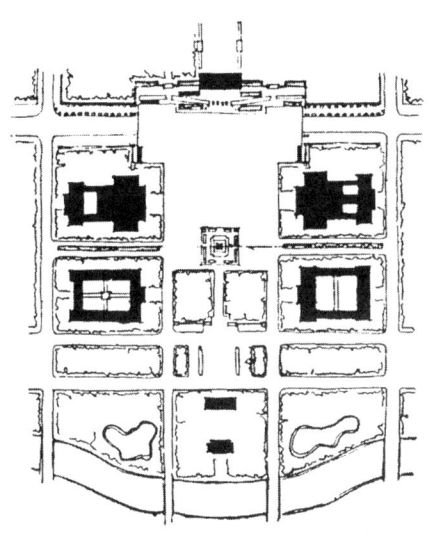

图5 上海市民用建筑设计院陈植等的总体方案

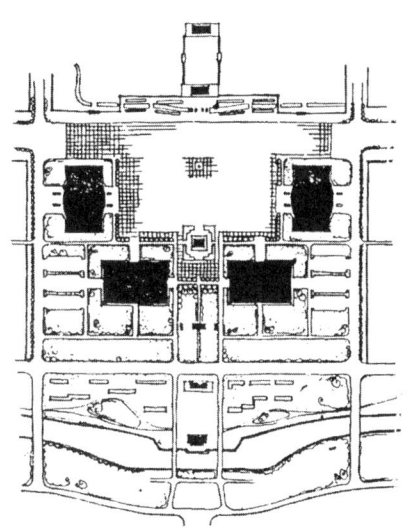

图6 华东工业建筑设计院赵深等的总体方案

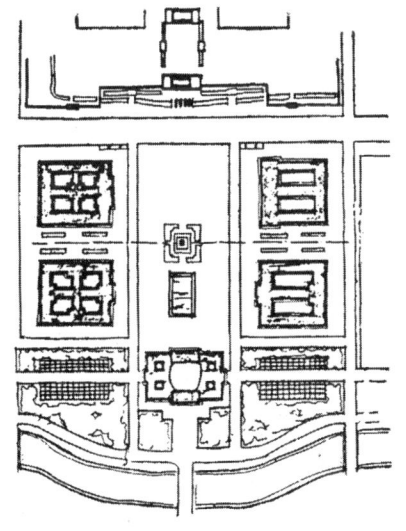

图7 南京工学院建筑系刘敦桢等的总体方案

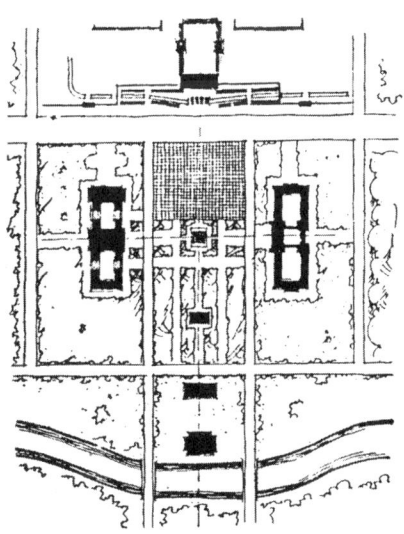

图8 第10号总体设计方案

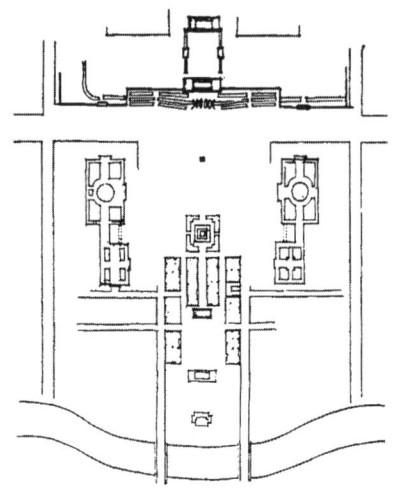 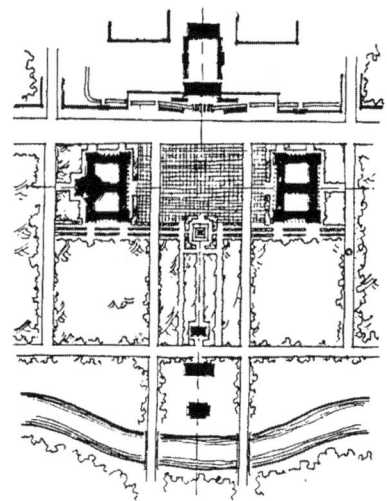

图 9 北京工业建筑设计院戴念慈等的总体方案　　图 10 东北工业建筑设计院毛梓尧等的总体方案

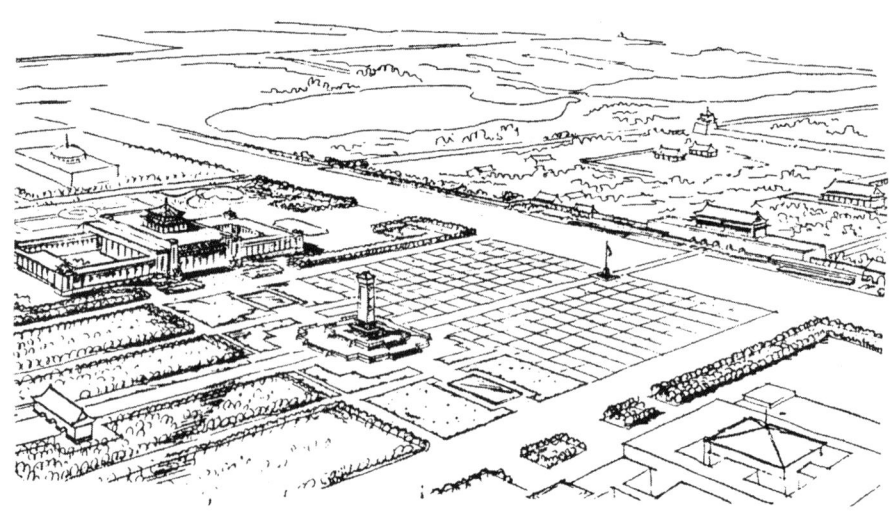

图 11 北京市规划管理局设计院张镈等设计的总体方案

大跃进中的人民大会堂

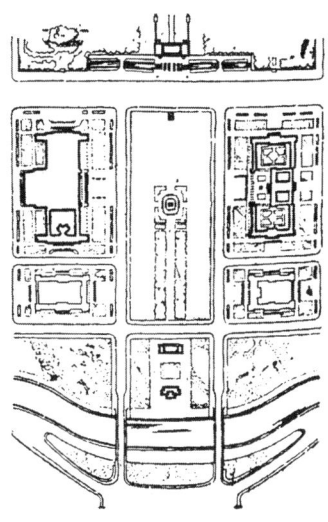

图 12 北京市规划管理局总体方案

如前所述，1958 年 9 月，万里在"国庆工程动员大会"上试图帮助心有余悸的建筑师们解压，动员他们在设计中"敢想、敢干，百花齐放，百家争鸣"。在这个短暂瞬间，效果很显著，建筑师们被压抑的对各种建筑风格的喜好在竞赛中充分表露出来。人民大会堂的 189 份立面样式，可以大致分为四类：

1. 琉璃瓦屋面式的民族形式（图 35-38）。
2. 西方新古典的廊柱式（图 39-44）。
3. 民族形式和西方新古典相综合的形式（图 45-48）。
4. 现代式，其中有仍带新古典神韵，但已经高度抽象化了的廊柱式（图 49），有强调抽象体量、块面的三维构成的（图 50-52），有大面积覆盖玻璃幕墙的（图 53-55），有着力表现结构形式的。（图 56、图 57）

最后，被选中的是一个西方古典廊柱式方案（图 44）。这如何在逻辑上解释得通，一个如此激进地要在数年间赶英超美，迅速达到工业化，"跑步进入共产主义"的新兴社会主义国家，其人民大会堂，会在建筑风格上钟情于西方古典柱廊风格？这现象连接着一个现代建筑史的更大讽刺：资本主义美国在建国伊始，兴建的政治建筑多遵循欧洲

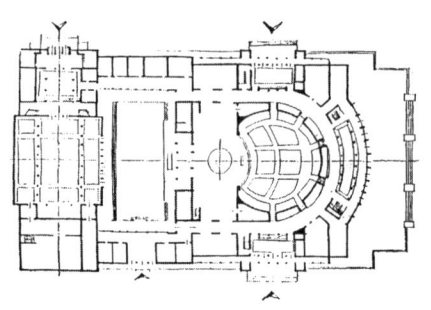

图 13 北京工业建筑设计院的平面方案

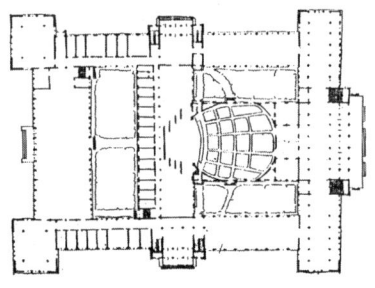

图 14 广州市建工局林克明等的平面方案

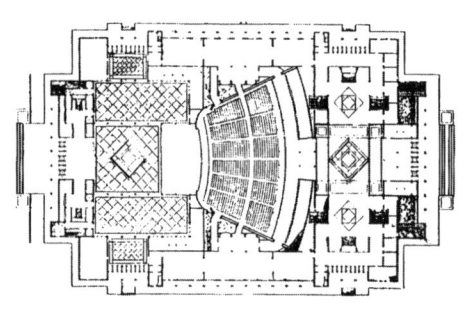

图 15 北京市规划局设计院张镈等的平面方案

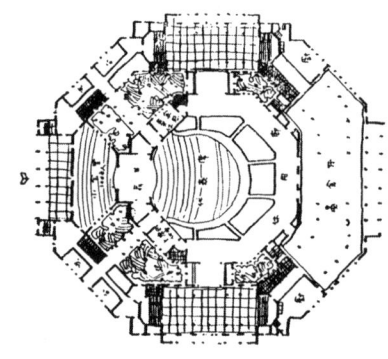

图 16 武汉中南工业建筑设计院殷海云等的平面方案

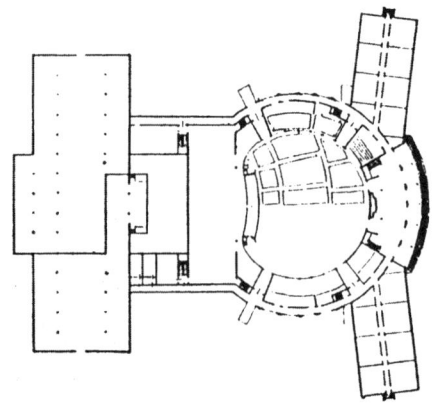

图 17 浙江省工业建筑设计院陈曾植等的平面方案

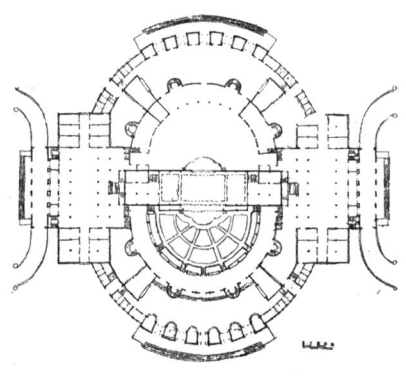

图 18 建工部建筑科学研究院的平面方案

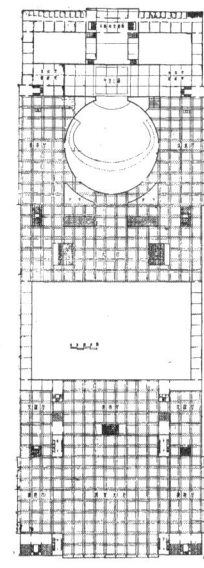

图19 上海同济大学建筑系的平面方案一

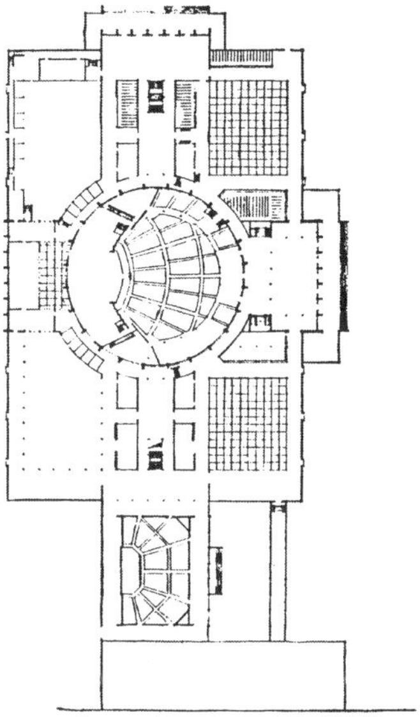

图20 北京工业建筑设计院戴念慈等的平面方案

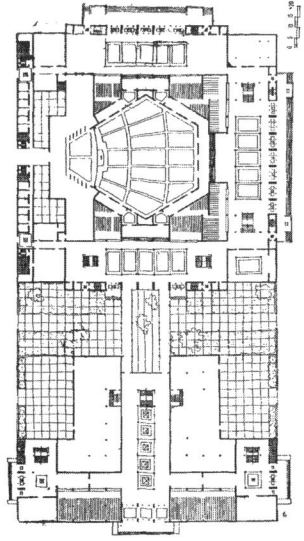

图21 天津大学建筑系徐中等的平面方案

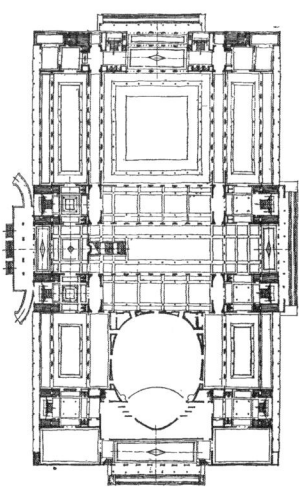

图22 北京市规划管理局的平面方案一

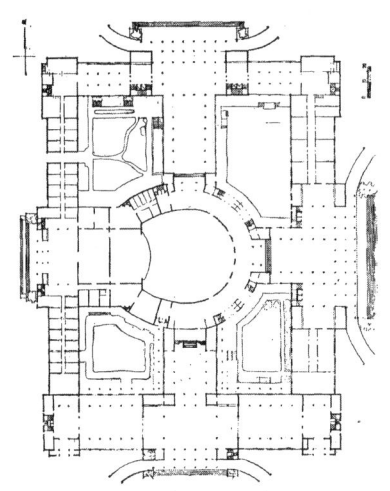 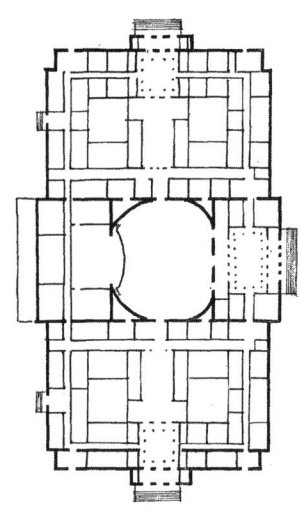

图 23 清华大学建筑系的平面方案　图 24 南京工学院建筑系刘敦桢等的平面方案

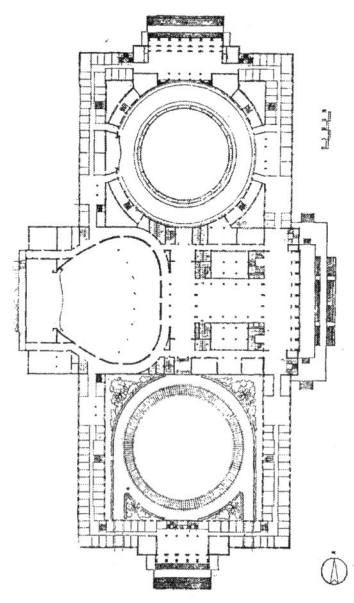 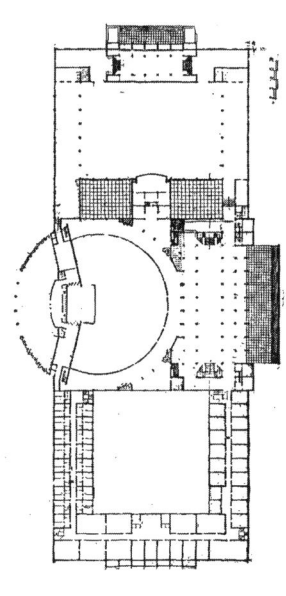

图 25 南京工学院建筑系的平面方案　　图 26 同济大学建筑系的平面方案二

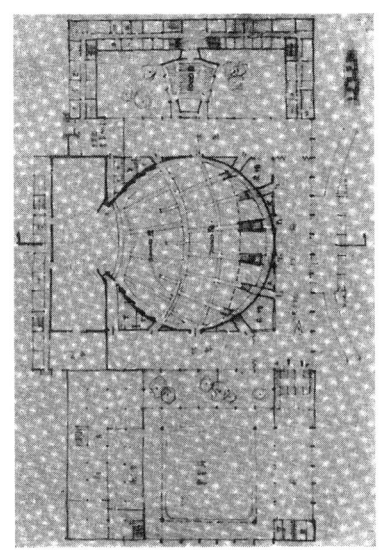

图 27 华东工业建筑设计院赵深等的平面方案

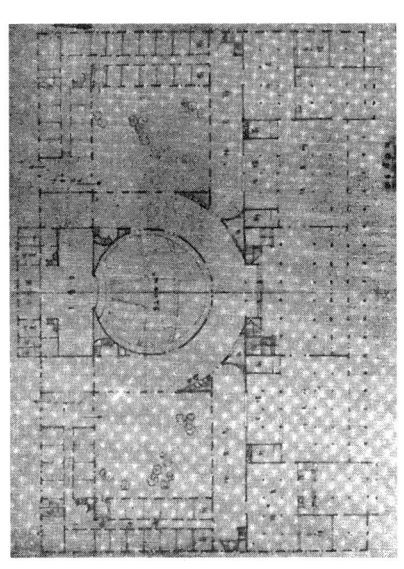

图 28 上海市民用建筑设计院陈植、天津大学徐中等的平面方案

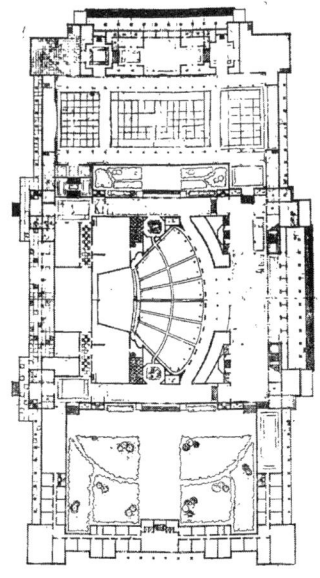

图 29 北京市规划管理局设计院张镈等的平面方案

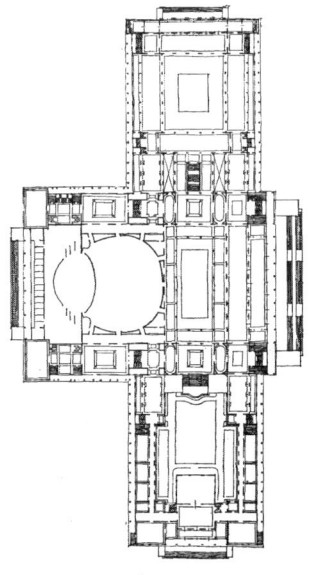

图 30 北京市规划管理局的平面方案二

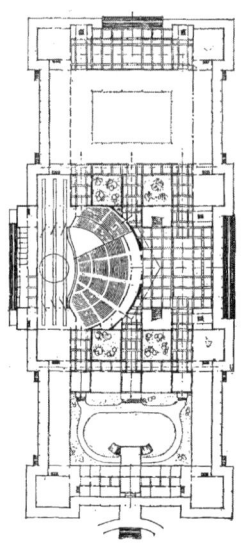

图 31 北京市规划管理局
陶宗震等的平面方案

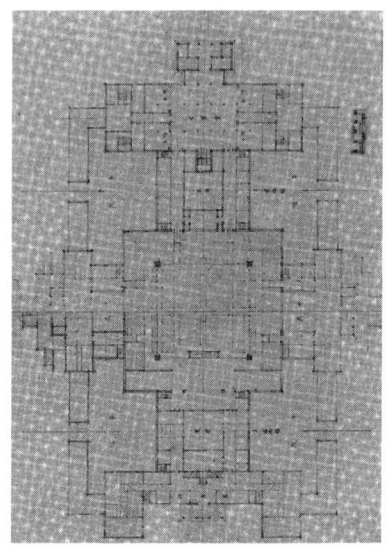

图 33 杨廷宝等的平面方案二

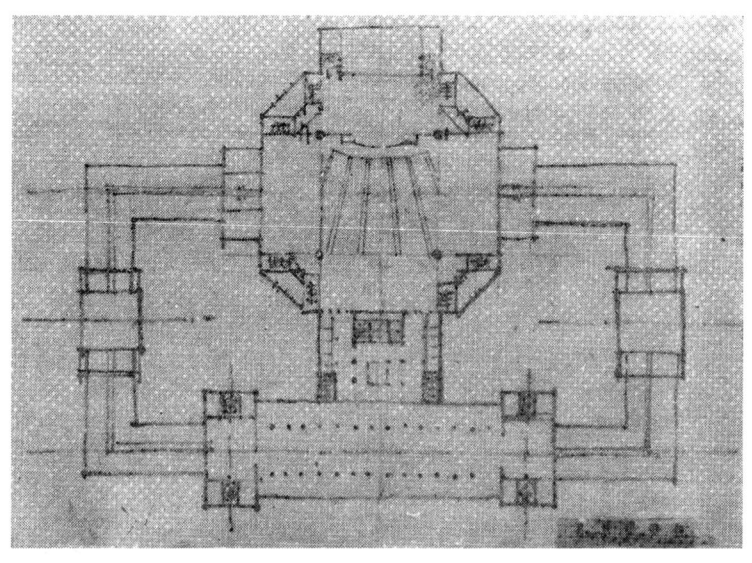

图 32 南京工学院建筑系杨廷宝等的平面方案一

古典风格，认为它代表民主理念。希特勒的第三帝国建筑钟情于简化的欧洲古典风格，认为它是西方文明的纯正表达，而将1920年崛起的现代主义运动贬为共产主义影响下的恶果。就在同时，斯大林的苏联提倡融合欧洲古典和俄国民族形式的"社会现实主义"风格，将现代主义斥为资产阶级腐朽文化的表现。针对现代主义表面抽象、光洁的建筑形式，斯大林喊出的口号是："人民有权要柱子！"大会堂中标的建筑师之后经常援引党的方针"不分古今中外兼包并蓄，一切精华尽归我所用"，来为他们采用西方古典廊柱式辩护。但这种折中主义辩护并不能解释：为什么大会堂方案不能同样"兼包并蓄"现代主义风格；为什么西欧的古典式廊柱，在这么多不同政权的眼中，都有着这么大的"普世价值"。

1960年，大会堂中选方案的设计负责人之一，北京市规划局技术室主任赵冬日在"从人民大会堂的设计方案评选来谈新建筑风格的成长"一文中修辞性地设问道："……人民大会堂这样重大政治意义的巨大建筑，应该采用什么样的风格……是追随资本主义近代建筑形式呢？是把中国古建筑形式加以改良的'民族形式'呢？还是向创造中国建筑的社会主义新形式努力呢？很显然资本主义某些近代建筑形式是我们所不能、也无法接受的；改良的民族形式实质上是向后看而不是向前看的，是没有阶级性的，也缺乏共产主义的思想性。"[18]

显然，在批评"不正确的风格"上，赵仍在沿用1955–1957年的泛政治化批判话语，并不"兼包并蓄"。那么，什么是他认为"正确的"风格呢？赵写道："人民大会堂的使用和规模是建筑艺术的具体决定因素。建筑的尺度应该宽大。体型应该雄伟，加之建筑在天安门广场上，又必须与古建筑有一定的联系，彼此协调，但又必须超越它，胜过它，建筑风格要开朗、鲜明，成为我们新时代的象征。"[19]

这里，一个新的范畴出现了：大会堂的特点就在于"大"——大会堂建筑风格的"具体决定因素"是该建筑的规模和尺度。事实上，中选方案，与其他所有方案相比，最突出的特征，除了在立面上采用了西方古典柱廊，之后又竭力将它改造得有"民族特色"外，是它的面积超出了竞赛规定的两倍还多。

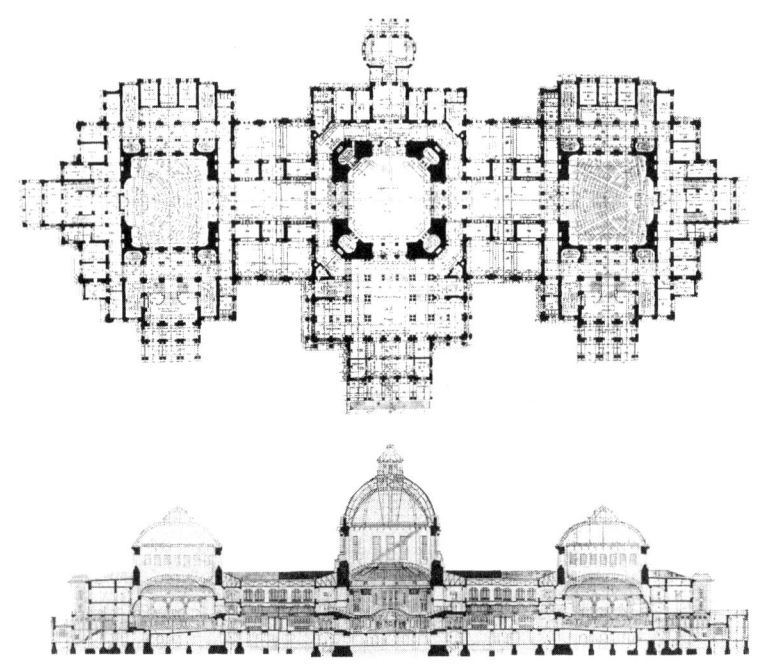

图 34 清资政院大厦平面和剖面图

多

大会堂设计面积最初设定为 5 万平方米，后放宽到 7 万平方米，用地面积为 3.78 万平方米。之前各轮方案都严格遵守这个指标，但一直未产生领导满意的方案。

饶有意味的是，在最初几轮的群众创作竞赛中，北京市规划局作为管理单位，没有派大量建筑师参加。但从第四稿竞赛开始，在"设计总动员"的形势下，规划局号召本单位每人都参加到"集体创作方案竞赛"中。非但如此，市规划局的方案设计工作，实际上是由北京第二市委书记、国庆工程的领导刘仁亲自挂帅，指导市规划局技术室主任赵冬日和总图室副主任沈其等人做的。而赵、沈两位作为市规划局的专家，又是反过来受中共北京市委委托，对"十大工程"及天安门广场规划征稿进行全面把关的技术专家。在赵、沈两位开展设计期间，"由沈其每星期向他（刘仁）汇报两三次"。[20] 这种利益内外缠绕，"又当裁判，又踢足球"的做法，依今天的观念，恐怕是严重违背"利益冲突"

原则的负面案例，但在当时，则是领导工作一丝不苟、事必躬亲的典范。

按照后来大会堂施工图总建筑师张镈的盛赞，"刘仁不愧为运筹帷幄、不动声色的诸葛亮。对竞赛的动态，对人大会堂的性质、规模和新的要求、新的内容了如指掌"。[21] 开始时，赵、沈等严格按照计划书要求的 7 万平方米、用地 3.78 万平方米的条件做。刘仁看过赵、沈的初步方案后，按《刘仁传》的记载，"亲自到天安门广场进行步测后，判定赵、沈的初步方案不够宏伟，没有更好地体现毛泽东、周恩来的指示精神，就提示加以扩大"。[22] 按张镈的回忆："刘仁欣赏赵冬日、沈其设计的市委新楼。要他们敢想、敢说、敢干与严肃、严密、严格相结合，另起炉灶。二人开始动手。"[23] 而这时其他所有参赛方，并未得到刘仁可以放开面积限制的提示。

这里有必要提另一个建筑师，当时在赵冬日、沈其手下工作的陶宗震。陶本来在规划局技术处参加了对天安门广场的扩建规划，后受"设计总动员"的鼓动，也加入到大会堂的设计竞赛中。按陶的回忆，赵冬日和沈其听完规划局领导设计动员大会后，回过头来动员他："这个工程就是考验建筑师会不会花钱，敢不敢花钱了"。这时的陶宗震，"初生牛犊不怕虎"，在做方案时根本就不顾及，或来不及顾及面积指标了，"只考虑如何突出人民大会堂作为时代纪念碑所应具有的庄严宏伟的基调"。[24]

在建筑风格上，陶还清楚记得，早在第一轮应征方案在规划管理局礼堂展出时，他陪同首都规划委员会副主任佟铮观看方案。佟铮指着其中一张"三段柱廊"式的图说："我认为这个方案好！"之后还不停念叨："思想不解放，就不能体现时代的伟大……我就喜欢青年式的（指柱廊式），有朝气……"[25] 在规划局内部，陶也看到赵冬日、沈其也在作"三段柱廊"式，"开间不断增加，面阔不断加高放宽，但都未被采纳"。等到陶本人正式加入做方案时，据他回忆，他对已有的方案进行了分析。在平面上，他本人的方案是在那些"一分为三"（中心礼堂 + 宴会厅 + 人大常委）的提案的基础上发展而来。他提出的平面呈南北对称格局，中间是中央大厅和万人礼堂，其中礼堂为扇形平面加两层深挑台；北侧为五千人宴会厅，入口临长安街，南侧为人大常委办公楼，中间有一内院，入口向南。陶的一个重要举措是将三段功能体的南北中轴线拉通，使之与东西轴线相交于中央大厅，由此将万人礼堂相应向西推出，并增加出一系列附加空廊和辅助空间。经过这一系列动作，陶将建筑的南北长度从严格控制的 270 米之内，延伸出了近 70 米，其宽度也相应地扩展到 210 米（图 58）。平面体型轮廓调整好以后，陶熬了个通宵，画了西北、东南两个透视图，突出表现大会堂南北临街立面的三段式柱廊，和东立图的

图 35 北京市规划管理局设计院张镈等的立面方案

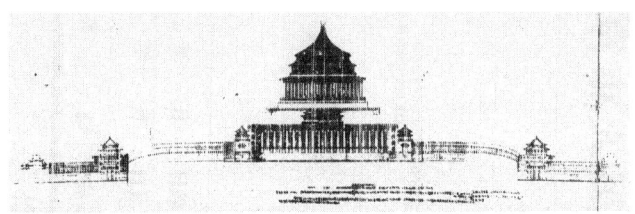

图 36 张家德的立面方案

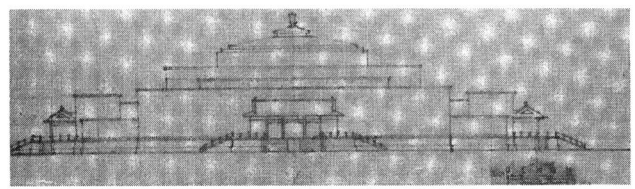

图 37 杨廷宝等的立面方案一

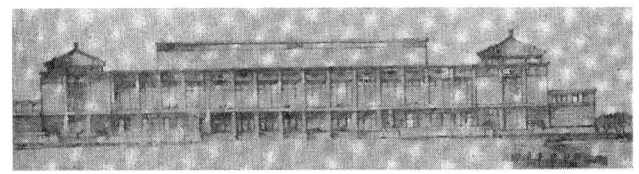

图 38 上海市民用建筑设计院陈植、天津大学徐中等的立面方案

图 39 杨廷宝等的立面方案二

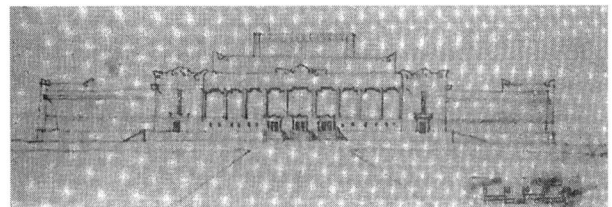

图 40 杨廷宝等的立面方案三

图 41 清华大学建筑系的立面方案一

图 42 北京市规划管理局设计院的立面方案一

图 43 北京工业建筑设计院的立面方案

图 44 北京市规划管理局的立面方案

图 45 中南工业建筑设计院殷海云等的立面方案

图 46 清华大学建筑系的立面方案二

图 47 西安市设计院的立面方案

图 48 煤矿设计院姜传宗的立面方案

图 49 北京市规划管理局设计院的立面方案二

图 50 北京市规划管理局设计院的立面方案三

图 51 中南工业建筑设计院的立面方案

图 52 华东工业建筑设计院赵深等的立面方案

图 53 同济大学建筑系的立面方案一

图 54 同济大学建筑系的立面方案二

图 55 北京市规划管理局设计院郑光复、蔡镇钰等的立面方案

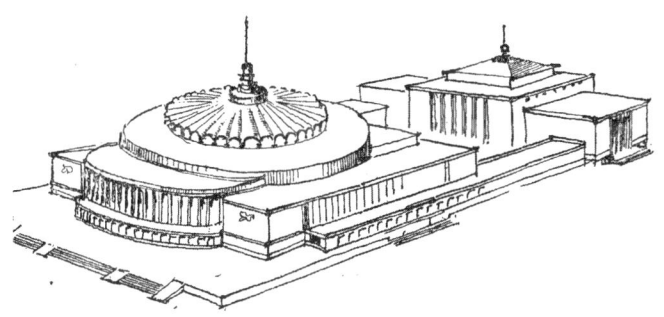

图 56 北京工业建筑设计院林乐义等的立面方案

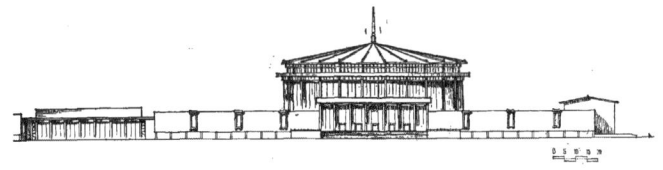

图 57 北京工业建筑设计院戴念慈等的立面方案

五段式柱廊设计。图纸赶出来后，作为北京市规划局的方案，上交周恩来处审批。

1958年10月14日，周恩来审查了清华大学、北京市建筑设计院和北京市规划局的三种综合方案，反复比较后提出了很多问题，最后问万里北京市委意见如何。"万里把市委也就是刘仁的意见作了汇报。总理于是再次仔细查看了市规划局的方案，从远及近，又从近及远，又和其他方案比照，最后选定了刘仁直接指导的北京市规划局赵冬日、沈其的方案"[26]——也就是40年后陶宗震声称由他主笔设计的方案。[27] 自万里向建筑师们作国庆工程动员报告到大会堂方案确定，共花了36天。

中标消息下来，赵冬日和沈其匆忙给陶宗震布置任务：将该方案立即赶制出一套1:400的平立剖面图，作为初步设计，送北京市建筑设计院做技术设计和施工图。（通常初步设计图纸比例为1:200，但大会堂图纸会太大，当时没有那么大的绘图板。）

直到赶出这套初步设计图纸后，陶宗震才来得及算一下面积。结果使他大吃一惊：总面积高达17万平方米，比计划要求的两倍还多！这时已经没办法修改了，原因有两个：内因是建筑的中轴对称语法过于严谨——"这个方案是平面上两根轴线相交于中央大厅、南北轴线上为五千人宴会厅，东西轴线上为万人大礼堂，体量都巨大不能压缩，人大常委会办公部分虽然弹性较大，但受里面对称关系的制约，'牵一发而动全身'，很难改动。"[28] 外因是项目的日程过于紧迫：这时距国庆十周年只有11个月了，来不及修改了。

初步设计交过去，施工图设计由北京市建筑设计院的张镈、张浩、阮志大、姚丽生等主持。平面17.18万平方米的人大会堂，柱网大，层高高，体积相当于160万立方米。施工单位一般按4米层高计算，这样相当于40万平方米的普通建筑面积。[29]

这种定案结局，使得"发扬集体主义精神，搞共产主义大协作"，积极参加"半开放式的集体创作方案竞赛"的专家们很不满。据张镈回忆："杨廷宝和林克明来院看我，认为规划局拨地小，而成品大，是不合理、不合法的。尤其赵总主持城区规划，不应自行在用地和限额上任意突破。有的专家、学者还说，如果可以任意扩大用地和建筑面积，不能只约束别人，而放松自己。同等条件下可能会有其他的优秀方案出现。"听着这些埋怨，当时已被委任为大会堂施工图总建筑师的张镈"一上来也有同感"，但很快思想就转过弯来了，"细回味沈勃同志经常说的话，我们要善于领会市委领导的意图和精神实质。先把它融化在自己的指导思想之中，达到'化'的程度。然后通过在技术工作的全过程中，贯彻下去。尤其是对待重大的政治任务时，更应如此。刘仁对平均主义的摊派有不同看法，他启发、支持赵冬日、沈其，按三敢三严精神提供对立面意见，供总理参考。这正是党内民主的表现。精神可贵,成果可嘉。"[30]

好

专家们议论纷纷,除了对竞赛操作不满,更多的是针对方案的设计而发。这些意见不断送到周恩来面前。

北京以梁思成和王华彬(建工部北京工业设计院总建筑师)为主。梁从艺术风格和比例尺度上提出批评。在艺术风格上,梁认为,有一个优劣顺序:一、中而新;二、西而新;三、中而古;四、西而古。梁认为中选方案,尽管在细部上多加几个斗拱、琉璃、彩画,但总体遵循西方文艺复兴风格,属于"西而古"。在比例尺度上,梁举例说圣彼得大教堂为了追求宏大、庄严而犯了尺度简单放大的错误:把开间、层高,甚至门、床、户、壁等放大一倍,使人进去,似乎变小,有到了巨人国的感觉。大会堂方案在比例尺度上的做法是把小孩儿放大,实际上重复了历史上的错误。王华彬则批评中选设计面积、体积太大,大而无当。并且,厅室过大,暗房间太多,采光不够。必须依靠人工采光、通风,标准过高,脱离实际。

上海同济大学的吴景祥、冯纪忠、黄作燊、谭垣教授,联合赵深、陈植两位建筑师,共六位专家联名向周恩来送上一份书面报告。该报告首要重点是对500米宽的广场表示担心,唯恐出现旷、野和建筑的比例失调。他们援引欧洲名城的广场上的标志性建筑高度,与广场深度一般构成1:4至1:6的比例。如用1:4来套天安门广场,500米将要求125米的建筑高度。1:6也要求建筑至少83米。而中选方案大会堂东门高40米,已经超过33.7米的天安门吻高。而以40:500则构成1:12.5,失调太多。其次,他们认为大会堂中选方案立面风格类似日内瓦国际联盟设计竞赛的中选方案,也是西方新古典的折中风格,没有新意,有违时代潮流。总之,按谭垣先生的说法是:"人民大会堂巨大而不伟大"。[31]

1959年1月20日,周恩来与彭真一起在市人委交际处召集在京建筑、结构专家和美术家一道开座谈会,听取大家的设计意见。这时候,北京市设计院已经于三个月前完成了大会堂基础施工图,一个半月前将全体相关设计人员搬到了工地,直接进行现场设计,大会堂工地上已经是万马奔腾了。会上,梁思成首先发言,重申他的批评意见。他在总理面前先画了一个大头小身子的儿童形象,以说明大会堂在比例尺度上犯了"小孩儿放人"的毛病。在形式风格上，他认为"西而古"不能代表党和人民，没有时代精神，应该把大会堂的设计由"西而古"变为"中而新"。周恩来请梁具体说一下问题的表现。梁说主要表现在门头。周再请梁更具体指明门头哪里不好。梁说是柱头———一个关于整体建筑风格的问题就被"具体"到柱头的细部处理了。周释然，对梁说：大会堂的形式问题，既然关键是门头和柱头的设计问题，那还可以多做一些方案，进行探讨。梁先生，你也可以做个方案嘛！梁当即点头答应。[32]

周恩来最后做总结发言。在强调结构安全的首要重要性后，周套用了毛泽东的话，这些话经常被毛泽东挂在口头，用来回击那些批评他"好大喜功"的知识分子们："我们就是要好社会主义之大，急社会主义之功，[33] 不是追求无目的之好大喜功。仍旧贯彻党的适用、经济、美观的原则，作到'大而有当'，不能'大而无当'。"

周恩来接着说要本着"以人为主、物为人用"的原则，去处理细节。他说圣彼得教堂是神权社会的产物，是有意识使教徒进入之后，感觉天主伟大、深远而自己十分渺小。我们不同，人民是国家的主人，应该使人们能感觉到自己是主人，而不能作物的奴隶。空间、体型、面积大了之后同样要做到从内到外，有平易近人之感，不要故弄玄虚。

在谈到艺术形式风格问题时，总理告诫各位不能囿于狭隘的地方民族主义圈子里，要有"无产阶级胸怀、国际主义者应有的兼收并蓄的感情"，"中外古今，一切精华，含包并蓄，皆为我用"。

最后，也是最重要的，总理总结道，现在问题不在于是古非古、是西非西，而在于一万人开会，五千人会餐，八个月要盖完。这样就得马上定案，立即施工。[34]

快

大跃进的核心精神是快，一如当时的报刊宣传口号："高速度是总路线的灵魂"。[35]

在一个月的高速方案设计后，大会堂工程的高速度首先体现在辞旧——拆迁上。大会堂用地紧邻紫禁城，占地 13.73 万平方米。要腾空这块寸土寸金的基地，共需搬迁单位 67 个，拆房 1823 间，以及迁移居民 684 户，拆房 2170 间，其中属私有财产权的 2068 间，再加上当时北京房源远远不足，实在是项艰难任务。而北京政府关于拆迁工作的报告显示，在政府的强大组织和动员下，整个拆迁工作在一个多月内就完成了。拆迁户们，据报告说，都持一种高昂的姿态："全体总动员，自己找房源，愉快搬迁走，一定不拖延。"[36]

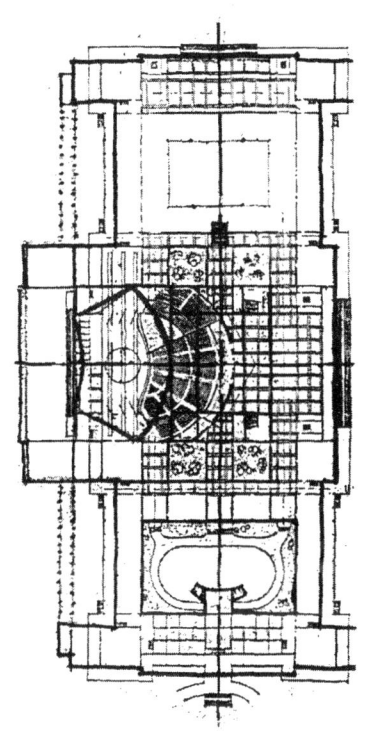
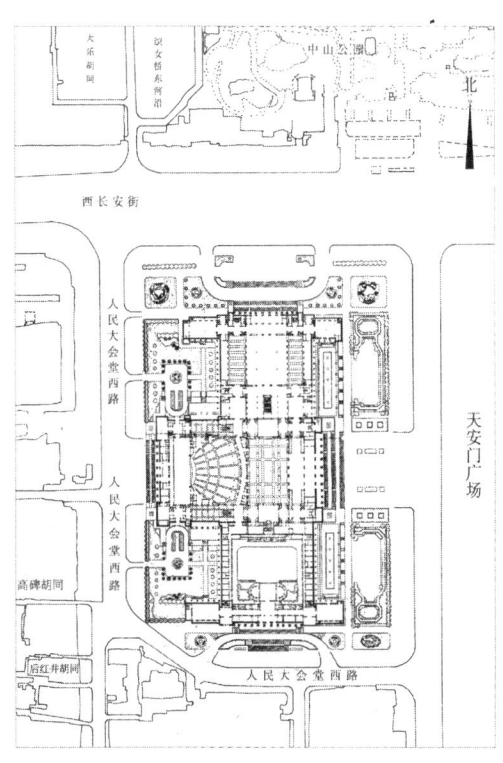

图 58 陶宗震修改后的大会堂平面　　　　　　图 59 最终定案的大会堂平面

宣传影片中,拆迁户兴高采烈地把东西往马车上搌,小姐姐拎着小妹妹的手,关上家门,转身向沐浴在阳光下的新生活走去。"一个月的高速拆迁工作中自始至终没有人要条件、讲价钱,没有发生一起'钉子户'——创造了拆迁史上的奇迹。"[37]

　　高速度更体现在迎新——设计和建设上。大跃进时代发明了一种工程组织方式,而大会堂的建设则成了该方式的典范,即"三边"——边设计、边备料、边施工。在万里9月份动员报告时,施工队已经开始准备材料和机械。在10月16日设计方案通过时,施工队就已经进入现场,开始平整地基和预作土压试验。"工人同志们都在摩拳擦掌,迫不及待。"[38]

　　确定建筑方案后,北京市建筑设计院从10月17日到28日,仅用四天完成初步设计,又七天完成基础施工图。10月28日,人会堂工地沸腾了:基础工程全面开始,超过万人的工地,分三班连续施工——这时距竣工日仅有十个月了。(图61-64)

工程总指挥部下设四个分指挥部,分别指挥宴会厅、大礼堂、中央大厅和人大常委会办公楼的工程进度。12月6日,设计院将全体设计人员搬到工地,实行现场办公,也相应下分到各分指挥部。"当千军万马向基础施工展开搏斗的同时,领导上号召进一步发动群众,集中各方面智慧,全体设计人员深入现场,和工人同志密切结合……在边设计、边施工的同时,又展开了边讨论、边研究、边改进的工作。"[39](图65)

当时建筑的平、立、剖面施工图都来不及提供,但为了满足施工要求,结构设计必须先行。于是结构工程师"依靠集体的力量",一边研究建筑方案,一边进行结构设计。自开始结构设计到1959年3月底主体结构图达500多张,仅用两个半月完成[40]——这样的例子不胜枚举。

共产党从事军事战争的经验,被充分运用到工程组织管理上去:除了"在战略上藐视困难,在战术上重视困难"的总原则,和"步步为营,分兵把口,分层负责,分片包干"的整体部署,"集中优势兵力,重点突击,打歼灭战"成了工程总指挥部组织施工,大幅度推进进程的法宝。据统计,在整个施工过程中,"工地上先后共组织了大大小小1000多次战役,突击完成一批,再搞一批,一个战役接着一个战役。通过这些大小战役,抓住了重点,抓住了全盘,实现了积小胜为大胜"。例如,在1959年7、8月之交,万人大礼堂内部装修进入"决战"阶段。要在短短一个多月内完成装修工程,唯一的出路是"集中兵力进行大兵团作战,在万人礼堂,整个空间内全面开花,各工种各就各位。同时展开操作,使之一气呵成"。但难题在于做吊顶必须从地面起满搭三十多米高的满堂脚手架,这就势必占去地面,造成无法同时铺装和安装排列近一万套座椅坐席的局面。工人师傅创造性地提出从钢屋架上凌空绑杉槁,向下悬空吊挂脚手架。建筑师进而提出按照钢屋架的6米间距和3米节点间隔绑扎下垂杉槁。当完成吊顶棚,抽出杉槁后留下的圆孔,即可利用来安装灯具和通风口,将千百个施工孔填补,构成一个满天繁星的顶棚。于是,在万人大礼堂的圆弧空间中,墙、顶、地、舞台口、二层跳台八、九个工作面同时施工,形成千军万马的壮观场面,人称"圆弧大战"。[41]

思想政治工作也是党所擅长的,它成了激励工人们劳动的强大动力源。工地各级党、政、工、团组织,把细致入微的思想工作和完成国庆工程的目标直接结合起来,开展各种宣传教育活动,以持续不断地推动工程建设。在每个施工阶段或关键时刻,都不失时

大跃进中的人民大会堂

图60 1958年底,毛泽东、周恩来等出席中央政治局对国庆工程规划设计方案的审查会议,会议正式通过天安门广场和大会堂设计方案。

机地做相应的宣传鼓动工作,如"基础混凝土工程动员誓师比武大会"、"结构工程跃进誓师大会"、"钢结构拼配吊装誓师大会"、"装修工程跃进动员大会"、"收尾竣工五级干部大会"等等。针对各种困难,总能发明出朗朗上口、鼓舞士气的口号。如为了抵御结构施工阶段的寒冬:"风再大,雪再寒,挡不住我们的英雄胆,不完成任务不下火线";为了和"老天爷抢天气、抢进度":"雨前抢时间,雨后补时间;小雨不停工,大雨争取一分钟";为了消除工人年三十晚上不能回家团聚的落寞:"过一个不平凡的春节";等等。[42]（图66）

　　文化也能促进生产力——党同样深谙此道。在结构工程开始前,文化部向工地派来了一支由30多名文艺工作者组成的群众文化工作队,到工地参加劳动和指导群众文化活动。在它的引领下,工地成立了业余艺术学校,开设音乐、器乐、表演三个班,培训出一批群众文化活动骨干。这些成员以最新配备的文化武器,投入到一场场工地战役中。如某成员在工地报纸上发表的《战斗在井字梁上》,以大众喜闻乐见的诗歌形式,涵盖了大会堂工程一系列重大主题:战争、革命、生产、英雄、坚强的意志、燃烧的激情,以超现代的、令人眩晕的速度,打造一座古典意义的、企图通达永恒的纪念碑:

宴会厅，井字梁，
密密麻麻全是钢。
洋灰工人赛烈火，
意志坚强像钢梁。
铁车飞，振捣忙，
争取速度保质量。
大战两天又一夜，
英雄战胜井字梁，
红旗飘扬。

省

　　越来越多的史料表明，大跃进的主要特征之一就是在"多、快"的路线指导下，导致惊人的浪费。薄一波曾评价工业大跃进："一九五八年的工业生产增加百分之六十六，看起来这像是大跃进；但是如果分析一下这百分之六十六的内容就知道……国家花费了宝贵的原材料，制造出大量的废品，现在都塞满了仓库，还要开支保管费。这能算大跃进？"至于1958年全国总动员炼出的"1070万吨"钢里，有300多万吨是乡下人砸铁锅，城里人拆钢窗、暖气片，用土高炉炼出来的，最后一无用处："1958年炼出来的三百万吨土钢，至今还埋在草里"。[43]

　　即使在官方关于大会堂施工的记录中，一些与"主旋律"不太和谐的音符也能偶尔冒出来，比如万里就承认过："用不到一年的功夫，在边设计、边备料、边施工的情况下盖起这样一些大建筑物，确实为施工管理上带来很多困难。某些浪费确实是难免的。"[44]——快，低技术，领导高涨的政治热情，加上下面拼体力的人海战术，这些因素汇在一起，频频与总路线中的"省"的原则相矛盾。

　　大会堂中宴会厅和大礼堂屋架所需钢材，是由冶金工业部指定鞍山钢铁公司负责专门冶炼、轧制。鞍钢于1958年12月内基本轧制完毕，共计4089.428吨，陆续运至北京、沈阳、唐山、太原的五个工厂加工制作屋架。在工厂下料加工过程中，不断发现钢材外观有相当普遍的重皮、麻点、厚度不够和斜角等现象。1959年1月23日，由冶金工业部组织多家生产、设计、施工单位组成一个研究小组，共同对北京华北金属结构厂所使

图 61　大会堂工地上的土石方工程

图 62　义务劳动大军在大会堂工地上

图 63　大会堂施工现场

图 64　1959年"五一"节，
群众游行队伍从大会堂工地围墙外通过

用的一千七百多吨钢材，进行了六天的检查，发现大部分钢材不符合质量标准。而沈阳、唐山、太原等四个工厂中加工屋架的钢材也有类似情况。鞍钢自行检讨，认为该严重质量事故的起因是"由于整风后，旧的规章制度已经破除，新的还没有建立起来，因此质量检验环节有疏漏"。国庆工程办公室遂决定将这四千多吨成材钢全部报废，通知鞍钢另行赶制。原本2月15日开始吊装钢屋架的施工计划也不得不拖后一个多月。[45]

中国的国民经济在经历了1958年的各种狂热冒进，进入1959年后，其比例失调的严重后果日渐暴露出来。在农业方面，农作物播种面积大幅度减少，农村不断出现浮肿病、饿死人的情况。在工业方面，在"以钢为纲"的方针指引下，非但钢铁生产上不去，还严重滞后了其他工业尤其是轻工业。全国各地开始出现日用品生产下降，商品库存减少，供应紧张的情况。1959年2月28日，面临日渐困难的经济形势，材料和人工短缺，以及拆迁难以妥善解决等问题，周恩来在中南海主持国庆工程汇报会议，在万里的报告基础上，形成决议，压缩国庆工程规模：

1. 首先保证天安门前的大会堂和革命、历史博物馆完成；解放军博物馆只完成现在面积，不再增加；农展馆未动工部分，暂不考虑。

2. 国家大剧院、百货大楼、电影宫的工程推迟到明年再行考虑；政法、外交大楼工

图65　工人、干部与技术人员"三结合"，一道研究工程中的难题

程在国庆工程基本完工后再行修建；工业馆的扩建工程停建。

3.科技馆、艺术馆工程决定推迟一年，已建成的工程可用力量维护，腾出的材料、人力用于必成的工程和周转房。

于是，1958年9月定下的十大工程中，到1959年2月有两项在设计上合而为一（革命博物馆、历史博物馆），有两项缩减了规模（军事博物馆、农业展览馆），有一项因现有建筑的扩建无法完成，而被从十大工程名单中剔除（工业展览馆），有三项（国家大剧院、科技馆、艺术展览馆）无力修建，最后由另外三项（迎宾馆、民族饭店、华侨大厦）代替。最终的1959国庆十大工程名单为：人民大会堂、革命历史博物馆、全国农业展览馆、军事博物馆、民族文化宫、迎宾馆、工人体育场、北京火车站、民族饭店、华侨大厦。

鞍钢四千多吨成材钢全部报废，这种天文数字的浪费在当时被作为机密掩盖起来，而两封揭发"浪费现象"的群众来信则被广泛印发，作为各级干部、工人"反浪费"运动的学习材料。一封是1959年4月，革命历史博物馆工地上一个署名"老木工"的工人写给毛主席和朱总司令的信。他痛心地指出："全国各地都支持这个任务，各种材料很充足，就是浪费太大了。洋灰遍地，有的是整袋的掉在地上就不要了，钉子大批的丢，

图66 冬季中的大会堂施工现场

模版槽钉子太多了，随便一捡就是几斤，有一组工人中午吃饭的一个钟头捡了二百零八斤。木料差不多都是大材小用，用一米长的或五十公分长的木头都截五米长的料，长料用一次就变成劈柴了。"信中还流露出他对基层干部作风的不满："党员也是这样浪费，最优秀的、上级最信任的人也是这样浪费。我又心疼我又生气，我也弄不清哪人是忠臣，哪人是奸臣，上级重用能说会道的人，忠实可靠傻卖力气的人上级倒不信任。有的单位干部见了工人不理睬，工人见了干部也不答理，若这样下去可危险，共产主义可不容易到达，亲爱的毛主席、朱总司令白费心了。"[46]

还有一封是 1959 年 5 月，在大会堂工地参加义务劳动的经委办公室秘书处江虹写给薄一波的信，反映"目前建筑材料的供应是比较紧张的，但是，在这个工地上材料的浪费却是很大的"。例如，成批的好木材从楼上溜下来很多都砸坏了，成了废材。很多脚手架杆子，随拆架子随向下扔，摔断的也不少。三、四寸长的钢钉满地都是。水泥洒满地，有的在地面上一、二寸厚都没人管。对于这些浪费现象，老工人，特别是外地来的工人很不满意。如一个广东来的老工人说："用浪费掉的材料，可以再盖半个这样的大楼。"有工人说："建筑工程地，脚踏人民币。"还有一个工人很感叹地说："在毛主席身边还有这样大的浪费，农村有些干部瞒产、虚报产量就不奇怪了。"[47]

针对这些现象揭发，国庆工程小组号召各级组织"采取了会内会外结合、领导骨干与群众结合的方法，发动群众鸣放辩论，边揭发边改进，边辩论边贯彻，取得了很大成绩"。[48] 解放军展览馆工地有许多老工人和外省支援的工人纷纷站出来，声讨浪费情况之严重："没法说，说也说不尽"，"睁不开眼，浪费比海深"。例如模板完全是新料，一次使用后，拆时不加措施，损耗率竟达 50%；安全帽按买的数计算每个工人可有三顶，而现在许多工人没有安全帽戴。另外，由于劳动力使用上的浪费，工资大量超支，如把军工算进去，可能超支一百万元。北京新站老工人揭发：因现场材料没人管，竟将三种不同标号的沥青约二百吨堆在一起，经太阳一晒都黏在一起……在检查造成浪费原因时，大家普遍认为主要是管理混乱，加上有些人觉得反正"实报实销"，就不计成本。但也有人认为任务急，浪费免不了。一大会堂工人说其他工地浪费虽然大，但"比人大礼堂还好一点"。[49]

大家还反映，设计不当造成的浪费也很多，"如人大礼堂的通风消音器设计用白布包玻璃丝，已用了十万尺布做了，但听说这种做法在苏联已被禁止（因飞毛有害健康），故全部报废"。[50]

在关于"反浪费"鸣放、辩论、揭发的同时,各工地付诸行动,加以改进:"普遍进行现场清理,很多工地组织了'节约队'、'挖宝队',设置'聚宝盆'、'迎宝站',清理回收了大批物资……其中人大礼堂工地从6月12日到16日四天当中仅钢筋头一项就清理出一百多吨。"[51]

经过大幅度规模压缩,和工地上的"反浪费"运动,十大工程最终在总规模和投资上仍大大超出1958年的计划。按1958年"国庆十周年十项工程建筑面积和投资估算表",十项国庆工程总建筑面积计划为37.2万平方米,总建筑投资1.4亿元。而到了1959年,按官方对外宣布,十项国庆工程总建筑面积为63.9万平方米,按1959年"国庆工程物资使用定额分析"统计国庆工程总建筑投资为2.6亿元;按1960年国务院批准的万里的《关于国庆工程决算报告》,国庆工程总投资为4.38亿元。其中,大会堂单项按1958年估算建筑面积为6万平方米,总建筑投资为3600万元。而到了1959年竣工后,实际建筑面积高达17.18万平方米,建筑造价飙升到1.01亿元,超出两倍还多,几乎接近了一年前估算的所有十项国庆工程的建筑投资总额。

宣 传

1959年7月底,国庆工程竣工在即。国庆办公室开始周密地安排宣传工作和为宣传定调。"国庆办公室特约记者采访筹办处"制定计划,要国庆办公室写一篇国庆工程情况介绍,内容包括:各工程简介(面积、位置、意义、作用、工程特点等),工程施工的各阶段特点、措施和成就等。目的在"基本上规定出各单位向外介绍时应持的观点,应掌握的分寸和应该口径一致的几个基本数字"。

1959年8月10日,中共北京市委下达通知,列出"报导中应该注意的问题",要求北京市的新华社各报社、广播电台、各杂志社和画报社等所有有关单位严格按照执行。

首先是两项注意事项——对比一年前万里动员报告中要"争口气"、"超过老祖宗"、"无愧于世界先进水平"的豪言壮语,现在对这一批"大跃进的产儿"的宣传定调几乎陷入一种尴尬——要欢呼,但必须得谨慎欢呼:

1. 国庆工程必须完成以后才能报导,不要提前报导;完成一个报导一个,不要集中起来做综合报导；也不要用"国庆工程"这个词。

2. 报导"一定要实事求是，不应浮夸，不要说世界第一，或国际水平，也不要和国外类似的工程对比；可以适当地介绍建筑物及其内部设备、装修的现代化水平，但文字应注意朴实，不要报道工程造价，也不要渲染富丽堂皇、金碧辉煌等"。

针对宣传"不要浮夸"，"国庆办公室特约记者采访筹办处"于7月31日的文件规定得更具体："容易引起错觉的（误以为国庆工程是奢侈浪费的）事情，例如用黄金多少、用铜多少等不讲，一定需要讲时也要讲的全面一点，注意分寸。"

其次，通知仔细规定了各工程在报导上的地位等级：人民大会堂和天安门广场是全国人民最关心和举世瞩目的工程，应列为报导第一位。革命、历史博物馆、军事博物馆、农业展览馆、北京火车站、工人体育场、民族文化宫等，"这些工程建成开放以后和人民群众关系十分密切"，列为第二位。侨联大厦、民族饭店、迎宾馆等"可列第三位，作一般性报导。但对国外华侨报导侨联大厦时应予适当加强"。

接下来是报导要点：

1. 介绍建筑物的意义，特点。

2. 通过建筑物的规模、结构、造型、装饰、设备，反映我国建筑工业水平和建筑艺术水平。

3. 通过介绍建筑物反映适用、经济和在可能条件下注意美观的方针。

4. 通过介绍在工期短，边设计、边备料、边施工的困难情况下，党领导职工群众日以继夜，大干、苦干、巧干，千方百计战胜困难，完成任务的事实，反映党的鼓足干劲，力争上游，多、快、好、省地建设社会主义的总路线的胜利；（报导节约时可着重典型队组、典型人物的报导）。

5. 通过介绍为了完成国庆工程全国的人力、物力上的支援和中央直属机关、北京市机关干部参加义务劳动，反映我国社会主义制度的优越性和共产主义风格。特别是全国各地工人对人民大会堂工程的支援，及人民解放军对军事博物馆的支援可着重报导。

最后，通知列出各项目的竣工和适宜报导时间，强调要"统一行动"："发布各项工程竣工新闻的具体日期，由新华社北京分社于三日前通知各报社和广播电台（各杂志社和画报社可主动与新华社联系），各单位应当在新华社发消息同时或以后发稿，不要抢先发表。"

8月28日，万里在北京33家宣传单位参加的"国庆工程宣传报导会议"讲话。他首先介绍国庆工程简况。一系列指标不加任何浮夸，"实事求是"地推出，已足以令人瞠目结舌，尤其是在大饥荒的背景衬托下：

（一）项目、面积

（单项面积此处省略）十大国庆工程总面积63.9万平方米。天安门广场纪念碑以北至红墙22公顷，是旧广场的两倍。（纪念碑以南是另外22公顷——作者注）

（二）直接参加施工工人，最高峰曾达7万余人。

（三）工程规模大

工作量：十项工程的全部工作量比建工局1957年全年的工作量还多60%；工程量：钢筋混凝土共39万立方米，比建工局1957年全年还增加了15%。其中，人民大会堂混凝土工程量12万多立方米，相当20个电报大楼或13个新建北京饭店的混凝土工程量。

土方量：人民大会堂43万立方米，如堆成一米高一米宽的土堤，可绕北京城13圈。

（四）工程结构复杂

十大工程中多数是钢筋混凝土框架结构。民族饭店采用了装配式结构，全部构件800余种，6697件。新建北京车站，采用35米跨度的薄壳结构。而人民大会堂的钢梁全部重3600吨，宴会厅两榀主梁，每榀重141吨，最大跨度60.9米。观众厅舞台口的板梁高9米，相当三层楼高。

（五）设备现代化

以人民大会堂为例，大礼堂设有翻译12国语言的译意风，有即席发言器、彩色摄影设备、自动化的舞台设备等。

机电安装工程量很大。人民大会堂的通风管道长520华里，回风道最大的能在里面对开两部吉普车。照明动力电缆1500华里，比北京到郑州还远。

（六）建设速度快

人民大会堂，1958年10月28日开工，1959年8月31日落成，工期10个月。而故宫15万平方米，盖了几十年。

民族饭店，工期只有8个月，而北京饭店新楼（3.1万平方米）却用了一年零五个月。

电报大楼（2万平方米），盖了两年零四个月。

（七）工程质量，经过检查验收，一般符合设计要求，质量良好。

石膏花饰、（木）装修、抹灰、油漆等工程，一般较过去认为质量较好的北京展览馆、自然博物馆为好。

（八）全国支援

建筑工人，22个省市共支援33249人，一般都选派了本地的优秀工人。加工订货，16个省市，12个中央部，107个加工厂负担了任务，一般产品是在100天左右的时间内完成的。

施工协作单位：计有广播事业局、园林局、市内电话局、供电局等将近40个单位。

接下来，万里重复了北京市委通知规定的宣传报导要点和禁忌，最后严格制定了报导日程，以期一步步地，将宣传焦点聚到最重要的项目上，将宣传攻势推向最高潮：

9月1日 工人体育场

9月7日左右 民族文化宫、民族饭店、华侨大厦

9月9日左右 农展馆

9月11日左右 新建北京车站

9月20日左右 人民大会堂、革命历史馆、天安门广场

庆典（厅堂）

1959年9月29日，建国十周年庆祝大会在新落成的人民大会堂举行。万人大会堂主席台正中浅棕色的帷幕上悬挂着巨大的国徽，国徽两旁挂着"1949－1959"金色字标，台口摆满鲜花，大会堂顶空中心闪耀着巨大的红星，四周数百盏明灯犹如满天繁星。下午3时40分，毛泽东、刘少奇等党和国家领导人，同胡志明、金日成等社会主义国家党政代表团的领导人，步入大会堂，登上主席台。"全场起立，暴风雨般的掌声持续5分钟之久"。刘少奇致开幕词。各社会主义国家党政代表团代表发表了讲话（图68）。

"走进人民大会堂，使你突然地敬虔肃穆了下来"，作家冰心于1959年9月25日写道，"好像一滴水投进了海洋，感到一滴水的细小，感到海洋的无边壮阔"。[52]——梁思成等一直担心的会堂空间太高，使个人显得太渺小，像到了巨人国的问题，在冰心的体验中，根本就不存在。或者确实存在，但效果是正面的：该空间能为向某个超尺度

的东西皈依之后的个人,提供一种壮美的体验。

"你静穆,你爽口,你想开口,可是你说不出话,你感到欢喜的热泉,在你血液里汹涌奔流……"冰心的感受与两天后阅兵方阵的主护旗手张太恒的感受如出一辙——10月1日上午,当他引领方队在天安门城楼下经过时,他感到"一腔热血顿时在全身奔涌"。

接下来,冰心以一种"辩证"的观点来考察空间中领导与群众间的关系:一方面,"从上下三层九千七百多个座位上,上望庄严阔大的主席台,群众和领导者之间,没有一丝视听上的间隔";另一方面,"从主席台上向前看,这三层楼台连成一片,成了一望无际的浩荡的群众的海洋";二者统一起来,"台上台下都围抱在无边无际的,万星熠熠的宇宙之中!"[53]

宴会厅

1959年9月30日晚,按计划将在大会堂五千人宴会厅里举行庆祝建国十周年的盛大国宴。当天下午,沈勃正在建筑设计院食堂吃饭,突然接到刘仁的电话,要他立即赶到市委办公室。市公安局的几位负责人也等在那里。一个严重问题出现了:由于大礼堂和宴会厅赶工,天花全部使用了木吊顶,公安局认为防火有严重问题,不能保证当晚国宴的安全。这担心是有道理的,张镈的回忆也提到,当时为了赶工期,礼堂、宴会厅和各大厅室的吊顶都不得已采用了木构造。吊顶内部的吊挂、大小龙骨以及大礼堂弧形穹隆顶、台口前上部的双曲面等都用了上好的木料,其表面虽涂上耐火的涂料,名为难燃,但仍是可燃。"一朝被火引燃,钢梁只能在15—20分钟后垮塌"。这成了大会堂竣工后的巨大隐患,直到后来吊顶里的木构件被置换为轻钢结构,才算安全。[54]刘仁当时听了很无奈,说只有请示周总理,另行安排地方了。而沈勃想,这么多群众,经过这样的努力,赶在国庆节前建起来的宴会厅,却不能使用,"其造成影响之大,是难以想象的",于是保证道,他"敢负责"建筑的安全。[55]

沈勃心里最担心的是吊顶内部电线接头处打火花,引起火灾。他想出一个奇特的"解决"办法。晚上6时,50名老工人被召集来,每个人都带着棉袄,到达宴会厅西北角三层厅。他们饭也来不及吃,就一个个钻进宴会厅顶棚,分散到各个"警戒区"。在黑暗的吊顶里面,他们要担当火警感应器和灭火器双重职责——一旦看到哪儿电线滋火,立刻扑将上去,用棉袄把火捂灭,并迅速拉断电闸。给国宴突然熄灯固然不雅,但总比钢梁砸下去好些。

图 67 刚刚竣工后大会堂

6点30分，音乐奏响，宴会厅里满壁生辉，国宴开始了。毛泽东、周恩来等领导人与赫鲁晓夫、胡志明等各国贵宾欢聚一堂。席间中外宾客频频举杯，交口称赞新中国建设的伟大成就。在他们头顶的天花板内，50双明亮的眼睛在黑暗中闪烁，紧张地扫视着天花板内的每个角落……（图70）

柱　廊

为了避免梁思成等人所担心的尺度过大问题，为了体现周恩来的"以人为主、物为人用"的原则，建筑师们面对一座尺度如此庞大的建筑，将很多心血花在一些细部处理上。比如大会堂东面正门处，面向天安门广场的柱廊，柱高25米。为了达到整体比例和谐，下部柱础被设计得和上部柱头一样，高达2米，比一般警卫战士还高出一头。张镈回忆道："为了不使战士感到压抑，我们把它分成三段。一段是低矮的方盘，二段是传统上常用的复莲。这两段既宽且矮,处于战士腰部之下。三段则与柱径相齐的颈部,上下线角之间嵌以花饰,使战士与它并列时仍感觉到人高物矮,不致产生压抑之感。这些手法是处理细部的基本原则。"[56]

另一方面,彭真非常关心的是,这雄伟的西方古典式柱廊,如何能体现出中华民族特色。他认为避免西方石结构的柱廊完全等距排列柱子的做法,而像中国传统木结构那样,在柱廊上分为明间宽、次间窄、梢间小的递减序列,应该是对中国传统的继承和革新。大会堂原柱廊设计在正门面向天安门广场的12根圆柱,正中三间柱档都采用9米中距间隔,而两侧各四间则压窄到7米,已经有明间宽、次间窄的设想。但是,1958年11月中旬,彭真从外地回京,到工地看到已浇注混凝土的桩基,认为中间一跨柱距仍不够大,要求加宽这个"明间",以强调大会堂正对天安门广场的中轴线。

可是,下部钢筋混凝土基础梁已经按基础图柱网浇注好了,又如何能挪动上部柱子的位子? 左右为难之下,张镈想出一个靠外表皮装修来形成柱子几何中心偏移,造成视错觉的办法。混凝土廊柱本身断面为1.25×1.25米,外部再包砖、表面裹大理石后,成为断面为直径2.5米的圆柱。张镈的办法是把中间两根柱子的包皮尽可能偏心外移,两侧的两根柱子的包皮偏心内移,即可使中央开间中轴线距离扩大到10.5米,紧挨的两侧柱距为8.25米,外边四跨仍为7米,算是实现了彭真推崇的"明间宽、次间窄、梢间小"传统手法。(图72-74)

建筑与其他艺术不同之处在于,它的力量和局限都是建立在无可规避的"物质性"基础上。与建筑师张镈的工作相比,作家如冰心可以在文字修辞上尽情"发挥",而画家则可以在二维"幻象"中,将建筑尺度随意夸大。1959年10月29日,中央美术学院附中教员孙滋溪去大会堂参加全国工业、交通运输、基本建设、财贸方面群英会的闭幕大会。一大早,他站在大会堂门前的台阶上,看到代表们从四面八方走来。"此时,正当旭日东升、金光四射,英雄们精神焕发,步伐坚定。他们背着晨曦中庄严矗立着的天安门、革命博物馆和历史博物馆、人民英雄纪念碑,从宽阔的天安门广场上,向着在阳光直射下闪闪发光的人民大会堂,像潮水一般,迎面涌来。""看到这个气势磅礴的场面",孙滋溪回忆道,"我的心不由得激烈地跳动起来。当即十分兴奋地抓起手上的大会文件,在背面用钢笔勾下了一幅草图"。[57]1960年,在该草图基础上,中央美术学院附中的教员们集体创作出卷本工笔重彩国画《当代英雄》,该画成为当年发行量最大的一件美术作品。(图75)

就在中国农村的大饥荒达到最高峰时,该画以毛泽东诗句"数风流人物,还看今朝"为立意,以面向东方的大会堂门廊为空间框架,意在画出:"英雄的中国人民在伟大的中国共产党领导下,在已经取得的革命胜利基础上,又在向新的胜利阔步前进的英雄气概、豪迈精神与雄心大志"。背景中,天安门、革命历史博物馆和人民英雄纪念碑在逆光中如乌托邦一般飘缈。近景中大会堂门廊中两颗巨大圆柱,其间跨度远远超过彭真和张镈的想象。毛泽东自然占据着空间和人群的绝对中心,他身边的人们、巨柱、华灯,以及地毯都在突出着他这个中心。

作者在空间再现上曾遇到一个重大挑战:如果严格按照焦点透视作画,人群由前往后,一排比一排高,于是人物的头轮廓线就形成了零乱而又参差不齐的各自孤立的点。更要命的是,由于毛主席走在最前面,在画面位置也就最低——"中心下陷"无论从内容还是形式上都成问题。于是作者在原空间的视平线下,又增设一条视平线来处理人物透视。作者还特意让毛主席的头略高于两边的英雄,整个人群前后排人物的头部也可以连成一片,不再是一些零乱不齐的孤立的点了。

最后,在处理领袖同群众的关系上,美院附中党委给了一个重要指示:"不仅要注意群众对领袖的关系,还必须注意领袖对群众的关系,我们的领袖永远是在群众之中、又领导着群众前进。"于是作者让毛主席的位置同身旁的工农代表基本处在一条线上。

图 68 1959 年 9 月 29 日建国十周年庆祝大会会场

大跃进中的人民大会堂

图 69　大会堂万人大礼堂室内景象

但是毛主席迈出的左脚,又比工农代表稍前一点。从横的方面,领袖正居左右两边英雄之中,而从纵的方面,领袖又居群众之前——"这样来体现领导既在群众之中,又在群众之前、领导群众前进的精神"。[58]

今天的大会堂

今天,与 50 年前的《当代英雄》相对应的是一幅油画《伟业千秋》,被陈列在大会堂三楼中央大厅里,其复制品在大会堂旅游纪念品店里出售。在描绘空间的视角上,该画旋转了 90 度,从《当代英雄》的面向天安门广场的东西向,转向面对长安街和天安门城楼的南北向。在"处理"领袖和群众之间的关系上,它不再把领袖放在画面的绝

图70 1959年9月30日晚,大会堂宴会厅的庆祝建国十周年国宴场景

对几何中心上了——领袖当然还是中心,但群众簇拥领袖的方式显得更加欢快、活泼,画家引导读者看空间、场景的视点也更加灵活、动态。还有,很重要的,在描绘人与人、人与空间之外,该画还增加了另一层深度,即对时间——历史的思考:领袖不再是空间中唯一、绝对的点——毛泽东,而是领袖"们",一系列、几代领导人,呈梯队状,贯穿历史,前赴后继,领导着群众,向大会堂走去。(图76)

除了这些"与时俱进"的变化外,一些根深蒂固的东西仍没有变,包括那种古典意义上的,"胜利"的历史观:历史是一部均质、单一、平滑的,充满胜利,"从胜利走向胜利"的历史。

然而,这样的历史观,如何能读解像大跃进这样的大危机?又如何能读解人民大会堂,在大跃进的时代里,以超常的方式立项、设计、修建、使用和表现,其蕴含的丰富意义,巨大的复杂性和矛盾性?

在一个社会从狂热跃进到陷入严重危机不到一年的时间里,大会堂寄托着无数人关于政治、空间的理想,凝聚着人们技术、文化上的心智,消耗巨量的人力和资源,由单一的意志力驱使,奇迹般地建造出来。表面上,它呈现为一个伟大、光荣、正确、纯理性的构筑物,但深入解剖,它内含如此多的盲目性和任意性。在宣传中,它总被塑造为一个孤立的事件,一项空前绝后的成就。但也许直到今天,我们才可能获得一种批判性的距离,得以把它既放在当时的社会背景里,横向剖析,又放在中国的空间建设史中,

纵向考察，提出这样的问题：人民大会堂会不会是以一种极端的方式，体现了中国一种特有的空间建设传统的连续性？

也许这种建设传统直到今天仍在起作用：对空间风格再现和意义象征的迷恋，大于对空间实践本身的重视；对宏大事件、仪式和奇观景象的热衷，取代对基本、理性的社会生活的建构；政治领袖的个人喜好，僭越公正的决策程序；众人悲壮的体力打拼和高尚的心智奉献，始于非理性的出发点，其过程和结果也许在形式上表现得崇高壮美，却内含着巨大的荒诞性；不惜一切代价，占用所有可能的社会和自然资源，以非凡速度，

图71 大会堂正门柱廊

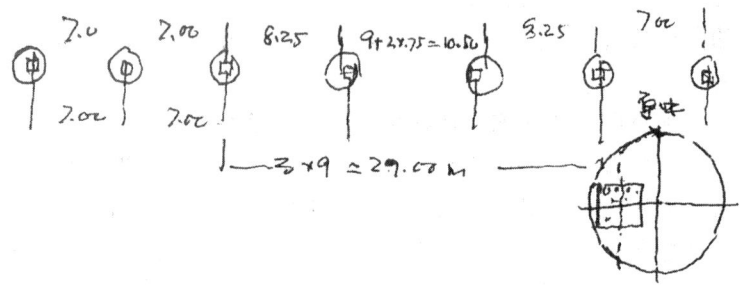

图 72　张镈的草图，
示意通过廊柱外表皮装修的几何偏心来调整柱子间距的作法

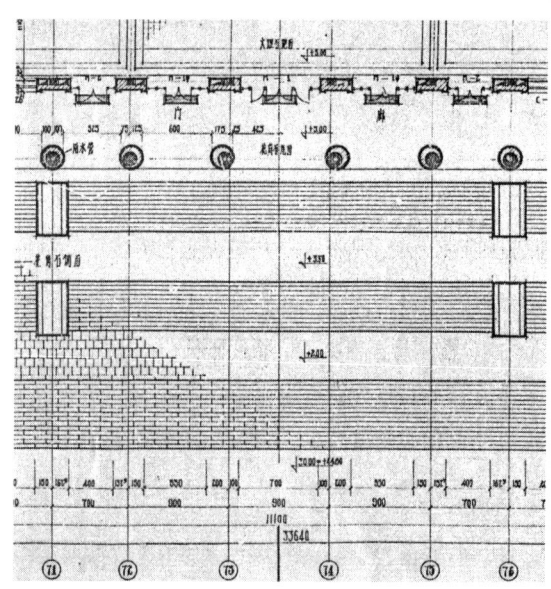

图 73　大会堂施工平面图上
显示出廊柱外表皮装修的几何偏心定位

图 74 实际建成的大会堂廊柱可看出"明间宽、次间窄、梢间小"的柱距差别

打造企图超越时代，通往永恒的纪念碑。这种做法，不管其调度的技术和手段多么现代，体现出一种根深蒂固的反现代思维——大跃进中的人民大会堂，或许是这种建设传统的丰碑。

朱涛：香港大学建筑系助理教授

大跃进中的人民大会堂

图75 国画《当代英雄》，中央美术学院附中教员集体创作，1960年

图76 油画《伟业千秋》，刘宇一，1995-1999年

注释：

1. 参见王凡："天安门广场和人民大会堂规划设计方案的诞生"，《党史博览》2004年第1期，第39页；陶宗震："天安门广场规划及人民大会堂设计纪实"，《中外建筑》，1997年第5期，第4-7页；董光器："天安门广场的改建与扩建"，《北京文史资料》，北京出版社，1994年，第49辑。

2. 刘晓东：《亮阵：共和国大阅兵》，中央文献出版社，2009年，第218页。

3. 同上。

4. 王军：《城记》，三联书店，2003年，第271-272页。

5. 王争鸣主编：《奇迹是怎样创造的——人民大会堂建设史话》，中国书店，2001年，第13页。

6. 吴冷西：《忆毛主席——我亲自经历的若干重大历史时间》，新华出版社，1995年，第60页。

7. 中共中央北戴河会议公报，《新华半月刊》，1958年第18号，第1页。

8. 最后实施的十大国庆工程项目名单有改变，见后文。

9. 万里："北京市国庆工程动员大会上的讲话"，《万里文选》，人民出版社，1995年，第48-50页。

10. 金圣基编著：《人民大会堂见闻录》（上），中共党史出版社，1988年，第13页。

11. 阮志大："人民大会堂一年内建成之谜"，《建筑学报》，2000-3，第7页。

12. 中共北京市委《刘仁传》编写组：《刘仁传》，北京出版社，2000年，第429页。

13. 金圣基，第14页；王争鸣，第16-18页．

14. 王争鸣，第20页。

15. 本文对大会堂设计竞赛各方案的介绍，主要参考了赵冬日："从人民大会堂的设计方案评选来谈新建筑风格的成长"，《建筑学报》，1960-2，第13-26页。

16.《东方杂志》1909年第4期，第180-181页。转引自张复合："中国第一代大会堂建筑"，《建筑学报》，1995-5，第47页。

17. 赵冬日，第18页。

18. 同上。

19.《刘仁传》，第429页。

20. 张镈："人民大会堂修建始末"，《我的建筑创作道路》，中国建筑工业出版社，1994年，第147页。

21.《刘仁传》，第429页。

22. 张镈，第141页。

23. 陶宗震，第7页。

24. 王凡，第41页。

25.《刘仁传》，第 429-430 页。
26. 陶宗震，第 4-7 页。
27. 同上，第 7 页。
28. 张镈，第 153 页。
29. 同上。
30. 杨永生，《建筑百家轶事》，中国建筑工业出版社，2000 年，第 22 页。
31. 王争鸣，第 27-28 页。
32. 李锐：《大跃进亲历记——毛泽东秘书手记》，南方出版社，1999 年，第 170 页。
33. 对本次会议的叙述综合了张镈的《创作道路》和王争鸣的《奇迹》中的相关叙述。
34.《人民日报》1958 年 6 月 21 日社论"力争高速度"。
35. 北京西城区北新华街办事处第 23 居委会提出的口号，引自王争鸣，第 51 页。
36. 王争鸣，第 51 页。
37. 北京市规划管理处设计院人民大会堂设计组，"人民大会堂"，《建筑学报》，1959 第 9、10 期，第 23 页。
38. 同上。
39. 王争鸣，第 47 页。
40. 阮志大，第 8 页。
41. 王争鸣，第 107 页。
42. 同上，第 108 页。
43.《国庆市政工程干部会议总结提纲》，1959 年 6 月 20 日。
44. 万里：《关于人大会堂屋架钢材质量不合要求严重影响施工进度的报告》，1959 年 2 月 2 日。
45. 杨继绳：《墓碑》，天地图书有限公司，第 1050 页。
46. "国庆工程五级干部会议文件之一"，1959 年。
47. "国庆工程五级干部会议文件之二"，1959 年。
48. "国庆工程干部会议总结提纲，1959 年 6 月 20 日"，第 1-3 页。
49. "国庆工程五级干部会议简报（2），1959 年 6 月 5 日，第 2 页。
50. "国庆工程五级干部会议贯彻情况"，1959 年，第 3 页。
51. "国庆工程干部会议总结提纲，1959 年 6 月 20 日"，第 1-3 页。
52. 冰心，"走进人民大会堂"，最初发表在《北京晚报》1959 年 9 月 25 日，后收入散文集《拾穗小札》，作家出版社，1965 年，和《冰心全集》第五卷，海峡文艺出版社，1994 年，第 303 页。
53. 同上。
54. 张镈，第 201-202 页。
55. 王争鸣，第 89-90 页。
56. 张镈，第 183 页。

57. 孙滋溪,"当代英雄的构思和构图",《美术》第 7 期。转引自《新中国美术文献博物馆》第三卷,黑龙江教育出版社,2009 年,第 578 页。

58. 同上。

文 献

曼弗雷多·塔夫里

历史"计划"

研究中会出现类似拼图游戏（jig-saw puzzle）中所有拼块各就其位的那一刻（尽管并非总是如此）。但研究又不像拼图游戏那样，所有拼块都近在手边，且只能拼成一种图形（也正因如此，每一步的正确性是可以即刻确定的）；研究中只能得到一部分拼块，并且从理论上来讲，从中所得的图形也远不止一种。事实上，把拼图游戏中的拼块，或多或少有意地当作建造游戏中的模块来使用，这总归是冒险的。因此，一切各就其位也就成为一种暧昧不明的信号：不是完全对了，就是完全错了。一旦错了，就是我们把（多少是存心）选择和收集来的，并被强行用来证实研究自身之（多少是明确的）预设的证据，错当成了客观依据。狗认为自己咬着骨头，其实咬的是自己的尾巴。[1]

卡洛·金斯伯格（Carlo Ginzburg）和阿德里亚诺·普罗斯佩里（Adriano Prosperi）用这种方式，对迷宫般的历史分析路径和充斥其间的种种危险进行了综合。他们这种敢于描述研究中曲折复杂的通路（*iter*），而非辉煌确切的成果的书，已为数不多。我们为何要在这本致力于建筑语言冒险的书的开始，就提出历史研究具有"拼图游戏"特征这一问题呢？首先我们也许可以回答，我们旨在走一条迂回的路。与倡导建筑写作（architectural *writing*）（"语言"一词在我们看来只能被当作隐喻[2]）主题的人相反的是，我们将提出批判式写作（critical writing）的主题。不正是批评的运行，构成了艺术写作（artistic writings）中历史性的（因而也是真实的）特殊性吗？史学著作不正是拥有着一种语言，能在不断与各种环境构成技术冲突的同时，像石蕊试纸一样发挥着作用，从而检验建筑话语（discourses on architecture）的正确性吗？

所以，只是看上去，我们要谈些别的东西。因为，当我们在既定问题的边界处进行探索时，是多么易于发现解决问题自身最为有效的方法啊，尤其是当这一问题和我们打算要考察的问题同样模棱两可的时候。

进一步明确一下我们的主题吧。建筑、语言、技术、制度（institutions）、历史空间（historical space）：我们仅仅是将一系列各具内在特征的问题串在虚空中，还是应该对这里所用的"术语"（terms）提出合理的质疑，从而将这些问题追溯至潜在或藏匿的结构，使这些词语能够找到它们所依赖的共同意义呢？我们将历史进程中所分化的众多学科简化成了"词语"（words），这绝非偶然。事实上，每当评论家的热情引发其内疚产生，构筑起一条直路，使建筑移植入语言，语言移植入制度，而制度又移植入涵盖一切的历史普遍性（universality of history）中时，我们就有必要问，这样一种完全不合理的简化是何以能通行的。

在令人信服地证实了建筑无法转译成语言学术语之后，在索绪尔（Saussure）发现语言自身是一个"差异系统"（system of differences）之后，在对显而易见的制度特征提出质疑之后，历史空间似乎会分解、碎裂，成为混乱无序且难以捉摸的多样性——一种控制空间（space of domination）——的辩解理由。这不正是大部分的"拉康式左派"（Lacanian left）和纯记录式的认识论所得出的最终结果吗？归根结底，建筑写作（这种幻觉如今在我们看来，分解且增殖了彼此间无法沟通的各种技术）本身不就是一种制度，一种意指实践（signifying practice）——一整套的意指实践——以及各种控制性计划（projects）吗？

我们是否可以不脱离这些"计划"，不放弃历史自身的多重视角，不追问历史存在的真正前提，而用这些"计划"建构出历史呢？我们是否还有必要记住，整个资本主义生产资料都是技术凝聚和衍射的条件，"商品的神秘特质"打碎且增殖了商品自身再生产的基础上所存在的那种关系呢？

那些发现其工作材料不同质的历史学家，面临着一系列问题。这些问题就是编史工作的真正源头，它们把语言、技术、科学、建筑的问题与历史语言的问题牢不可破地结合到一起。但是，我们面对的是一个什么样的历史呢？它指向什么样的生产结果？它有着什么样的长期目标呢？

我们提出的这些问题源于一个明确的假设。历史被视为一种"生产"，就该词的所有意义而言：历史是对意义的生产，它始于事件之"意指痕迹"（signifying trace）；它是从未明确且总是暂时性的分析建构；是解构可知现实的工具。确切地说，历史既是被决定的，也是决定性的：它被自身的传统、所分析的对象、所采纳的方法所决定；它也决定其自身的转变，决定它所解构的现实的转变。所以，历史语言必然包括且采用了表现和生产（act and produce）现实的语言和技术：它"污染"（contaminates）了那些语言与技术，反过来被它们所"污染"。当知识作为权力手段的梦想渐渐褪去的时候，分析及其对象之间的持续性斗争——它们之间无法化简的张力——却依然存在。这一张力的确是"生产性的"（productive）：历史"计划"向来都是"关于危机的计划"（project of a crisis）[3]。佛朗哥·雷拉（Franco Rella）写道：

阐释性知识（interpretive knowledge）具有传统特性，它是一种生产，是对相关意义（meaning-in-relation）的假定，而不是对意义的揭示。但是，这种操作（operari）、这种活动的界线是什么？这种（知识与意义之间）关系的位置又何在？对主体、事物、原因、存在的虚构（fiktion）的背后是什么？那么，什么能承担这种"惊人的多元性"（awful plurality）呢？身体。"身体现象是最丰富、最有意义（明晰[deutlichere]）、最可触知的现象：它一开始[voranzustellen]便能在方法上加以讨论，却没得出任何关于其终极意义的结论。"[4] 这就是阐释的界线，也即描述的位置所在……实际上，通过批评和"多元阐释"，我们已经能"不再试图对世界的躁动不安及神秘品质提出质疑"，谱系学也以这种方式证明了自己是一种对价值的批判，因为它已经发现了这些价值的物质起源——身体。[5]

于是就出现了学科、技术、分析手段、长时段结构等对象的"建构"被置入危机的问题。随即，历史学家也就面临了周期与现象——它们是其研究对象——的"起源"的问题。但是，在对长时段现象的研究过程中，起源的主题不就像是一个神话之物吗？无论韦伯（Weber）的"理想型"或帕诺夫斯基（Panofsky）的概念结构看上去多像是工具性的抽象，不也正是因为它们，开端（beginning）和起源（origin）之间的根本差异才得以被提出吗？而且，为何要是一个（a）开端呢？将这些（the）"开端"多元化，并且承认，在使人认识到一元循环（a unitary cycle）之透明性的一切事物中，隐藏着要求被如此认知的错综现象，这样不是更具有"生产性"吗？

事实上，把历史问题和重新发现神秘的"起源"联系起来，这预先设定了一个完全根植于19世纪实证主义的结果。在提出"起源"问题的时候，我们预先设定了所要到达的探索的终点（a *final* point）：这是一个能解释（*explains*）一切的目的地，它使既定"真理"（即原始价值），通过与其原始雏形（originary ancestor）的相遇碰撞而凸现出来。米歇尔·福柯（Michel Foucault）已经用一种能明确表述为谱系学（*genealogy*）的历史，来与这种"找到谋杀者"（find the murderer）的浅薄欲望相对比："谱系学，正如哲学家高深莫测的凝视（它可以比拟为学者的鼹鼠般的狭窄视域），本身并不反对历史；相反，它反对关于理想意义和无限目的论的元历史的展开，它反对寻求'起源'。"[6] 福柯把他的"知识考古学"（archaeology of knowledge）建立在尼采（Nietzsche）的基础上并非事出偶然，"知识考古学"就像尼采的谱系学一样，是"由细小的且不易见的真理组成，通过一种严格的方式获得"。[7] 为了避免对起源的妄想（chimera），谱系学家必须避开一切线性的因果观，这样就使自己置身于一场由震惊和意外，以及历史自身所呈现的弱点或阻力所带来的风险之中。在这种谱系学中没有恒久不变，尤其是没有"再发现"（rediscovery）和"对自我的再发现"（rediscovery of ourselves）。因为，"知识不是用来理解的；知识是用来剖析的"。[8]

所以，与真实历史（*Wirkliche Historie*）（真实的或实在的历史）相对的就是分析，它能重构事件最独特、精确的特征，能恢复突发事件的分裂特征。但是，最主要的是，这一分析有助于"粉碎那些曾促进了抚慰人心的认知游戏的诸般倾向。"实际上，认知预设了何为已知：历史的统一性（这一"被认知"[re-cognized]的主题），建立在它所依赖（rest）的结构的统一性上，也就是，建立在其单一要素的统一性上。福柯清楚地解释了，祛除掉抚慰诱惑的、残酷无情的"求知意志"的后果：

尽管今天的求知意志有了如此广泛的形式，它仍然不可能获得普遍真理；不能为人提供一种对自然的精确而平稳的控制。相反，它会带来更大的风险，甚至增加危害；它打破了幻想的保护，消除了主体的统一性，它将自身的那些执著于离析、破坏统一性的要素释放出来。[9]

这正是尼采在《曙光》（*Aurora*）中所预言的："知识在我们身体中已经化为一种激情，这种激情不会因为任何牺牲而退缩，实际上，它只害怕自己的消失。"[10] 在《超善恶》（*Beyond Good and Evil*）中，他还继续告诫道："那些获得绝对的存在知识的人面对自身的'湮灭'（annihilation），这或许就是存在的基本特征。"[11]

但是，这一界线——也即这一致命的冒险，和语言试图对自身进行完美地理论化时，它所进行的冒险，不正是一回事吗？人们向历史索求透明纯净，这和维特根斯坦（Wittgenstein）对语言的透明纯净这一先定观念的看法，不是很相似吗？对于在打碎和分解（我认为它们自身已多元化的）诸多阶层后，我将不会进入本质上即为终结的播撒（a dissemination），我作了什么样的保证呢？实际上，像德里达（Derrida）那样去设立差异和播撒，这使得我确实冒了遭遇尼采所预言和担忧的"湮灭"（annihilation）的危险。但是，也许真正的危险根本不在此。福柯的谱系学（癫狂谱系学、临床医学谱系学、惩戒谱系学、性谱系学）和德里达的播撒概念所面临的危险，在于把微观分析的片段对象再度神圣化。这些片段被认为是自律且自有意义的新个体。那么，是什么使得我从多元写作的历史走到对这种多元性的质疑的呢？

毋庸置疑，对尼采和弗洛伊德（Freud）来说，理论语言本身必然包含着多元性：主体、知识、制度的多元性。一旦语言被发现是构成现实世界的唯一方式，它就必须将现实世界自身意义深远的分崩离析全部映照下来（introject，内投，精神分析的术语）。因此，必须言明的是，历史不能简化为阐释学，历史的目的不是要扯开"真理的面纱"（veil of Maya），而是要打碎它自身设立的障碍，以便前进和超越自己。把这些障碍和庞大的制度等同起来是没有意义的。权力自身是多元的：它穿行于社会阶层、意识形态和制度之中。在这一点上，我们依然赞同福柯：单一位置的大拒绝（Great Refusal）并不存在；我们只有从权力系统的内部才能认识权力机制。[12]

换句话说，我们必须明白，制度和权力系统之间并不存在完美的同一性。建筑本身，由于是一种制度，所以决非统一的意识形态体：如同其他语言学系统一样，建筑的意识形态是以极其非线形的方式发挥作用。由此推衍，我们便有理由怀疑，恰好就是建筑的意识形态批判——正如迄今为止它所表现的那样——只考虑了意识形态最明显、直接的一面：即拒绝、压制和反省，它们在建筑写作中无处不在。然而，将研究从文本（text）——它是按表面的完整性特点来呈现自身的作品——转换到文脉（context）是不够的。文脉把艺术语言、物质现实、行为、都市同地域尺度、政治经济动力凝结到一起。但它却不断被"技术的意外变化"（technical accidents）所分裂：它被悄然贯穿于较大战略中的战术小花招所分裂；它被在主体间层（an intersubjective level）中运作的隐秘的意识形态所分裂；它被不同控制技术的相互作用所分裂，它们（这些控制技术）各自拥有自己不可转译的语言。

受尼采的部分文章的影响，西美尔（Simmel）在《死亡的形而上学》（*Metaphysics of Death*）中这样写道："形式的秘密就在于它是边界；它是事物本身，同时也是事物的终止，它是一个被限定的领域，在其中，事物的存在（the Being）和不存在（No-longer-being）完全是一回事（one and the same）。"[13] 一旦形式是边界，就会出现边界多元化的问题——以及对这些边界提出质疑的问题。于是，西美尔理所当然地在其《时尚》（Fashion）一文中承认："我们理解生活现象的方式，使我们感受到每个存在点上的力的多元性；我们认为，这些力为了限制其自身相对其他力的无限性，并且将其自身转化为纯粹的张力和欲望，它们每一个都追求超越真实的现象。"[14] 接着他又写道："正是由于按部就班、亦步亦趋的原则与不断追求新的独特的生活形式的努力之间势不两立，所以，社会生活似乎成为寸土必争的战场，社会体制则被看作是维护和平的条约，其中，两种原则的持续对抗在表面上被简化为一种合作的形式。"[15]

问题不在于，（通过西美尔）对弗洛伊德的性本能和死本能（Eros and Thanatos）进行证实，也不在于（有悖常情却又是可能的）德勒兹（Deleuze）和瓜塔里（Guattari）的欲望形而上学。问题是要意识到，内在于形式的边界的主题（即语言界限 [the *limits of language*] 的主题），是历史上已确定的危机中不可或缺的组成部分，我们现在不得不将自己置于这一危机之外（但是，我们又身处于它强加在我们身上的符号之中）。也就是说，人们只有意识到，由于无所不包的完满性（fullness）已被历史所摧毁，所以它无处再生，这才有可能谈论语言。我们常常目睹符号科学——能将一种语言系统转译成另一种语言系统的符号学——的失败。我们或许可以不断尝试使索绪尔的"差异系统"与建筑、物理环境（physical environment）、非口语语言（nonverbal languages）等"系统"相关联。我们或许也可以不断尝试通过努力重获原型符号的纯洁性，来驱除因感受到"认识论断裂"（epistemological breaks）而引发的不安；如果，金字塔、球体、圆、椭圆和迷宫能被设置为变幻莫测的形式的永恒结构，那么，考古学家就能平息由意识到"对同一的永恒回归"（eternal return of the same）而带来的焦虑。无法想象，还有什么比现今卡西尔（Cassirer）的那些漫不经心的读者（inattentive readers）的所作所为，更能代表对尼采的彻底背叛。

确切地说，问题在于弄清，这种对确定性的需要为何仍然持续不断，并追问，这种为不再使人着迷的词语（disenchanted words）重构已经失去的完满性所做的幼稚尝试，和拉康为能指的纯物质性所赋予的特权，是否并不等同。如果我们真的将两者等同，那么所能做的就只剩下关注于去分析那些主体瞬间闪现的形式（波罗米尼 [Borromini]、皮拉内西 [Piranesi] 或勒·柯布西耶 [Le Corbusier] 的外质 [ectoplasm] 正好适合这一游戏），以及关注于将这些形式作为对他者（the Other）世界的表现而再度统一起来。换句话说，对支配着语言游戏，和使权力实践（分散到数不胜数的机构中）多元化的"差异"（differences）的恐惧，滋生了我们对辩证综合（dialectical synthesis）的怀念。无法自拔于通过（以最隐秘的方式）复兴康德的"我思"（I think）来再度发现一个令人惬意的、内在的核心，已成为关于危机的历史所固有的特征。这一历史在自己前进之路上建立起脆弱的屏障。

对那些以怀旧之情死抱着"中心性"不放的人来说，我们还得花多少时间来提醒他们，现在唯有追溯导致能指（signifier）与所指（signified）分离的历史，再次全面研究这对不稳定联姻的危机，并将其内在结构具体化，除此之外已别无他途呢？

因而，寻找完满性，寻找控制技术的相互作用中的绝对一致性，就是在给历史戴上面具；或者更确切地说，是在重新戴上过去（the past）戴给自己的面具。伟大的布尔乔亚思想所提出的那个"意识形态危机"的理论，不也可能掩盖了更为隐秘的意指实践的外观吗？这一外观藏匿于将现实世界进行转化的技术褶皱（folds）之中。如果这一现实世界是永久战场的话，那么，刺穿它，把它包含的不明之物暴露出来，岂不正是我们要去做的吗？

"正因为拿破仑三世无足轻重"，马克思（Marx）写道[16]，"所以，他能表示一切，只是不表示他自己……他是所有党派联盟的集合名词……只有当其名字的多重意义被一个词——波拿巴——所取代的时候，选举拿破仑三世的意义才能变得清楚。"所以，在波拿巴这个词所处位置的，正是其名字的"多重意义"。我们只有把隐藏的多元性假设为确实的存在，才能打破这种对于名字、符号、语言和意识形态的盲目崇拜。这样，我们直接回到尼采，他在《曙光》中写道：

> 原始人每创造一个词，都相信他自己做出了一项发现（entdeckung）。这与事实的真相相去多远啊！——他们触及一个问题；由于假定自己已经解决了问题，他们就为它的真正解决设下了障碍。现在，为了获得任何一点新知识，我们都不得不在石头般僵硬的词语中间跌跌撞撞，而我们踢断的往往是腿，而不是词。[17]

既然语言的使用是一种控制技术，那么，我们就理应不难把尼采这一观点运用到其他控制技术之上。例如，马克思的整个《〈政治经济学批判〉序言》（Contribution to the Critique of Political Economy）都实施了一种过滤和重写，用来击破"石头般僵硬与坚固的词语"。

批评——不只是建筑批评——用这些"词语"不断构筑着牢不可破的纪念碑。或者，堆起"石块"，用建筑将它们（石块）的多样性隐藏起来——这一建筑伪装（且仅仅只是伪装）成"想象的图书馆"（imaginary library）的样子；又或者，与之相反，将"石块"的裂缝开凿成洞穴，这就为"石块"留下不容置疑的密度。于是，批评发现自己被迫绕了太多弯路。在它自己仔细划定的虚假空间里，它所遇上的幻象采用了丰富多变的伪装——城市分析、类型学分析、符号学分析——但这仅仅是为了隐藏洞穴底部真实的对话者：辩证综合（dialectical synthesis）。卡西亚里（Cacciari）近来写道：

目前有一种对辩证综合的批评，因为这种综合已经陷入了危机，它标志了整个当前发展阶段的历史和当代国家的历史……如果此时此刻用形而上学的术语谈论政治——或者谈论有确切特权的、无所不包的、一目了然的政治语言——是"不恰当的"，那么，想要将政治形式"保存"在制度中，这同样是不恰当的。相对于其他语言的暂时性，相对于"技术"——政治总是被无情地囚于其中——的不断转变，这些制度在某种意义上是"自律的"。[18]

现今，建筑就像政治一样，是个被耗尽的神话，不值得多费唇舌。但是，如果权力——就像它具体呈现自己于其中的制度那样——"说着诸多不同的方言"，那么，对这些方言之间的"冲突"的分析就必定成为史学研究的对象。有形空间的建造当然是"战斗"的场所：严格意义上的城市分析清楚地证明了这点。这种战斗并不是将边界线、剩余和残留物全然组合成一个整体（totalizing），相反，它任由它们留存下来，这同样是无可争议的事实。于是，一个巨大的研究领域——研究语言的界限、技术的边界以及"规定了密度"（provide density）的阈限——被打开了。阈限、边界和界限都是"界定"：正是因为界定的本质，被划清界限的对象立即消逝无踪。所以，只有一步步摧毁了历史的线性特征和它的自律性，才有可能建构关于形式语言的历史：这一历史留下的将会只是痕迹、变动不定的符号、不愈合的裂口。俄国形式主义的"走马"（Knight's move），能够被历史界定为一种完全自足的，有限的，因而也是同义反复的游戏。形式的"诸多语言"就这样引导我们发现，形式界限本身并没有包容进在那些形式语言的"神性的"（divine）自我转化中偶然浮现出的单子（monads）。什克洛夫斯基（Shklovsky）

(《诗学理论》[Theory of Prose] 的作者),或费德勒(Fiedler)与李格尔(Riegl)等人的严格的形式主义围绕语言艺术和图像艺术所巧妙勾勒出的边界线,正是它,标识出决定了意指实践和拥有特定技术的权力实践之间相互作用的碰撞点。

但是,何时且为何,这些学科领域由于缺乏先验的一致性,而认为自己太特殊,以至于无法相互转译呢?何时且为何,自律的技术(the autonomy of techniques)把自己界定为一种永久性的危机,一种语言之间(甚至是同一种语言中的各种方言之间)的冲突呢?在建筑领域里,这是否在某种意义上帮助我们认识到,自18世纪以来,自律的技术日渐彻底地分裂进入各学科领域,如今只有倒退的理想主义才会想要将其(自律的技术)重建为操作性的统一体呢?

归根结底,就是这样一个新问题:提出何时(when)与为何(why)的疑问,却不坚持不懈、反复再三地使起源主题接受批评,这样合理吗?如今我们兜了个圈子又回原地,再度面临了谱系学的问题,正如尼采所提出的,谱系学是真正意义上的"建构",是历史学家手中(可修正的,且因而被废掉的)工具。

历史谱系学自身表现出劳动(labor)的所有特征:这是一种解构和重构的劳动,它移开了尼采的"石头",然后又将它们重新组合起来,它通过排除那些既定意义而去生产(produce)意义。让-米歇尔·雷伊(Jean-Michel Rey)非常强烈地感染于尼采在语言构成、价值构成和知识构成中所发现的"大量被删除之物"(massive omissions),并将它们与弗洛伊德认为是分析基础的破译工作联系在一起。[19] 弗洛伊德在《摩西与一神教》(Moses and Monotheism)中注意到:

对历史内容的歪曲就意味着类似于谋杀:困难不在于这种行凶作恶,而在于消除它的痕迹。我们完全可以借用"Entsellung"(歪曲)这个词的双重含义,它有这种含义,但如今已不再使用。它的含义不仅仅是"改变某事的表面",而且是"使某些事物处于另一个位置,将其移植"。因此,在许多文字歪曲的实例中,我们可以发现那些被压制的和被否认的,而又不得不隐藏在某个地方的东西,尽管它们已经改头换面,变得支离破碎。只是要认识到这一点绝非易事。[20]

我们可以试着把话语回转到自身。历史语言和批判式分析所编码过的语言难道不也是通过一系列责难、压抑和否定才"被说出来"的吗?文本批评、语义学批评、图像学阅读、艺术社会学、福柯的谱系学、我们自己的批评：它们难道不都是只有通过藏匿（多少是有意识犯下的）"罪行"痕迹才能进行破译工作的技术吗？我们可以换种方式来说，即使是批评语言，它本应该用来"移开并打碎石头"，其本身也是"石头"。那么，我们该如何利用它（语言），以使其不会成为神圣仪式的工具呢？

现在，我们或许可以更加清楚地看到布朗肖（Blanchot）、巴特（Barthes）和德里达等人的分析中所存在的危险。这些批评语言，欣然采纳（以多元方式写成的）对象的多元面貌——文学作品扮演着人文科学的角色，从而使自己无法越过区分不同语言、不同权力系统之间的阈限（threshold）。它们能够分解作品和文本，建构迷人的谱系学，催眠般地阐明那些被粗浅的阅读所掩盖的历史难点。但是，它们必须否定历史空间的存在。毋庸置疑的是，科学的任务在于切开，而不是结合。同样毋庸置疑的是，真正的超意指隐喻（supersignifying metaphor）——到无法理解程度的超意指——就是直线性的科学话语。这一话语当然试图将所有隐喻都排除在自身之外。因而，我们并不是反对在我们所主张的历史科学（historical sciences）中接受隐喻和格言（aphorism）。真正的问题是，如何去设计一种批评，使它能通过将现实世界置入危机，而不断地将自身推进危机之中。请注意，是整个现实世界，而不只是它的个别部分。

让我们回到马克思：如果价值观逐渐变成抑制原始需求的意识形态，我们就可以把这些意识形态解释为弗洛伊德意义上的"癫狂的表现"（delirious representations）。另一方面，癫狂的表现是一种社会产物。德国社会民主党的历史告诉我们，"博爱"（fraternity）与和平的神话是如何把伟大的俾斯麦政策及其反对力量分裂开。但是，这个神话也分裂开了同为反对派的各派系，并重新统一了不同的意指实践。拉萨尔（Lassalle）、考茨基（Kautsky）、各种表现主义流派、行动小组、斯巴达克同盟、柏林达达主义、"玻璃链"（Gläserne Kette）的乌托邦主义，以及艺术品协会（Arbeitsrat für Kunst），这些"癫狂的表现"经由满是裂隙的操作手段"被逐渐说出来"。（达利（Darré）和劳申伯格（Rosenberg）怪异的民粹主义意识形态可以穿透这些裂隙）我们真的应该为觉察到陶特的《阿尔卑斯山的建筑》（Alpine Architekture）中的超人无政府主义与骇人的血土意识形态（ideologies of the Blut-und-Boden）之间有密切关系而感到惊讶吗？[21] 然而，这些癫狂的表现被证明是历史的需要。它们通过缝合"文明的不满"（discontents of civilization），而使这一文明幸存下去。但是，一旦它们像大坝一样阻挡汹涌的力量，如果它们没有被立刻冲破，就马上成为了障碍。历史分析的职责就是要解构这些水坝。但它并没有守着等不可能出现的个体或集体的显灵，也没有为欲望的洪流得以自由爆发而大做弥撒。

就像表现（representation）一样，历史也是压抑和否定的结果。问题在于去用确定的抽象（determinate abstraction）来解释这一否定，在于去为理论工作赋予一种方向感。马克思将抽象运用到政治经济学分析中是很自然的。

确定的抽象只有在明白其自身界限时，才是确定的抽象。也就是说，只有当它甘愿不断地置身于危机，只有当它在转换和破坏自身的分析材料——它自己的意识形态大坝——时，转换和破坏了自身及其语言，它才能成其为确定的抽象。因而，批评就是本真的劳动（labor），它越多产，就越会意识到其自身的界限。但是，自满于这种意识是不行的。

我们必须直面的理论难点是，在颠覆和粉碎了现实世界密实的外表皮之后，在拆除了掩盖控制策略的复杂性的意识形态屏障之后，如何建构一种可以直达那些策略之核心的历史，亦即，直达它们的生产方式。但是，这里我们注意到，麻烦又来了：自身被分离出来的生产方式，它既不解释什么也不决定什么。它们（生产方式）自身被各种意识形态思潮预先霸占、干扰或贯穿。同样，一旦权力体系被独立出来，我们就不再能够将其谱系看作一个本质完整的世界。所以，分析必须更进一步；它必须使先前分离的碎片相互撞击；它必须质疑它所设置的界限是否妥当。实际上，作为"劳动"，分析是没有止尽的；正如弗洛伊德所说，其原因就在于它的本质上的无限性（infinite）。[22]

但是，在此又出现一个新的问题：意识形态从不作为一种"纯粹的"力量来发挥作用。它不仅"玷污"（sully）实践（praxis）和被实践所玷污，而且还和其他（通常是对立的）意识形态纠缠在一起。我们可以说，意识形态以族群的方式 [per fasci] 产生作用，并且在现实世界的建构中以毛细渗透的方式扩散。主体的否定性，平凡世界的神圣性，叔本华式禁欲主义，对物质的毁坏和再度肯定，对"商品神秘特质"的歌颂，以及面对它时所感到的绝望：所有这些都难分难解地纠结在否定的先锋派诗学中。劳动意识形态被转译为禁欲意象，这是"激进的"、构成主义建筑与艺术思潮的特征，它的出现改变了纠结于一起的各要素的位置；而新客观派（neue Sachlichkeit）意识形态却深深地植根于戈特弗里德·本（Gottfried Benn）的《陈尸所》（Morgue）的以死亡为主题的分解形式之中。意识形态的那些分岔从来都不是可以一目了然的；一旦这些历史责任全部完成之后——就像今天的情况一样——它们就有可能开始显露出一种黏滞性，我们必须抗击这一黏滞性，但首先一定得在其最特殊的特征中来分析它。

我们不想被误解。我们也决不想为非理性高唱赞歌,或者,用德勒兹和瓜塔里的方式将相互间复杂作用的意识形态群解释为"块茎"(rhizomes)。[23] 我们坚信有必要使那些族群(groups)"非块茎化"(not to make rhizomes)。尽管在分析的对象和现象中或许已有所暗示,历史批评仍须清楚该如何在超然物外与参与其中(detachment and participation)的刀锋边缘处获得平衡。这里,分析自身具有"丰富的不确定性",它无穷无尽,它需要不断返回到被检验的素材,同时也返回到分析自身。

在这一点上又有一个新疑问。一旦我们意识到意识形态和语言——尼采的"石块"和弗洛伊德的"癫狂的建构"——是社会产物,就会坚持认为,通过纯粹的历史分析,他们的理论阐述能够导致对"石块"和"癫狂的建构"确实有效的清除,这样,我们就有可能陷入一种粗糙的理想主义之中。

攻击"操作式批评"(operative criticism)——称其为"规范性的"(normative)或许更准确,这样就避免了常常出现的对于我们真实意图的误解——的方法,却听凭这些方法所依赖的原则完好无损,将徒劳无功。用另一种(alternative)社会产物来抗击社会产物,对我们来说似乎无可置疑。我们是否必须求助于"集体知识分子"(collective intellectual)和重构的学科之间虚构的辩证交换呢?我们不得不沿袭下去的这条路,难道不就是按照传统方式将主观经验倾注到制度之中,听任其免遭分析,甚至最终认定它是不可触知的吗?

现在也许还不能为我们的问题提供有效而具体的答案;但是,重要的是,为了当前的讨论,我们得抓住它的中心,正好这一中心是个微妙的政治问题。如今,那些不愿把"理论"空间视为神话的人,无论是谁,都面临着尚未解决的历史空间的社会化和其生产性的问题。分析和计划(analysis and project),这两种社会实践现今被一座人为地分隔和连接。这里,令人不安的无限分析(*interminable analysis*)的主题再度出现。之所以无限,是因为分析的内在特征,也缘于它不得不为自己所设立的分析对象。但是,由于这种分析并无成为实践所需的界限,所以,它必须建立自身的边界,至少是局部和暂时的边界。换句话说,历史工作不得不有意识地背叛自己:因为,一篇论文或一项研究总归是要有最后一页的(也就是总会结束),但这最后一页应被认为是一个暂停——它暗示的是省略号(也就是说,分析并没有真正终结)。不管怎样,这个暂停安排得越好,它就越有建设性。

所以,这样一项工作必须一边不停地建构着自己的方法,一边不断前行:一般而言,决定变换模式的是被操作着的素材。历史——正如弗洛伊德就其本质所分析的那样——不仅仅是一种心理治疗。它通过质疑自身的素材而将它们重建，同时不断地重建自身。因而，历史所追溯的谱系同样也是暂时的障碍，正如分析工作必然受意指实践或生产方式的条件作用所限。历史学家是"以多元方式"（in the plural）进行工作的人，正如他所进行的工作的主题也是多元性的。所以，语言问题存在于历史之中。因为历史是对意指实践的批评，所以，它必须将自己的石块搬到边上，从而"移开石块"。批评，只有在它将用以攻击现实世界的质疑转回来施于自身之时，才有所表达。在进行自我建构的时候，历史用解剖刀在一个伤痕不会消失的身体上切开了一道口子；但与此同时，未愈的伤痕也破坏了历史建构的密实性，它不仅使历史建构进入问题式状态，而且阻止历史建构将自己呈现为"真理"。

于是，分析进入一系列斗争的核心，并且具有了战斗的特征：它抵抗驱除和"治愈"疾病的诱惑，抵抗自身的研究方式，以及抵抗静观冥想（contemplation）。因而，任何分析都是暂时性的。任何分析都只是力图检测它投入运行后的效果，以便根据中途出现的变化来调整自己。所以，历史所呈现的确定之事应当被解读为压抑的诸般表达。它们只是隐藏了历史写作的现实性的防御物或屏障。它们将不确定的事物合并进来："真实的历史"不将自己躲藏在不容置疑的"文献学证据"之中，而是承认自身的武断，并把自己视为一幢"危楼"。

再则，这种编史工作的特征是由它所产生的过程来规定的。正是这些过程决定了临时建构的有效性，这一临时建构甘愿成为被再度诠释、分析及超越的素材。但在这一点上，我们再次遭遇历史素材的问题。就历史而言，某些人为预先设立的研究领域突然现身：它们就是变革现实世界、控制体系、意识形态的科学与技术。每一个研究领域都以特定的语言来表现自己。这种完全形式化的语言所隐藏的，是它融入一种包容一切的语言的倾向，也是它趋于其他语言的倾向。分离词与物的——即分离开能指与所指——难道不就是分化开的控制技术的工具吗？解剖这些控制技术，揭示它们的专断，暴露它们暗藏的隐喻，这难道不是要求我们去界定新的历史空间吗？

历史空间并没有在不同语言之间，在彼此相距甚远的不同技术之间建立不可能的联系。相反，它探究的是这种距离表现了些什么：它探讨了看上去是空无（void）的东西，试图使似乎存在于这一空无之中的缺席者发言。

因此，深入技术之间、语言之间裂隙的就是一种操作。当历史学家在这些裂隙中进行操作之时，他当然不是去缝合这些裂隙；相反，他想把他在语言边界处所不期而遇的东西呈现出来。所以历史工作对"界限"（limit）问题提出了质疑：它反抗广义的劳动划分；它想跳出自身的边界；它将既有的技术危机凸显出来。

于是，历史成为一项"关于危机的计划"（project of crisis）。对于此计划的绝对有效性，我们没做任何保证，计划之中也无"解决方案"可言。人们必须认识到，不要向历史索求和解。但是，也不能要求它，只是为了要在语言的魔法森林的边界处愕然驻足，而无止境地去跨越那些（语言的）"岔路"。人们必须放弃去探索是什么将路分离开的：因为权力的实践常常占据了这片深不可测的森林。这一森林必须被反复再三地击碎、"切开"和贯穿。对于历史分析本身的去神秘化（demystify）力量，我们不存幻想；它（历史分析）也无权随心所欲地改变游戏规则。作为社会实践——一种社会化的实践，历史分析如今必须进入一场质疑其特有面貌（characteristic features）的斗争。在这场战斗里，历史必须准备冒险：而最终所冒的是暂时性的"不现实"的风险。

我们如何使这些前提适合于建筑写作这一特殊活动呢？我们在这里已经指出，建立一套"差异系统"，以及将一系列不同的实践和（用考古学方法建构起的）各自的历史联系在一起，会很管用。我们还是回到我们话语的开端吧：建筑、技术、制度、市政、意识形态和乌托邦，只在最恰当的时刻才汇聚到一件作品或一个形式系统中——至少对历史学家来说是这样。特别是自启蒙运动以来，学术工作（知识的建构工作）就在要求这种聚合，但其原因只是支离破碎的古典秩序（ordo），散布开了建构物质环境的各种方式，并使它们差异化。有多少种技术，就有多少种历史书写方式。但是，建筑的情况很特殊：从片段和未实现的意图开始，以追溯其语境为目的地（在此语境中被铭刻下来的，是以另外的方式保持沉默的作品），结果往往更有成效。

失败的作品，未实现的尝试，还有片段：它们难道不是提出了已拥有"文本"身份的作品其完整性所掩盖的问题吗？阿尔伯蒂（Alberti）透视法的"错误"，或者佩鲁齐（Peruzzi）过度的"几何游戏"，它们对人文主义乌托邦的内在困境的阐述，难道不是比对那些伟大作品的阐述，要更为清楚吗？这些伟大的作品平息了在未完成计划中出现的焦虑。而且，为了充分理解形成20世纪先锋派传统的辩证法——它悬于悲剧和庸俗的两极之间，回到伏尔泰（Cabaret Voltaire）令人眼花缭乱的打诨插科，难道不是比研究那些悲剧性与庸俗性都与现实相符的作品，要更为有效吗？

对形式进行处理的目的，通常在于超越形式自身。正是这种持续不断的"对建筑的超越"（beyond architecture），触发了"求新的传统"（tradition of the new）中那些断裂的时刻。历史学家不得不用以衡量自身的，恰恰就是这一"超越"。如果不是不停地将此"超越"呈现出来，就会逐渐陷入现代运动的伟大作品所赖以建立的流沙（quicksand）之中。崇高的神秘之物构成了这一流沙。

因此，我们必须不断地对我们的研究对象进行分解。这一研究以对流沙进行化学检验为前提，使用的分析试剂正与流沙的性质相克。[24] 这意味着我们要注重在具体劳动（concrete labor）和抽象劳动（abstract labor）（马克思意义上的两个术语）之间及时建立起辩证法。这样，我们就能在两个史学参数的基础上来解读建筑史。一方面，它与学术劳动的兴衰变迁有关。另一方面，它与生产方式和生产关系的发展有关。

因而，建筑史承担了多种责任。一方面，它必须能够用来批判性地描述对方案创作的"具体"方面起控制作用的那些过程；也即，能够描述自主的语言选择，以及语言选择的历史功能——这是学术劳动和对其接受方式的历史中的一个特殊部分。另一方面，它必须成为生产结构与生产关系的普遍历史的一部分；换句话说，它必须对抽象劳动的发展做出"反应"。

按这个标准来看，建筑史似乎总是尚未解决的辩证关系的结果。知识建构模式、生产方式和消费方式的相互交织，势必导致作品中综合活动的"激增"（explosion）。我们要在综合（synthesis）表现为完全之整体的任何地方，都引入其构成单元（constitutive units）的非整合性（disintegration）、片断性和"播撒"。所以，我们将对这些未经整合的组成部分进行独立分析。所以，我们认为，委托人的反应、符号的视域、对先锋派的假定、语言的结构、生产的重组方式和技术的发明，对这些片断成分进行独立分析，都将去除掉深深扎根于（作品所"呈现出"的）综合之中的暧昧性。

显然，没有什么特殊方法（尽管它或许适合这些独立的成分），能够考虑到作品的"总体性"。图像学、政治经济史、思想史、宗教史、科学史和民间传统的历史，每一种研究方法都能适用于被分解作品（the broken-up work）的不同片断。作品对这些历史都各有述说。例如，通过分解剖析阿尔伯蒂的一件作品，我可以阐明布尔乔亚知识分子伦理观构成方式的基础，人文主义历史决定论的危机，15世纪符号世界的结构，特殊赞助体系的结构，建筑贸易中新的劳动分工的整合。但是，作品的任一组成部分都不是用来证明作品的合法性。作品片断一被历史化，批评行为就构成了对这些片断的一次重组，也就是"再次剪辑"。雅克布逊（Jakobson）和泰恩雅诺夫（Tynyanov）（在某种意义上，他们是卡尔·第吉[Karel Teige]和让·穆卡洛夫斯基[Jan Mukarhovsky]的先辈），都谈到过语言学序列和非语言学序列之间的一种持续不断的关系。[25] 在这个意义上，把作品多元的"非语言学"成分彻底历史化将会产生两个效果：击碎语言的魔圈，迫使它显现出它所依赖的基础；另外，挽回语言自身的"功能"。

但是这样一来，我们又回到了我们最初的假设。研究语言如何作用，即意味着，在（作品之"播撒"所占据的）非语言学的各独立领域中，查明语言的影响范围。在这一点上，我们发现自己面临着两个选择。要么，我们跟随巴特和《新批评》（*Nouvelle Critique*），尽量在建筑文本中将隐喻多元化，无止境地细分和变化它的"自由价"（free valences），它特殊的"模糊体系"（system of ambiguity）；[26] 要么，我们回到作品之外的要素，与其外观结构无关的要素。

两种方法都是合理的：但它仅仅是质疑了人们所设定的不同目标。我可以选择潜入我们所界定的语言魔圈之中，将它转化为无底之井。所谓的操作式批评一直在做这样一件事情，它像快餐一样，向我们供应了它对米开朗琪罗（Michelangelo）、波罗米尼和赖特（Wright）等人所进行的武断而令人眼花缭乱的讥讽嘲笑（send-ups）。但是，如果我决定也做这个的话，我就必须清楚地认识到我的目标不是去编造历史，而是为一个中性空间赋予形式，在此空间中，在时间之外（above and beyond time），漂浮着大量失重的隐喻。我要寻找这个空间，只不过希望它能迷住我，并让我被它快乐地带走。

另一种情况下，我必然要去检测一下语言在其相关的非语言学序列中的真正的影响范围。也就是说，去研究对可度量的形象空间（figurative space）概念的采用，是如何正好反映了文艺复兴时代资产阶级危机；形式概念的解体如何符合新的大都市世界的形式；简化成"冷漠的对象"（indifferent object）、纯粹类型学、建筑贸易重组计划的建筑，其意识形态，是如何成为真实的"另一种"（alternative）市政景观的一部分。[27] 在此情况下，学术劳动和生产条件的相互关联，将提供有效的参数，以使我们能够把（先前的）分析的解体所导致的碎片重新拼接成一个完整画面。将建筑史再度插入到社会劳动分工史的领域里，绝不表示要退回到"庸俗的马克思主义"，也绝不表示要抹掉建筑学自身的独有特征。相反，我们可以通过某种解读来凸显出这些特征。这种解读能够在可核证的参数基础上，确定在生产变革的原动力中计划抉择（planning choices）所具有的真正意义。这些规划启动、延滞和试图阻止这些动力。显然，这种方法打算以某种方式回复瓦尔特·本雅明（Walter Benjamin）所提出的问题，他在《作者作为生产者》（*The Author as Producer*）

中指出，作品就生产关系讨论（says）了什么是第二位的，第一要强调的反而是作品自身在生产关系之中（within）所起的作用。[28]

所以这一切产生了两个直接结果：（a）就古典史学而言，它要求我们重新检验所有的历史分期标准；以上提到的（具体劳动／抽象劳动）辩证法，只有在它启动了学术模式和生产发展模式之间的整合机制之处，才以新面貌示人。而且，历史分析的职责就是要辨认出这一整合，以便建构出最完整意义上的结构的周期（structural cycles）。（b）就分析艺术语言而言，我们所提出的方法把注意力从直接交流的层面转移到潜在意义的层面。也就是说，我们必须去检测语言革新的"生产力"，我们必须通过一种分析，来仔细检验符号形式的领域，这一分析在任何情况下都能够质疑资本主义劳动分工的历史合法性。

必须颠覆分析的标准，这已经暗含在我们研究的中心课题之中：这一中心课题，就是意识形态的历史角色。实际上，呈现出意识形态的上层建筑本性，呈现出意识形态对现实世界的具体介入的历史化过程（historicization），将会打开一片原创的研究领域。我们不能再对上层建筑模糊暧昧的面孔听之任之，实际上，这是个似乎愈加紧迫的工作。也就是说，我们必须使意识形态避免在引人入胜的镜子游戏里无限增殖，这一游戏的属性已提前有所预设。但是，只有当我们备好了能有效抵抗催眠的灵丹妙药，成功进入意识形态形式的魔法城堡时，这才是可能的。

因此，我们迫切需要（赋予一切建筑以生存权的）历史法则所特有的参数。因为它可以像阿里阿德涅（Ariadne）的线团一样，揭示出乌托邦所穿行的复杂的、迷宫般的路。这样我们就可以在直线网格上，对已被诗性语言所制度化的"走马"进行新的规划。

实际上，在谈论诗学语言轨迹的过程中，维克多·什克洛夫斯基（Viktor Shklovsky）提到"走马"时所打算强调的，正好就是这个。[29] 就像象棋中"马"的不连续的L型移动一样，艺术生产的语义学结构对现实世界进行着一种"偏离"，一步侧跨，随之启动了一个"陌生化"程序（布莱希特[Bertolt Brecht]深谙此道），并将自身组织成一种永久的"超现实"。[30] 马克斯·本斯（Max Bense）这样的哲学家，曾把毕生精力都用于界定这种"超现实"与技术世界之间的关系，它（"超现实"）从技术世界中萌生出来，又作为对永久不断革新的促进要素而回归到技术世界中去——以先锋艺术来看的话。但是，这里也需要小心划清界限。把意识形态简单地（tout court）定义为错误的知性意识，将毫无用处。

任何作品，包括最无趣、最失败的作品，都不能"反映"先于自身存在的意识形态。"反映"和"镜像"的理论已经闻名了好一阵子。但是，作品对异己之物（what is other to it）所作的"偏离"，实际上充满了意识形态的味道——尽管它所采取的形式不能完全被表达出来。我们能够重建这些形式的特殊结构，但前提是必须记住，在成为作品符号一部分的意识形态和当前的意识形态的生产方式之间，通常存在着一片暧昧的空白地带。无论如何，我们能够更直接地认识到偏离"作用"于现实世界的方式：它如何与世界达成妥协，又是什么样的条件允许它存在。

这里还需补加一则考虑。一直以来，大多数先锋艺术与建筑的首要目标都在于，把作品及其异己物之间，把客体及其存在条件、生产条件和使用条件之间的"偏离"简化至无。

用来支持建筑实践，或作为建筑实践基础的意识形态，再一次解体了，它呼吁一种复杂的批评操作。历史上，至少有三种意识形态的生产方式，对抗着具有纯文献价值、和现存秩序相吻合的意识形态。（a）"进步的"意识形态——典型的历史先锋派（historical avant-gardes），它打算彻底占有现实世界：这就是弗第尼（Fortini）所论及的先锋派，[31] 它拒绝一切中介形式，并在情况危急之时，与作为中介的舆论结构相冲突，而这些舆论结构反过来又将先锋派简化成纯粹的"宣传活动"。（b）"退步的"意识形态，"乌托邦式的怀旧"，表现为19世纪以来的各种形式的反都市思潮，藤尼斯（Tönnies）的社会学，以及用志在恢复无政府主义者或"共产主义者"血统的神话的提案，来反抗新的大都会的商业现实的企图。（c）全力坚持对市政管理、地区开发、建造业等相关的主要机构进行改良的意识形态，它期待的不仅是真实而合理的结构改良，而且是新的生产方式和新的劳动分工：其中一个例子就是美国的进步传统，这指的是奥姆斯特德（Olmstead）、克拉伦斯·斯坦因（Clarence Stein）、亨利·赖特（Henry Wright）、罗伯特·毛斯（Robert Moses）的思想和作品。

以上的分类中都很具体。我们再重申一次，各种意识形态总是"聚在一起"（in bunches）发生作用；它们互相纠缠；常常在其历史展开的过程中做出彻底的180度转变。典型例子就是反都市的意识形态。它经历了盖迪斯（Geddes）的作品，昂温（Unwin）的作品，经历了两者在20世纪20年代美国保守主义和地方主义思潮中的汇合之后，做出了一个出人意料的转变，建立了现代区域规划技术。所以，单一系列作品（勒·柯布西耶的例子最为合适）可以根据不同的判断标准来评价，它既把自己表现为绝对从属于整个先锋派历史里的一个章节，同时又把自己表现为一种体制改革的工具。

但至关重要的是，不要混淆了不同层面的分析。也就是说，我们必须用差异化的（differentiated）方法来甄别（screen）那些用不同方式干扰了整个生产秩序的产品。说得更详细些就是：我们对诸如雷德本（Radburn）或美国新政时期的绿带城市（greenbelt cities）之类的住宅发展阶段一直进行的是纯粹的语言学分析。但是，如果对此采用相类似的研究方法的话（它是对梅尔尼科夫[Melnikov]或斯特林[Stirling]的作品进行历史性阐述的唯一有效的方法），那么，我们就会发现，那些提案一旦被置入相应的恰当语境中，这一纯粹的语言学分析方法就会完全失效。这一语境就是，公共机构经济管理的体制更新和建筑业内的需求重组之间的关系。

对于那些指责我们为方法论折中主义的人，我们会回答，他们无法接受建筑这样一个形式多样且组织紊乱的学科，如今所承担起的过渡性（因而也是模糊的）角色。

这一切都再一次暗示了"建筑"这个词必须在极为广泛的意义上使用。显然，我们所提出的分析的有效性，在现当代（从封建制度危机到如今）可以用一种极其特殊的方式来衡量。这里，这些分析必须面对学术劳动不断改变的意义。这一劳动和建筑业经济改革密切相关，且不能简化为唯一通用的平均标准（denominator）。

通过赋予建筑概念以临时的、富于弹性的意义，我们就可以绕开这一难题。所以，我们必须去摧毁与"作品"概念相关联的人造神话。但是，正如福柯所提出的那样，我们的目的不是去为（匿名产生的）词语（word）建立被禁忌的霸权，也不是去复活"现代运动"初期所钟爱的那些口号。

当代的城市规划史与先锋派的历史毫不相干。正如近来某些文献学所能确定的，城市规划的传统建立在外在于一切先锋派经验的基础之上：即重农主义思想所固有的"城市治疗"理论（medicalisation de la ville）；18世纪晚期公共空间的分类法；19世纪R. 鲍迈斯特（Baumeister）、J. 斯图宾（Stübben）、R. 埃伯施塔特（Eberstadt）的理论；美国公园运动（American Park Movement）的实践；法国和英国的地方主义。这使我们必须彻底重新检验城市规划史和与之平行的现代运动的意识形态史之间的相互关系。如果这样做的话，许多神话必将被瓦解。

为了解开这一人为纠结在一起的线团，我们不得不将众多独立的历史挨个呈现出来，以使我们在它们存在的地方认识到它们彼此间的相互依赖，或更为多见的对抗。我们不应将"大超越"（great beyond）（现代建筑显然倾向于此），与都市动态发展的现实混为一谈。"意识形态的生产性"被证实存在于政治经济史中（因为它在其中反映出其结果，正如它在都市史中也体现出来）。

我们可以对艺术作品和生产现实进行直接的比较。这一现象表明，存在着一个极其复杂的过程，而且它不是顺应工业革命的到来而自动出现的。R. 克莱茵（Robert Klein）已经为现代艺术的周期描绘了一个"指涉物消失"（disappearance of the referent）的阶段，卡斯特尔（André Chastel）正确指出了克莱茵的研究方法与本雅明的方法之间的密切关系。克莱茵写道：

最终，在认识论意义上，参照物的缓慢消逝（the slow agony of reference）及其万花筒般的变形之间的这一矛盾，可以和认知知识对象在逻辑上的不可能性相比较。我们怎样才能超越意象，来假定一个非图像的规范（a nonfigurative norm），也就是一个反对意象被测的图像的终端，确实是存在的呢？一项项的参照物（terms of reference）都被置于作品自身的内部，这一点已是必然；所以，我们必须终结一切诸如此类的想法——即，把主体与客体从头脑中驱逐出去，然后做出以下结论（由于其最初的假定而已变得不确定）：哲学落脚于唯心论，艺术落脚于印象主义。[32]

指涉物（referents）、价值和"灵韵"（aura）之间的关系是直截了当的：我们所能呈现的，既不是将作品简化成模仿艺术过程之行为的纯粹存在，这一真实的企图史；也不是打破形式语言和存在语言间的障碍，这一现代建筑所创造的企图史。我们能做的只有以辩证的态度去反抗古典主义的历史周期（historical cycle）。"真实描绘"这一周期意味着去认识其复杂的结构性，并历时性地（diachronically）将其封闭的体系特性具体化。但这同样也意味着要掌握该周期的双重特征：一个是我们仍需考虑的知性生产方式（mode of intellectual production）的出现，另一个则是它具有（完全针对指涉物的）语言概念的外貌。而这正是"启蒙辩证法"（dialectic of enlightenment）所想要摧毁的。因为这个原因，古典主义历史一直反映着当代艺术的困境；因为这个原因，我们正在试图找准的方法，经过适当的调整，一定能适用于对布尔乔亚文明的史前史所做的分析。换句话说，对于决心探寻资本主义"文明"（zivilisation）起源的历史研究而言，托斯卡纳人文主义所采用的视觉合理化（rationalization of sight）所展现的历史周期，发挥着后视镜的作用——镜中反射出的是当代有违良心的灵魂。[33]

关于这些主题，我们甚至可以接受阿多诺（Adorno）所提出的警示：

用一种非辩证方式处理的灵韵理论容易招致滥用，因为它如同一种便利的机械装置，可将艺术的非实体化（Entkunstung）思想转化成一句口号。自艺术机械生产的时代开始以来，这一趋势已经在实实在在地发展着。正如本雅明所指出的那样，艺术作品的韵味只要越出每件作品的规定性（giveness），那它就不仅仅是指作品的现状，而且也是指作品的内容。取消内容必然会殃及艺术。即便是非神秘化的艺术（demystified art）也不仅仅只意味着单纯的功能。它也许丧失了其有韵味的"膜拜价值"（cult value），但还有一种被本雅明称为"展示价值"（exhibition value）的现代替换品。后者是经济交换过程的"成像"（imago）。[34]

实际上，这一推导结论对本雅明的原始论点并无多大改动。它或许很乐意认可："展示价值"是交换过程的"成像"，但是，这只存在于交换过程尚未完全成为自身一部分的作品。阿多诺的陈述暴露出的怀旧之情，在其"表现与建构"章节的末尾处更为明显：在谈到艺术作品中的整合与分解之间的差别时，他总结道，"各种片断式的东西并非偶发的东西：片断是那些抵制总体化（totality）自身的艺术作品总体的组成部分"。[35]

跨过这种怀旧，我们还得面对"以辩证方式来运用灵韵理论"的问题。即使在作品打算以袒露自己的创作过程作为开端的时候，它所"暴露"出的也只是其结构中最无可厚非的一面。符号学方法能够使控制意象（images）生产的法则回到自身；[36]但阐明这些意象的暗含之意，则属于另一种剖析方法。

我们必须将多种分析方法组织在一起并进行整合。不接受这一点，只会使史学研究进入死胡同：历史学家并没有详细阐明，在全球领土秩序革新的前提下，资本主义制度所表现出的真正阻力，他们却更愿意去设计这种体制下的主流（supporting）意识形态发展所绝对固有的历史——这些意识形态支撑着这一体制。

无疑，对"建筑学危机"唉声叹气，对"反古典语言"举棋不定，似乎越来越令我们自己混乱和无能为力。为了最终了解设计活动发生变革的意义，我们有必要建构一个关于学术劳动及其向纯技术性劳动（准确说是"抽象劳动"）逐渐转化的新历史。此外，罗德琴科（Rodchenko）的生产主义（productivism），马雅科夫斯基（Mayakovsky）为"苏联国家电报局"（Rosta）创作的作品，以及勒·柯布西耶和（与其相反的）汉纳斯·梅耶（Hannes Meyer）的预言，不都已提出艺术活动向生产组织所固有的劳动（labor）

进行转化的问题了吗?

为当下的现实哭泣毫无益处:纵然从逻辑上说,知识分子的浪漫梦想仍存在于上层建筑中的乌托邦领域——他们想要引导生产力世界之命运,但意识形态已转变为现实。作为历史学家,我们的任务是理智清晰地重建学术劳动所走之路,从而去认知新的劳动组织(organization of labor)能对之进行回应的不可预计的任务。

重农主义思潮对18世纪城市改革理念的影响;19世纪公司城(company-towns)的诞生和发展;俾斯麦时期的德国和放任主义政策时期的(laisser-faire)美国的城市计划的产生;帕特里克·盖迪斯爵士(Sir Patrick Geddes)和雷蒙德·昂温(Raymond Unwin)的实验,以及后来的德国城市社会民主党及激进派人士的实验;美国区域规划协会(RPAA)的理论著作;第一个五年计划期间苏维埃城市的组织;罗斯福新政所实现的矛盾的区域重组;肯尼迪时期美国城市的复兴:这些包含各种实验的历史篇章,其目的都在于为那些建筑技术人员的工作找到新的角色,只在意义不大的情形下(而且大多是语言学上的意义),这些技术人员才依旧是传统的建筑师。如果有人指出,沿着以上这些连续主题追溯出的历史,和现代运动中建筑形式(forms)的变迁史之间,时常存有一道鸿沟的话,我们会回答说,这正是先锋意识形态和转化为技术(techniques)的那些(先锋)意识形态之间的那道鸿沟。这是史学无法填补的鸿沟,但是,反过来,史学必须强调这一鸿沟,并将之转化为具体而广泛的知识的原材料。

眼前这本书,初看上去似乎是本文集。然而实际上,在写作这些单独章节——它们曾暂时刊登在从1972年至今的各种意大利及外国刊物上,并随后做过完全的修订——的时候,我们已经秉持了一种设计理念在其中,即希望读者将它们同该篇导言所阐述的命题一一对照来看。我们相信,贯穿始终的主题是清晰明了的:首先,研究"越界"(transgression)和形式写作(formal writing),把它们作为一种变性的超越(perverse excess),作为驶出赫克勒斯石柱(columns of Hercules)之外,超越法定界限的主体的远航;而后,对"越界的语言"(language of transgression)逐步加以掌握,也就是,实现了主体的自由只是"对于技术的自由",而非对于写作的自由。研究的核心在于探索这种新的写作方言和它新的制度上的指涉物之间不稳定的平衡状态。只有在某几个章节中,先锋派所论及的"技术"才面临着如下的问题,即证明技术的历史是他者(other),当然还有,找出技术和我们选择要分析的主题的切合点。

所以,我的意图不是要呈现一段自身很完整的历史,而是要呈现一个穿越迷途的时断时续的旅程，呈现各种可能的"临时建造"（provisional constructions），它开始于所选的材料。我们可以重新洗牌，也可以再摸进曾经扔出的牌：游戏注定要继续。过去10年多时间里我所得到的具体帮助和鼓励使我的工作已然成型，我要感谢我在威尼斯大学历史系的朋友和合作者，他们和我一起承担了这些"拼图游戏"，这些"耐性的游戏"（*giochi di pazienza*）。

曼弗雷多·塔夫里：意大利建筑史学家

（译者：胡恒）

注释：

1. 卡洛·金斯伯格和阿德里亚诺·普罗斯佩里：《耐性的游戏："基督之惠"研讨会》（*Giochi di pazienza: Un seminario sul "Beneficio do Cristo"*）（都灵：Einuadi，1975 年），第 84 页。这本特殊的著作在其不规则的发展过程中，在其漫无中心的内容中，在其虚假的出发点和被克服的错误中，揭示出历史研究所特有的不确定和偶然。本书对该书的参考并非处于偶然。本研究的第一部分，就像金斯伯格和普罗斯佩里的作品一样，是本书作者同佛朗哥·雷拉和威尼斯建筑学院建筑史系的学生共同努力的成果。从某种意义上来说，他们是本书的合著者。佛朗哥·雷拉陈述过他在 1976-1977 年的小组教学研讨会中所得出的结论，见《天国》（*Il pasadosso della ragione*）一文，《非此即彼》（*Aut aut*），第 161 期（1977 年），第 107-111 页。

2. 这里我们同意夸罗尼（Emilio Garroni）数年前曾详细阐述过的关于艺术语言主题的思考。尤其参见夸罗尼的《符号学工程》（*Progetto di semiotica*）（巴里：Laterza，1972 年）；他的《美学和认识论：关于"鉴赏之批评"的思考》（*Estetica ed epistemologia: Riflessioni sulla "Critica di giudizio"*）（罗马：Bulzoni，1976 年）；以及他的《为了马塞罗·皮洛：艺术的情感、美、操作和幸存》（*Per Marcello Pirro: Sul sentimento, la bellezza, le operazioni e la sopravvivenza dell'arte*）一文，载于《皮洛》（*Pirro*）（乌迪内，1977 年）。特别有趣的是，夸罗尼从康德出发所得到的结论，与我们从尼采的《道德谱系学》和弗洛伊德的《有尽分析与无尽分析》所得出的结论相似。夸罗尼写道，"这里，问题恰恰在于模式（modes）的特殊性和无限性，特殊性在该模式之中呈现出自身。事物并不会将自己清晰简明地呈现给那些刚开始去了解它们的人……只有在认知和分析的操作之后，世界才成为可以理解的、综合的……从这一观点来看，事物实际上是"无穷无尽的"（即康德在《纯粹理性批判》中所说的"*unerschöpflich*"），在事物能被确定和组织的意义上，只有我们假设了一个恰当的"观点"，一个"组织原则"，某种科学的思考才足以达到认知的尽头。（*Per Marcello Pirro*，第 2 页）

3. 关于这一点，见 Massimo Cacciari 的 *Di alcuni motivi in Walter Benjamin*，《新思潮》（*Nuova Corrente*），第 67 期（1975 年），第 209-243 页。

4. 所引段落见《权力意志》（*Wille zur Macht*）（莱比锡：Naumann，1911 年），第 489 页；以及弗雷德里希·尼采的《作品集》（*Werke*），K. Schelechta 编辑，第三卷（慕尼黑：Carl Hanser，1969 年），第 860 页；英文版，《求真的意志》，瓦尔特·考夫曼（Walter Kaufmann）编辑（纽约：兰登书屋，1976 年），第 270 页。

5. 佛朗哥·雷拉的 *Dallo spazio estetico allo spazio dell' interpretazione* 一文，见《新思潮》第68-69期（1975-1976年），第412页。另见雷拉的 *Testo analitico e analisi testuale* 一文，载于雷拉等人的 *La materialita del testo: Ricerche interdisciplinary sulle pratiche significanti* 一书（维罗纳：Bertani，1977年），第 ii 页及其后；及其为 *La critica freudiana*（米兰：Feltrinelli，1977年）所写的导言。

6. 米歇尔·福柯：《尼采，谱系学，历史》，见《语言，反记忆，实践》，Donald Bouchard 编辑，（伊萨卡：康奈尔大学出版社，1977年），第140页。《尼采，谱系学，历史》首次发表于《伊波利特纪念文集》（*Hommage à Jean Hyppolite*）（巴黎：法兰西学院出版社，1971年）。

7. 弗雷德里希·尼采的 *Umano troppo umano*，见 *Opere*，G. Colli 和 M. Montinari 编辑，第四卷，第二册（米兰：Adelphi，1965年），第17页；英文版《人性，太人性》（林肯：内布拉斯加大学出版社，1984）。

8. 福柯，《尼采，谱系学，历史》一文，第154页。

9. 同上，第164页。

10. 弗雷德里希·尼采：《曙光》，第429节，见 *Opere* 第五卷，第一册，第215-216页。英文版《曙光》（剑桥：剑桥大学出版社，1982年）

11. 弗雷德里希·尼采：《超善恶》，第39节，见 *Opere* 第五卷，第一册，第45-46页。英文版《尼采作品入门选读》（纽约：兰登书屋，1968年）。

12. 米歇尔·福柯：《性史》第一卷：导言（纽约：兰登书屋，1978年），尤其是从第92页开始。最初的法文版是 *La volonté de savoir*（巴黎：伽利玛出版社，1976年）。

13. 乔治·西美尔，被翻译成意大利文，见《艺术与文明》（*Arte e civiltà*），Dino Formaggio 和 Lucio Perucchi 编辑（米兰，1976年），第67页。原始德文版，《死亡的形而上学》（*Zur Metaphisik des Todes*）（1910年）。

14. 乔治·西美尔：《时尚》，收入《论个体性与社会形式》（芝加哥：芝加哥大学出版社，1971年），第294页。原始德文版《流行的心理学、社会学研究》（*Zur Psychologie der Mode, Soziologische Studie*），见《时代》（*Die Zeit*）（1895年10月12日）。

15. 同上，第295页。

16. 卡尔·马克思：《法兰西阶级斗争》，见 *Surverys from Exile*，（纽约：兰登书屋，1973年）。

17. 尼采：《曙光》，第40页。

18. M. 卡西亚里：*II problema del politico in Deleuze e Foucault: Sul pensiero di 'autonomia' e*

di'gioco'，福柯分析法研讨会的油印报告。该会于 1977 年 4 月 22 日在威尼斯建筑学院历史系举行（M. 卡西亚里、F. 雷拉、M. 塔夫里、G. 特索 [G. Teysso]。该报告现在则以 *II dispostitivo Foucault* 为名出版，威尼斯，1977 年，第 57 页及其后。）卡西亚里的批评主要基于福柯的《规训与惩罚》(*Surveiller et punir*)，以及《德勒兹》(Cosenza：Lerici，1977 年）一书中德勒兹与福柯之间的对话。关于这一主题的进一步讨论，见卡西亚里 *Pensiero negativo e razionalizzazione*（帕都瓦：Marsilio，1977 年）一书里的导言和最后一篇文章。卡西亚里的思考值得进一步详细阐述，让·鲍德里亚在他的小册子 *Oublier Foucault*（巴黎：Galilee，1977 年）中所阐明的论点，与卡西亚里的思考相悖，大部分似乎过于武断。

19. Jean-Michel Rey 曾写道，"哲学语言一直都还没能将自身界定为'自律的'或'单意的'，其原因在于一种更为大量的删除，也就是说，因为一种决定性的压抑——也即其生产的压抑，其隐喻性结构的压抑，其借用的压抑，其亏欠的压抑，以及其整个设计的压抑。通过一种加倍铭刻（a double inscription），一种再加倍 / 再重写（a redoubling/recasting），一种生产性的转译，尼采在其文本中再次铭刻下来的，正是这种大量省略所导致的结果。这一工作完全类似于弗洛伊德所进行的解码活动（decipherment）。"Jean-Michel Rey，*II nome della scrittura* 一文，载于 *Il Verri* 第 39-40 期（1972 年），第 218 页。

20. 西格蒙·弗洛伊德：《摩西与一神教》，见《精神分析作品全集》，James Strachey 翻译，第 23 卷，（伦敦：荷加斯出版社，1957 年），第 43 页。

21. 但我们认为，必须反对一种对于过程太过线性的解释。通过这种解释，许多以表现主义和晚期浪漫主义意识形态为特征的主题，被转变成国家社会主义（德国纳粹主义）（National Socialist propaganda）的宣传实践，例如约翰·埃德菲尔德（John Elderfield）在《大都会》一文中所主张的，见 *Studio International*，183，第 944 期（1972 年），第 196-199 页，或见 George L. Mosse 令人钦佩的《大众的国际化：从拿破仑战争起的整个第三帝国时期的德国政治象征和群众运动》一书（纽约：Fertig，1974 年）。更为丰富且与此更密切相关的是 Giancarlo Buonfino 所做的解读，*La politica culturale operaia: Da Marr e Lassalle alla rivoluzione di November, 1859-1919*（米兰，1975 年）。本书对此进行了讨论，见第二部分，第 4 章，第 149-150 页。

22. 弗洛伊德：《有尽分析与无尽分析》，见《精神分析作品全集》，第 23 卷，209 页；另，佛朗哥·雷拉在其 *La critica freudiana* 一书里的导言里对此进行了评论，见第 45 页及其后。

23. 见德勒兹和瓜塔里：《块茎》(导言)（巴黎：Minuit，1976 年）。德勒兹和瓜塔里写道，"块茎，是一种反谱系学。块茎根据变体、扩张、征服、捕捉、旁支而运作。与图表艺术、图画或照相不同，

历史"计划"　　　　　　　　　　　　　　　　　　　　　　　　　　　　　　181

与踪迹不同，块茎与必须生产，或必须建构的一幅地图相关。一幅地图总是可分离的，可连接的，可颠倒的，可修改的，有无数的进口和出口，有其自己的逃亡路线。……块茎是无中心的，无等级，无意指的系统，没有将军，没有组织记忆或中央自动控制系统，仅只由流通状态所限定"，(《块茎》，第56页)。对于德勒兹及其"学派"理论的迷恋所做的精确批评，可见M.卡西亚里的 'Razionalità' e 'irrazionalità' nella critica del politico in Deleuze e Foucault, Aut aut 第161期（1977年），第119-133页。

24. 福柯进一步的研究，在某种程度上强调出上述我们这些阐述："我们必须将话语看作一种我们施加于物上的暴力，或者，无论如何，看作是我们强加于物上的实践；话语事件正是在这一实践中找到了它们的规律性法则（the principle of their regularity）。另一种法则——外在性法则（principle of exteriority）——认为，我们不会钻进话语的隐秘内核之中，不会钻进话语所表现出的思想或意义的内心之中；相反，就话语本身而言，就其外在和其规律性而言，我们应该去寻找其存在的外在条件，寻找引发了一系列偶发事件，并确定其界线的东西。"福柯：《知识考古学和关于语言的话语》，（纽约：万神殿出版社，1972年），第229页；原始法文版，《话语的秩序》（L'ordre du discours）（巴黎：伽利玛出版社，1970年）。

25. 例如，考虑一下 Yury Tynyanov 和 Roman Jakobson 的 Voprosy izuceniya literatury i yazyka, Novyi lef, 12（1927年）。这两位作者证实了，文学类丛书（literary series）和其他历史类丛书（historical series）之间的关系有着确定的结构法则，从属于各自的分析。通过和肖洛夫斯基的形式主义相比较，这里我们辨认出关于"体系之体系"的分析所具有的自律性，并将其同作为作品基础的素材自动整合之价值的发现联系起来。参见 Y. Tynyanov 的 O Literaturnoy evolucii, 载于 Archaisty i novatory（列宁格勒，1929年），第30-47页，现见 Tzvetan Todorov 编辑的《俄国形式主义》（I formalisti russi）（都灵：Einaudi, 1968年），第127页及其后。另见 Stephen Bann 和 John E. Bowlt 的《俄国形式主义》（纽约：Barnes and Noble, 1973年）。Mukarhovsky 的想法同 Tynyanov 和 Jakobson 的想法之间的这种联系，同样已由 Sergio Corduas 在其为 Jan Mukarhovsky 所写的导言中指出，La funzione, la norma e il valore estetico come fatti sociali（都灵：Einaudi, 1971年）。还可参见 Mukarhovsky 的 Il significato dell'estetica（都灵：Einaudi, 1973年）；原始版为 Studie zestetiky（布拉格，1966年）。但是，应当谨记的是，在这些作品中（并且在 Karel Teige 的那些作品中，它们在意大利仍然不太为人所知），我们都能看到，为"非美学类丛书"（extraaesthetic series）的概念所赋予的范围是相当缺乏创建的、相当传统的（同上，第259页及其后）。在我们看来，更缺乏创建的，似乎是诺伯格－舒尔茨对格式塔心理学和 Piaget、本斯、Ehrenzweig 等人的理论的利用，他试图为建筑作品界定一种全面的分析方法。参见 Christian Norberg- 舒尔茨的《建筑意向》（麻省，剑桥：MIT 出版社，1966 年）。

26. 参见，罗兰·巴特：《批评与真理》（*Critique et vérité*）（巴黎：色伊出版社，1965 年），和 Sergo Doubrovsky, *Pourquoi la nouvelle critique: Critique et objectivité*（巴黎：Mercure de France，1966 年）。但是，巴特所"沉浸"的文本隐喻的界限（同时也是最大限度的表达），能在巴特的另一本著作《文本的快感》（巴黎：色伊出版社，1973 年）所表现出的"太过真实（all-too-true）"的真理中看到；英文版，《文本的快感》（纽约：Hill and Wang，1975 年）。

27. 关于这一点，见曼弗雷德·塔夫里的《作为"冷漠客体"的建筑与批判性关注的危机》，载于《建筑学的理论与历史》（纽约：Harper & row，1980 年），原始意大利文版《建筑学的理论与历史》（*Teorie e storia dell'architettura*）第四版（巴里：Laterza，1976 年）。

28. 见瓦尔特·本雅明《作为生产者的作者》一文，载于《反思》（纽约：Harcourt Brace Jovanovich，1978 年）；原始德文版名为"Der Autor als Produzent"，载于 *Versuche über Brecht*（Frankfurt：Suhrkamp，1966 年）。对本雅明的文章所做的不可接受的批判性解读，可见尤尔根·哈贝马斯的 *Zur Aktualitat Walter Benjamin*（Frankfurt：Suhrkamp，1972 年）。

29. 见维克托·什克洛夫斯基：*Khod Konya*（莫斯科－柏林，1923 年）。我们要强调什克洛夫斯基关于诗歌过程中的"间接性（obliqueness）"的重要意见："（象棋中的）马不是自由的，它侧向移动，因为直路已提前对它关闭了。"

30. 尤其参见马克斯·本斯的《美学》（巴登－巴登：Agis Verlag，1965 年），及其 *Geräusch in der Strassen*（Baden-Baden 和 Krefeld，1960 年）。见 Giangiorgio Pasqualotto 的精彩著述《先锋派与技术：瓦尔特·本雅明、马克斯·本斯，以及技术美学的问题》（*Avanguardia e tecnologia: Walter Benjamin, Max Bense e i problemi dell'estetica tecnologica*）（罗马：Officina，1971 年）。

31. Franco Fortini：《先锋派》（*Due avanguardie*）一文，载于多人合著的《先锋派和新先锋派》（*Avanguardia e neoavanguardia*）一书（米兰：Sugar，1966 年），第 9-21 页。Fortini 写道，先锋派艺术家所具体表现的矛盾和冲突，"并未成为辩证关系的一部分"。这种冲突和矛盾"在绝对主观性和绝对客观性之间，在抽象的非理性（也即，对热衷于自由联想、无意识记忆，以及梦境的那些推论瞬间和对白瞬间的反对）和抽象的理性（也即，通过推论和理性的方式——尤其是在'理性'观念的自然主义和实证主义意义上——所获得的可理解性）之间，并置或两极交替。先锋派要么求助于这一极或那一极，要么以所有神秘传统都能充分理解的方式同时经历着（lives）

它们。"(《先锋派》一文,第 9–10 页)。另见 F. Fortini 的《先锋派和中介》(*Avanguardia e mediazione*)一文,*Nuova corrente* 第 45 期(1968 年),第 100 页及其后。我们并不赞同 Fortini 的所有观点,但我们认为,他还应当更加详细地阐述其将先锋派看作是缺少中介(mediation)的解释——这是对卢卡奇(Lukács)的一个主题的重复。对先锋派来说,拒绝和赞同非但不是辩证法的一部分(通常,一个隐藏在另一个的伪装之下),它们还回避任何有关现实的中介,但它们仍然声称要从现实中"爆发"。这层考虑会在历史先锋派的研究中带来重大的方法维度的更新。

32. Robert Klein:《形式与意义》(纽约:Viking,1979 年),第 186 页;原始法文版 *La forme et l'intelligible*(巴黎:伽利玛出版社,1970 年)。关于本雅明和 Klein 的关系,见 André Chastel 为上述摘引一书所写的导言,第 XI - XII 页。

33. 在这个意义上,一个经得起时间检验的分析可见 M. 卡西亚里的 *Vita Cartesii est simplicissma* 一文,载于 *Contropiano* 第 2 期(1970 年),第 375–399 页。

34. 阿多诺:《美学原理》(伦敦:Routledge & Kegan Paul,1984 年),第 66 页;原始德文版 *Aesthetische Theorie*(Frankfurt am Main:Suhrkamp,1970 年)。

35. 同上。

36. 然而,我们应当回想起,克里斯蒂娃在数年前就符号学研究所写的东西;甚至从马克思主义——它较之克里斯蒂娃更少一些目的论——来看,我们也能完全赞成"符号学研究(semiological research)是一门除了能发现其自身的意识形态姿态,不能在其研究的底部发现任何东西的学科(列维·斯特劳斯会说,no key to no mystery),该学科必须这样认知自己,否定自己的成果,然后重新开始一切。通过把一种精确的知识假定为自己的目标,它完成了其理论路线,该理论在将自身作为一个意指系统(signifying system)的同时,使符号学研究回到其起点——也即,回到符号学(semiology)自身——从而对其进行批评或将其颠覆。"朱莉娅·克里斯蒂娃的 *La sémiologie comme science critique* 一文,见 *Theorie d'ensemble* 一书(巴黎:Editions du Seuil,1968 年),第 83 页。此外,大部分的法国批评理所当然地认为符号学活动"具有创造性"。但是,在把语言学模式直译到建筑文本分析领域的尝试中,这种意识并不那么明显。再次参见 Garroni 的《符号学草案》(*Progetto di Semiotica*)一书。同意其论文中所认为的,论及建筑时不适合谈及"语言"的,还有 Diana Agrest 和 Mario Gandelsonas 的《符号和建筑:意识形态消费或理论著作》(*Semiotics and Architecture: Ideological Consumption or Theoretical Work*)一文,见 *Oppositions* 第 1 期(1973 年),第 94–100 页。在 Patrizia Lombardo 的 *Semiotique: l'architecte s'est mis au tic* 一文中,能找到对近来的建筑符号学研究的评价,见 *L'architecture d'aujourd'hui* 一书第 179 期(1975 年),第 xi–xv

页。还可参见 Tomas Maldonado 的《建筑和语言》(*Architettura e linguaggio*) 一文，*Casabella* 41，第 429 期（1977 年），第 9–10 页；Omar Calabrese 的《建筑符号学在意大利的文化起源》(*Le matrici culturali della semiotica dell'architettura in Italia*) 一文，同上，第 19–24 页；以及 Ugo Volli 的《建筑符号学的暧昧概念》(*Equivoci concettuali nella semiotica dell'architettura*) 一文，同上，第 24–27 页。值得注意的是，对 Vittorio Gregotti 的采访《建筑和语言》(*Architettura e linguaggio*) 一文，被作为执业建筑师宣言，同上，第 28–30 页。

曼弗雷多·塔夫里

先锋派的历史性：皮拉内西和爱森斯坦

从皮拉内西（Piranesi）的作品开始，来对先锋派和建筑之间的关系进行详细分析，这无疑有点挑衅意味。然而，谢尔盖·爱森斯坦（Sergei Eisenstein）针对皮拉内西的《监狱组画》（*Carceri*）*所做的非同寻常的研究，让我们有机会来确证我们的论文，从而去平息那些怀疑者的困惑。皮拉内西和苏维埃电影导演之间表现出的是一种直接的关系；这里，我们的目的仅仅是检验这一关系的某些突出特点。

1939年4月，爱森斯坦致信杰·雷伊达（Jay Leyda）道："我预计完成一篇非常有趣的文章，《埃尔·格列柯与电影》（*El Greco y e Cinema*！）……估计大概26000字（！）都用来说明，在过去的西班牙大师的艺术中，究竟存在着多少电影的东西！……这真是有趣！（C'est Piquant！）"但事实证明，这篇文章完成得相当艰难，因为在1941年8月，这位导演再次致信杰·雷伊达道："我终于要结束这篇关于埃尔·格列柯的文章了。与此同时，我正在将我关于格里菲斯（Griffith）和不同艺术中的蒙太奇历史的一篇长文翻译成英语。我还有可能再写一篇研究艺术史中的特写（close-up）理念的论文。"

爱森斯坦对艺术史的好奇，当然不算什么新鲜事。他在不断地为其电影诗学寻找历史合法性的过程中，也在对艺术史进行着探索。但值得我们重视的是，他坚持认为，新电影语言的先驱尤其应包括格列柯和皮拉内西这样的人。[1]尽管这二人的作品所包含的母题很容易就能同蒙太奇理论联系起来，但是，我们感兴趣的却是爱森斯坦在分析格列柯的绘画，或拆解、重组皮拉内西的《监狱组画》时所运用的操作方式。

本章附录的那篇爱森斯坦论皮拉内西的文章，实际上和前文所引的写给杰·雷伊达的信有关，该信出自俄国出版的爱森斯坦作品全集第3卷。这两篇文章通过一种特殊的批判式分析技巧联系起来，该技巧的基础，即爱森斯坦所说的"曝光"（explosion）或"迷狂的变形"（ecstatic transfiguration）。

换句话说，爱森斯坦集中分析的两个作品——格列柯的《托莱多城的风景和平面图》（*View and Plan of the City of Toledo*）（1604-1614），以及皮拉内西的《黑监狱》

皮拉内西，《监狱组画》（*Invenzioni capricciose di Carceri*）之一

先锋派的历史性：皮拉内西和爱森斯坦

皮拉内西，《监狱组画》（*Invenzioni capricciose di Carceri*）之二

（Carcere Oscura）——都"动了起来（put into motion）"：它们都剧烈地作出反应，这是其内在形式张力被完美曝光的结果。后面我们将追溯这一独特的批判式操作（critical operation）的特殊过程。但我们首先必须指出，这种分析方式和爱森斯坦的蒙太奇理论并非没有联系。实际上，爱森斯坦自己曾宣称，"蒙太奇是镜头曝光（explosion of the shot）的阶段"；而且，在《爱森斯坦课程》（Lessons with Eisenstein）中他还说，"当镜头中的张力达到极致而不能再增加时，镜头就曝光，分裂成两个分离的蒙太奇片段。"[2]

于是，对爱森斯坦来说，镜头和蒙太奇不能被当作相互分离的领域对立起来，而必须被看作是一个过程的不同阶段，它在"从数量到质量的辩证飞跃"中实现了自身。[3]

在这一点上，人们会发现这种蒙太奇理论和某种文学理论之间具有一种密切关系。后者就是，泰恩雅诺夫（Tynjanov）在1924年以后所详细阐述的"文学作品其组成部分间的动态综合"（dynamic integration of its components）的统一性理论。但就我们的目的而言，此时我们更感兴趣的是去观察，爱森斯坦在前人思考的基础上，用什么样的方法使得格列柯的作品，且尤其是皮拉内西的作品，丧失了它们本来的自律性，把它们从隔绝状态中驱逐出来，从而成为理想系列的一部分，换句话说，也即成为了一个电影片段（cinematic phrase）中的数个单一画面。

因此，通过皮拉内西这个特殊例子，来分析苏维埃导演的批判方法能为我们的认知提供什么样的帮助，从而阐明18世纪的蚀刻家同爱森斯坦这样的历史先锋派传人之间的奇特关系，是非常有意思的事情。（我们还应注意的是，这篇关于皮拉内西《监狱组画》

格列柯，《托莱多城的风景和平面图》
(View and Plan of the City of Toledo)

的文章写于1946—1947年,在该导演去世前不久。)

显然,爱森斯坦认为,在整个《监狱组画》系列中,由彼此分离的作品片段(disconnected fragments)所构成的整体,属于一个连续镜头(sequence),这建立在"知性蒙太奇"(intellectual montage)的基础上,根据他自己的定义来说,也即建立在"并列冲突的知识动因上,它们一同出现"(juxtaposition-conflict of intellectual stimuli which accompany each other)。[4]

爱森斯坦对皮拉内西在《黑监狱》中所描绘的建筑元素强行曝光,这是对原蚀刻画的组合方式的残忍施暴。也就是说,爱森斯坦佯称,由意象及其对其批判式静观(contemplation)的相互作用所产生的某种地球之力(a telluric force),颠覆了皮拉内西《监狱组画》系列的所有作品,使它们活动起来,猛烈地煽动它们,将它们简化成等待全新重组的片段。在这样一种智力操作(mental operation)中,我们不可能不注意到一种源于俄国未来派所有经验的分析技术;在这个意义上,18世纪蚀刻画的元素,经历了一次真正的具体化(reification):最起码在刚开始的时候,它们被压缩成一个没有句法结构的符号系统。

然而,不止如此。由于爱森斯坦在字面意义上激活了曝光,所以我们也面临了俄国形式主义者所说的"语义变形"(semantic distortion):皮拉内西那些物质性的构图元素经历了一次意义的改变,其中原因在于,原先将其绑缚在一起的相互关系发生了剧变。所以我们必须记住,尤其对什克洛夫斯基(Shklovsky)而言,语义变形已经把恢复语言的原始功能——即纯粹的交流——当作了自身的主要功能。以同样的态度来看,爱森斯坦对皮拉内西的《监狱组画》所施与的暴力,可以被解释为试图让蚀刻画自身说话,超越通常归属于它的含义。换句话说,爱森斯坦对18世纪那个世界的涉足,似乎产生了这样一种环境,它存在的目的似乎就是供连珠炮式的插科打诨的演员去胡乱颠倒。这一环境类似于卓别林(Chaplin)的电影——这位苏维埃电影先锋的"大暴君"(Lord of Misrule)。但是,还是让我们检验那些通过解读爱森斯坦的文本而得来的主题,继续我们的分析吧。

首先我们发现,《黑监狱》各元素的曝光,用爱森斯坦自己的话来说,采取了消解(dissolution)的形式。这意味着爱森斯坦将元素自身解释成处于潜在运动中的形式,即使这种潜在运动被人为冻结了。因此,"迷狂的变形"技术加速了这一潜在运动,刺激它,将它从形式的阻力中释放了出来。

然而，所发生的这一切，是因为在 18 世纪的蚀刻画中，形式已经被认为是"消解的"（dissolved）了。爱森斯坦敏感地察觉到了《黑监狱》中，对严格的结构主义的坚持是怎样和"表达方式的分裂"（fragmentation of the means of expression）平行而动的。吸引这位苏维埃导演注意的正是这一分裂。他通过自己虚构的"曝光"（imaginary "explosion"）所加速的，正好就是有机结构的相关法则同有机结构各形式元素的瓦解（disintegration）之间的冲突。

爱森斯坦在其分析的过程中，最终借用了一个结论性的模型。事实上，我们可以认为，让《黑监狱》"动起来"（setting in motion）的观念，在作品中唤醒"客体的反抗"（rebellion of the objects）、"符号的置换"（displacement of the signs）的观念，正是在这一最终的模型中找到根源。"符号的置换"是什克洛夫斯基的隐喻[5]。《黑监狱》同《监狱组画》第一版之间的比较，为爱森斯坦指出了方向，即将其虚构的曝光所释放的片段和剩余物（residues）聚集到一起。

换句话说，爱森斯坦在皮拉内西青年时期的蚀刻画中所感受到的，仅仅只是形式功能所具有的神秘的约束力（a hermetic bundle of formal functions），虽然这其中包含着皮拉内西成熟后那些更为实质化的改革的种子。爱森斯坦打算解开的正是这种束缚（bundle）。皮拉内西在《监狱随想组画》（Invenzioni capricciose di Carceri）和《监狱组画》第二版的构图中所采用的程序（procedure），爱森斯坦完全借用过来，并且以一种暴力且完全知性的态度，把它运用到对《黑监狱》的曝光之中。

爱森斯坦难道不也通过敏锐的批判性直觉，意识到了《随想组画》（Invenzioni capricciose）中，皮拉内西所消解的不仅仅是各自的形式，也是它们的"客体性（objectuality）"吗？（爱森斯坦也认为，更准确地说是，"客体被消解为物质性元素的再现"。）

因此，爱森斯坦从已经确认的结果出发，从《监狱组画》中开放的连续镜头（open sequence）中撷取出一个静态的电影画面（frame of film），而这种静态的电影画面是由皮拉内西的《黑监狱》呈现给他的。或者可以说，皮拉内西的《黑监狱》来自于《监狱组画》中开放的连续镜头（open sequence）。或者更准确地说，他强迫理想的画面参与到《监狱组画》动态的、主题的连续性中。而这一连续性正是《监狱组画》的特点所在。于是，由曝光所激发的"迷狂的变形"就有了这第一层含义：随着它将 1743 年的蚀刻画和第一组《随想组画》之间的空间（empty space）填上的同时，它使《黑监狱》的潜在意义

先锋派的历史性：皮拉内西和爱森斯坦

皮拉内西，《黑监狱》（*Carcere Oscura*）

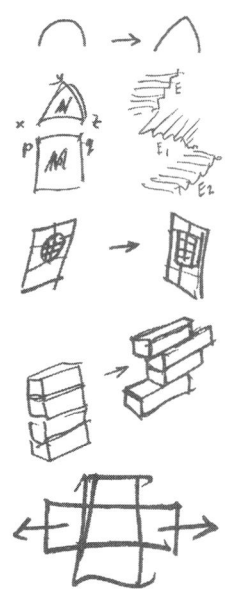

爱森斯坦，对《黑监狱》的分析草图

得到了增殖。就像对格列柯那幅画一样，爱森斯坦在《黑监狱》中，也运用了批判式操作。实际上，这一操作和那些同巴特（Barthes）或杜勃罗夫斯基（Doubrovsky）式的新批评（*nouvelle critique*）最终联系在一起的东西是相类似的。在爱森斯坦看来，皮拉内西的作品是一种多层次化的素材，它需要人们对其形式成分进行分割和增殖的操作。

爱森斯坦将《黑监狱》中的静态含混（static ambiguity）称为"无害性"（inoffensiveness）。他将《黑监狱》的这一"无害性"解释为一种挑战。这样一来，针对它的批评就必须采取一种暴行的形式。从这个意义上来说，这位俄国导演毫不犹豫地——照罗兰·巴特（Roland Barthes）的说法[6]——"剥离掉"皮拉内西蚀刻画的"所指"，"在作品的第一语言上"附加上了"第二种语言，也即，一个连贯的符号体系"。这一体系被引入进来，成为一种"受控的转变，服从于视觉环境；它必须按照已定的法则，来转变它所反映的一切对象，并一直这么走下去。"

巴特和杜勃罗夫斯基不承认他们的批评方式同形式主义传统有直接联系，[7]这个无关紧要。爱森斯坦和巴特的批评似乎都做不到这一点——通过深思熟虑来构成一种文本

先锋派的历史性：皮拉内西和爱森斯坦

爱森斯坦，对《黑监狱》的图解

所具有的真正的增殖的含混性（multiplication of the ambiguities），且特别是这样一些含糊性，它内在于原始语言学素材的组织之中。所以，爱森斯坦在《黑监狱》中所探讨（explodes）的，是皮拉内西强加于形式结构和客体消解之上的伪平衡。爱森斯坦的迷狂的曝光所攻击的正是这种虚假的平衡（falsity of the equilibrium）。在这个被分析的作品中，对皮拉内西的批评倾向于揭露隐藏在作品中的有力的化合作用。这一批评的结果，就是再次遮蔽了将《黑监狱》同随后两版《监狱组画》区分开的中性空间。因此，爱森斯坦的解读所制造出的"语义的陌生化效果"，呈现出一种突发性的形式。但我们还须走得更远一些。通过使皮拉内西作品中潜在的变形法则（principles of the formal distortions）达到悖论的程度，爱森斯坦促使该蚀刻画的形式组织，对"形式反抗"（rebellion of the forms）这一共同行为所造成的压力作出反应。

于是，对作品的批评成为一种关于作品自身的操作。（The criticism of the work thus becomes an operation on the work itself）但是显然，只有当作品的语境和批评家的语言之间存在着共鸣的时候，这才成为可能——在我们这个例子里，批评家特别着迷于动态地解读皮拉内西的形式组织方式。

因而我们不难看到,爱森斯坦关于《黑监狱》的批评中,有些东西极为类似于20世纪的20年代末到30年代初,他关于维尔托夫(Dziga Vertov)的断裂蒙太奇(discontinuous montage),普多夫金(Pudovkin)的史诗蒙太奇(*epic montage*),格里菲斯的平行表演技术(parallel action technique),以及像"字母表中无法改变位置的字母"一样的镜头理论(theory of the shot)所做的批评。[8] 爱森斯坦在1929年写道:

镜头决不是蒙太奇的元素。

镜头是蒙太奇的细胞。

就像细胞在其分裂中形成另一种秩序的现象一样,有机体或胚胎,在镜头前辩证地跃过另一侧(on the other side of the dialectical leap from the shot),就产生了蒙太奇。

那么,通过什么来表现蒙太奇,并继而表现它的细胞——镜头呢?

通过碰撞。通过相互对立的两个镜头的冲突。通过冲突。通过碰撞。

在我面前放着一张压皱的黄纸片。上面写着神秘的记号:"连接—P"和"碰撞—E"。

这真实地勾绘出了关于P(普多夫金)和E(我自己)之间关于蒙太奇问题的激烈较量。[9]

然而,爱森斯坦走得更远,并且,在其理论研究的革新中,他逐渐将蒙太奇的形式当作意象的结构,将蒙太奇自身当作"客体的结构法则"。[10] "吸引力蒙太奇"(montage of attractions)所具有的有计划的间断性,以及一般而言历史先锋派——从未来主义到"古怪演员工厂"(FEKS, Factory of the Eccentric Actor)——所赖以建立的彻底让人震惊的论述,被爱森斯坦对于作品所做的完全结构上的考虑所取代,在此,基本上得到恢复的是文本的概念和价值。通过脑力劳动(intellectual work),爱森斯坦采纳了新民粹主义者(neopopulist)和普遍主义者(universalist)两者兼备的意识形态立场——它们随着苏维埃头两个五年计划的启动应运而生。对这一个人化意识形态立场的质疑,爱森斯坦的回应是,把先锋派和现实主义进行暧昧综合。(当然,我们在这里提及"现实主义"的时候,我们的意思仅仅是恢复古典的建造法则,该法则为艺术品重建有机性——它是对于历史和世界的总体幻象。)

因此,就我们的目的而言,我们感兴趣的是去弄清,20世纪的30—40年代,爱森斯坦试图将哪些先锋派实验保留下来,以作为最适合于他研究的东西。蒙太奇法则曾一直同刺激公众这一主题联系在一起。[11] 但是,在苏联,1928 年以后,公众的主题被迫摆脱掉自身所有的一般性,必然具备一种直接同新功能相挂钩的特殊性。处于转变中的城市无产阶级和农民大众,被召唤起来在区域经济规划的范围内执行这一新功能。马雅可夫斯基(Mayakovsky)所经历的危机,必然为 1924—1930 年间里意识形态具有的形式(物质的、具体的)所影响。我们一旦承认十月革命环境下的脑力劳动只是对"社会委托"(social mandate)的回应,就不可能忽略这种意识形态。[12]

对爱森斯坦而言,公众的意识形态必须经过新具象主义(new representationalism)的过滤。早在 1934 年,他就承认他受惠于马戏场、音乐大厅、狐步舞、爵士、卓别林:这些东西也成为那些已被未来主义和"左派"表现主义用来建立美学刺激(aesthetic provocation)与公众之间全新和谐关系的基础。但之后不久,爱森斯坦自己注意到,在"小丑的彩衣"之下,(它"首先遍布在节目的所有结构中,最终进入整个生产方式"),甚至在 19 世纪的文化传统中都存在着更深的根源。他同样也谈到交叉剪接(cross-cutting)的方法:他所引用的例子绝非偶然地来自于《包法利夫人》中的一个场景。在该场景中,福楼拜(Flaubert)将演说家在楼下广场中的演讲,同艾玛(Emma)与鲁道尔夫(Rudolph)之间的对话交替进行。[13] 在福楼拜的文章中,爱森斯坦看到:

(交缠的)两条线索,主题相同,一样单调。内容被升华为一种纪念碑式的单调性,通过一连串的交叉剪接和话语游戏达到其高潮,而意义一直有赖于这两条线索的并置。[14]

爱森斯坦对《监狱组画》的兴趣,就来自于这一分析所隐藏的概念。这位苏维埃导演在皮拉内西、福楼拜、莱奥纳多(Leonardo)的《洪水》(*The Deluge*)和格列柯那里,看到了两个对立面的综合:一方面,是先锋派和形式主义的经验主义,从这些例子来看,它们似乎在历史上都得到认可;而另一方面,是确认文本整体性(totality)特征,拯救其有机性,以及坚持(动态的)形式上的结构主义。

但这似乎否定了历史先锋派的一项基本断言:破坏艺术作品(*work of art*)这一概念,以及消解形式,有助于在对立的空洞符号之间形成某种断裂的蒙太奇。在五年计划的最初几年之后,某种类似的、具有暧昧自主性的语言学体系,不再发挥作用;它经不起新的俄国公众的直接检验，他们满脑子都是社会主义作品的意识形态。绝非偶然的是，在完全放弃了构成主义的传承之后，维斯宁（Vesnin）、布罗夫（Burov）甚至 Vopra 小组的追随者（最开始是 Alabyan 和 Mordvinov）这样的建筑师，都会被无产阶级史诗洗脑。这一史诗具有一种在新未来主义和"20世纪"形而上学之间徘徊不定的特定形式结构。

实质上，1934–1937 年间，安德鲁·吕尔萨（André Lurçat）这样的建筑师在苏联所做尝试与之相同。我们在卢卡奇（Lukács）的理论中发现了对这一现象最为充分的表述。对卢卡奇而言，问题在于将资产阶级的形式传统推到极限边缘。对吕尔萨或爱森斯坦来说，事情也是这么回事。

实际上，只有在社会主义社会，资产阶级传统似乎才能逃离 19 世纪的冲突——对总体性的渴求与在极度异化中垮掉之间的冲突——所带来的困境。而在社会主义社会中的个体有机性和团体有机性，在资产阶级社会里是绝对不会完全实现的。

但应指出的是，对爱森斯坦来说，"知性电影"的程式，决不意味着对电影结构的内在动力的否定。这一内在动力是有机性的：爱森斯坦分离开其张力，他用"知性蒙太奇"（intellectual montage）去吸引观众，从而使观众参与到图像建构的动态过程中来。

于是，导致爱森斯坦分析皮拉内西作品的，有一个特殊的原因。实际上，在分析"随想组画"的结构时，他特别关注于在作品中所发现的一个独有的冲突。这就是"客体的危机"（crisis of the object），它与对单个元素的形象特征的保护正相呼应。并且，"客体的危机"，因其扭曲性和空间贯穿而遭到 18 世纪蚀刻家们的激烈指责。爱森斯坦写道：

一块石头或许已经"移离开"另一块石头，但它已经保留了它所表现出的"石头的"具体性 [predmetnost]。一块石头或许让自己被一根棱角分明的木橡贯穿，但石头和木橡所表现的"具体性"（concreteness）还是丝毫无损地保持下来……客体本身的具体的现实透视性，其真正的再现性品质，在哪里也不会被破坏。

爱森斯坦敏锐地发现了皮拉内西赋予客体的模糊维度（ambiguous dimension）。就《监狱组画》中所涉及的问题而言，这是一个尚未解答的问题，它关系到形式有机性（organicity）的命运："第一次飞跃——超越了客体的精确轮廓的界限，这些客体进行着（构成客体的）几何形式的游戏——我们有塞尚（Cézanne）……下一步——则是毕加索（Picasso）的出现。客体——这个托词 [povod]——现在已经消失。"

先锋派的历史性：皮拉内西和爱森斯坦

从皮拉内西开始，经由塞尚，最终到达毕加索：先锋派的连续性从而得以确定。也就是，从皮拉内西的客体的危机开始，最后到客体的消失。但爱森斯坦向前更进了一步，因为，他热衷于在先锋派的源头处反映出（mirroring）先锋派自身的危机，以及对该危机的"克服"。理所当然的，他在其论述（discourse）中插入对结构主义建筑的草率攻击，谴责它低估了图像（image）的特殊作用。因此，在爱森斯坦看来，《格尔尼卡》（Guernica）也会是这样一个作品——通过对痛苦的回返，先锋派变得有历史性（becomes historic）。并且，在这个作品中，毕加索超越了完全主观的时刻。在这一主观性的时刻，"他不知道从哪里去攻击那些导致社会的"事物秩序"（order of things）混乱的东西；他在《格尔尼卡》中的幡然省悟之前，只会去攻击"事物"（things）和"秩序"（order）……之后，他就看到了罪恶及其"最初起因"潜藏在何处，在什么东西里。"

我们对这一关于《格尔尼卡》的解读有兴趣，是因为它也清晰地呈现出，爱森斯坦对皮拉内西的"提前发生的"（anticipatory）作品所作的评价。爱森斯坦从一种（极为可疑的）破坏性的、达达式的角度来看立体主义的毕加索。在他看来，皮拉内西同立体主义毕加索一样，也扰乱了"事物"和"秩序"，因为，他无法直接攻击"事物的秩序"。但正是这种形式的变形，这种对世俗规则的扭曲，这种"作为极端事件的建筑"，吸引了爱森斯坦的注意。此外，爱森斯坦还强迫自己从这种痛苦中汲取纯技术的元素：我们应当注意，他是怎样将皮拉内西的楼梯"升向未知之处"，同电影《十月》中克瑞斯基（Kerensky）攀爬的那段重复母题进行比较的。但也要注意到，他是怎样将《监狱组画》中典型的空间叠置和贯穿，同《旧与新》（The Old and the New）和《恐怖的伊万》（Ivan the Terrible）中镜头的建构进行比较的。在这两部电影中，演员特写，被用来同"此类舞台透视绘景（scenography as such）"的空间作对比。这一特写"曝光"于所展现的空间之外。正是在这一点上，爱森斯坦的辩证法——它不断地对其理论话语重新洗牌——无法隐藏住电影所预设的政治任务这一内在难题。

爱森斯坦将皮拉内西的构图法同他在中国、日本的直幅风景画中所发现的构图法相比较，认识到了处理对立综合（synthesis of opposites）的两种不同方式。在东方艺术之中，他坚持认为，存在着一种"寂静主义（quietism），它试图通过把一方消解为另一方来调解对立"。但是，在皮拉内西的作品中，存在着关系极度紧张的并置的双方，我们不得不"将它们相互刺穿"，并将它们的破坏性的活力推向极点。

毕加索，《格尔尼卡》

但是，一旦我们在连接起《监狱组画》和《格尔尼卡》的红线中，发现了这种过度强化矛盾的方法，那么，形式的痛苦和伦理及政治义务之间的这样一种对比，在那个"幡然省悟"的毕加索的作品中，就真的无可非议地存在着吗？在皮拉内西研究中反复出现的主观主义，能在什么程度上，真正同那些诸如"知性蒙太奇"和"声音对位法"一样严密的形式构成技术相比拟呢？毕竟，在皮拉内西的作品中所看到的那种让人着迷的形式对立结构，难道不正是俄国形式主义理论中极不可缺的一部分吗？

在这一点上，运用皮拉内西（或格列柯，或福楼拜）来证实现实主义和先锋派之间的亲缘关系，难道不是显露出一段意义极为含糊的过程吗？这些正是爱森斯坦避而不答的问题。事实上可以说，他晚期的文章，包括他关于《监狱组画》的文章，就是为回避这些问题而写的。

实际上，最终我们发现，尽管爱森斯坦很愿意发现先锋派不合时代的、乌托邦的特征，但是，他对历史先例的竭力搜寻，仍倾向于证实先锋派所特有的语言学工具。这些历史先例能够证明，在再现性价值的恢复和形式结构的自主性之间进行理论折中，是合理的。

然而，我们决不能被他对"知识分子电影"（intellectual cinema）的抽象特征所作的自我批评所误导。显然，在关于《监狱组画》的这篇文章中，他从皮拉内西到《格尔尼卡》所追索出的路，事实上是一个封闭的圆。他从《格尔尼卡》返回到《监狱组画》，返回到它们形象上的无限潜在可能，返回到它们对冲突、毁灭和记忆失误（lapsus）的夸张强调。《监狱组画》不是返回的终点，因为，在它背后是爱森斯坦自己，他背负着他的全部的语言学负担，同他自己辩论。

先锋派丧失了其乌托邦潜力，也丧失了它准备再度征服语言完满性的意识形态，它只能落回自身；它只能探索自身的发展历程。充其量，它也只能认识到自身起源的暧昧性。

这正是爱森斯坦此刻通过将皮拉内西神秘的《监狱组画》系列带至现在，从而将其"完成"所发生的事情。"被迫相互刺穿的"形式的冲撞，既属于皮拉内西，也属于爱森斯坦，这位苏维埃导演在寻找一种历史连续性，这将为他的语言学研究赋予一种并非昙花一现的体制上的涵义（a non-transient, institutional sense）。

因此，返回起源还包括对语言暧昧性的探索。从皮拉内西到爱森斯坦，在这一变迁中，形式的扭曲，秩序和混沌之间的辩证法，陌生化技术，它们都只不过表现为"素材"，并且是完全可以任意使用的素材。

在读到爱森斯坦将自己的电影系列与皮拉内西的构图法相比的那段时，我们很难不想到艾申鲍姆（Boris Eichenbaum）的基本宣言：

> 日常用语的机械性，对声音、语义和句法间的大量细微差别毫无触动——但在文学中正是这些东西大行其道。舞蹈是由那些非日常步行的动作所构成。虽然艺术的确借用了日常事物，虽然将日常事物用作素材，但它是为了赋予日常事物以一种意料不到的诠释，或将日常事物置于一种新的语境，一种明确变形的状态之中（例如怪诞风格[grotesque]）。[15]

爱森斯坦选择皮拉内西的"否定的乌托邦"（negative utopia）作为其类比的术语，他用这种方式隐喻性地宣称自己忠实于形式主义的意识形态，换句话说，他第一次真正表达了"先锋派的辩证法"。因为这个原因，他对毕加索的《格尔尼卡》的"反法西斯的"承诺的参考，把一个（就其明确的讨论方向而言）显然并不和谐的母题，引入到文章组织之中。正因为如此，爱森斯坦避而不答如下终极问题：我们怎样才能证明，在严格的学科思考之外，求助于史诗和痛苦（它们是社会主义现实主义的特殊要素）是正确的呢？

事实上，这整篇文章都回答了这一问题，尽管是以一种晦涩的方式。求助于史诗通常体现出一种怀旧之情。爱森斯坦将他自己的作品同皮拉内西的研究相比较，同伟大的19世纪小说的有机法则相比较，揭示出了他所怀旧的对象：对他而言，现实主义——先锋派的继承人——回头观望,并不再为英雄年代里的资产阶级暧昧性流下一滴眼泪。

曼弗雷多·塔夫里:意大利建筑史学家

(译者:胡恒)

注释：

* 译注：关于后文将陆续提到的皮拉内西的"监狱"系列作品，我们有必要预先做一些区分解释。Carceri，统一译为《监狱组画》（carceri 为"监狱"一词的复数）。Invenzioni Capricciose di Carceri，统一译为《监狱随想组画》，简称 Invenzioni Capricciose，统一译为《随想组画》。Carcere Oscura，统一译为《黑监狱》，该单一作品并不属于《监狱随想组画》，而属于《各种建筑作品》组画之一。

1. 在爱森斯坦的作品中，他不断提及埃尔·格列柯和皮拉内西的作品。参见他在《感觉的同步》（Synchronization of Senses）一文中关于《托莱多城的风景和平面图》一画的详细分析，见 Jay Leyda 编辑和翻译的《电影感》（The Film Sense）（纽约，Harcourt, Brace & World，1942 年），第 69–109 页；原始版本为"Vertikal'nyi montazh, stat'ya pervaya"，Iskusstvo Kino，第 9 期（1940 年），或参考皮拉内西的构图技巧，"built from the movements and variations of counter-volumes"，见《形式和内容：实践》，同上书，第 157 页及其后；原始版本为"Vertikal'nyi montazh, stat'ya tret'ya"，Iskusstvo Kino，第 1 期（1941 年）。《埃尔·格列柯》和《皮拉内西，或形式的流动性》两文见爱森斯坦作品全集第 3 卷，Izbrannye proizvedeniia（莫斯科：Iskusstvo，1964 年），分别见第 145 页及其后，和第 156 页及其后。

2. 3.S. M. 爱森斯坦：《爱森斯坦课程》（Lessons with Eisenstein）（纽约：Hill & Wang，1962 年），第 124 页；第一版为 Na urokach rezhissury S. Eyzenshteyna（莫斯科，1958 年）。请注意，之后所引段落遵循了前面参考的皮拉内西《监狱组画》（Carceri）的动态构图。

4. S. M. 爱森斯坦：《蒙太奇方法》（Methods of Montage）（1929 年），见《电影形式：电影理论文集》（Film Form: Essays in Film Theory），杰·雷伊达编辑和翻译（纽约：Harcourt, Brace & World，1949 年），第 82 页。

5. 维克多·什克洛夫斯基（Viktor Shklovsky）：《走马》（La mossa del cavallo）和《散文理论》（Sulla teoria della prosa）（都灵：Einaudi，1976 年），尤其是第 12 页及其后，第 24 页及其后；原始版本为 O teorii prozy（莫斯科－列宁格勒：KPYR，1925 年）。在什克洛夫斯基的基础文本中所建立的客体的"陌生化"（making strange）或"非熟悉化"（defamiliarization）理论，必然导致将诗歌阐释为"受阻且拐弯抹角的语言"。

6. 见罗兰·巴特：《批评与真实》（Critique et vérité）（巴黎：Du Seuil 版本，1964 年），第 64 页。

7. 事实上，杜勃罗夫斯基所否认的联系，是同 Anglo-Saxon 批评的形式主义之间的联系。在这里，对我们的论点来说，极为重要的是，《新批评》（*Nouvelle Critique*）关于"作品的第一性"（primacy of the work）的陈述："每一个美学对象都是一项关于人类计划（human project）的作品。"杜勃罗夫斯基：《法国的新批评》（*The New Criticism in France*）（芝加哥：芝加哥大学出版社，1973 年），第 106 页；原始版本为 *Pourquoi la nouvelle critique: Critique et objectivité*）（巴黎：Mercure de France，1966 年）。

8. 爱森斯坦：《电影的第四维度》（*The Filmic Fourth Dimension*）一文，见《电影形式》（*Film Form*），第 65 页；原始版本为"Kino Chetyrëch izmeeniy"，*Kino*（1929 年 8 月 27 日）。他写道："电影画面永远不会成为不可改变的字母表中的字母，但必须一直保持为一种多义的表意符号，这是因为表意符号需要其特殊的意义（significance）、含义（meaning），甚至发音（pronunciation）……只有结合那些分别指示的解读或细微含义——对准确阅读的指示——才可以将基本的象形文字并置一旁。"（同上书）。关于这个主题，见 M. Levin 的 "Ejzenštejn e l'analisi strutturale" 一文，*Rassegna sovietica*，第 2 期（1969 年），第 102-110 页；原始版本为 "S. Eýzenshteýn I problemy structural'nogo analiza", *Voprosy literary* 2（1969 年）。另见爱森斯坦的《迪金斯、格里菲斯和当今的电影》（*Dickens, Griffiith and the Film Today*）（1941-1942 年），见《电影形式》（*Film Form*），第 195 页及其后。

9.《电影摄影术的法则和表意符号》（*The Cinematographic Principle and the Ideogram*）一文（1929 年），见《电影形式》（*Film Form*），第 28 页。

10. 例如，可见 "Montazh 1938" 一文，*Iskusstvo kino*，第 1 期（1938 年）。

11. 关于这些主题，参见本书中"作为'虚拟城市'的舞台"（The Stage as "Virtual City"）一章。有意思的是去比较一下，爱森斯坦对皮拉内西的狂热，以及年轻的勒·柯布西耶（Le Corbusier）在 1929 年左右，在未出版的笔记中对皮拉内西的严厉谴责："Toutes les reconstitutions de Piranèse, plan de Rpme, et compositions funambules qui ont terriblement servi à l'école des Beaux Art: que de Portiques, de colonnades, d'obelisques!!! C'est fous, c'est atroce, laid, imbecile. Ce n'est pas grandiose, il ne faut pas s'y tromper"（勒·柯布西耶，勒·柯布西耶基金会，boîte B. N.，1919 年左右）。这段评论证实了勒·柯布西耶对先锋派所持有的极其一贯的否定态度，这同他热衷于歌颂节制且典型的希腊艺术，热衷于劳吉耶（Laugier）的城市理论形成了对比。

12. 参见阿尔伯托·罗萨（Alberto Asor Rosa）的《革命与文学》（*Rivoluzione e letteratura*）一文，*Contropiano*（《反平面》），第 1 期（1968 年），第 216-236 页，以及 "Lavoro intellettuale e

utopia dell'avanguardia nel paese del socialismo realizzato"一文，见（多人合著）《建筑、城市、社会主义：从 1917–1937 年》（*Socialismo, città, architettura: Urss 1917–1937*）一书（罗马：Officina，1971 年），第 217 页及其后。关于这些主题，还可以参见本书中"走向'社会主义城市'"（Toward the "Socialist City"）一章。

13. 爱森斯坦：《从戏剧到电影》（*Through Theater to Cinema*）一文，见《电影形式》，第 12–13 页；原始版本为 *Sovetskoe kino*，第 11–12 页（1934 年）。

14. 同上，第 14 页。

15. Boris Eichenbaum：《电影风格的问题》一文，选自 Herbert Eagle 编辑的《俄国形式主义电影理论》（Ann Arbor: University of Michigan Slavic Publications, 1981），第 57 页。原始版本为 *Poetika kino*（莫斯科，1927 年）。

曼弗雷多·塔夫里

重建的年代

"二战"结束后,意大利建筑师不得不对新的国家现状作出回应,他们需要面对知识和实践之间复杂的辩证关系[1]——这不仅因为建筑学传统的根基自身就矛盾重重,还因为这样的建筑学传统知识被强加了多重评判标准。当最有能力的职业建筑师都认为知识和实践应该合一时,建筑和同时期政治的碰撞就似乎势在必行了。在狂热追求建筑特性的过程中,意大利建筑师不断地依靠建筑学领域之外的主题来寻求思想的连续性。如果仅仅以"与历史的关系"作为线索,将对新现实主义时期的研究与诸如卡洛·斯卡帕(Carlo Scarpa)、欧内斯特·罗杰斯(Ernesto Rogers)、加贝蒂(Gabetti)、伊索拉(Isola)、阿尔多·罗西(Aldo Rossi)以及弗朗哥·普里尼(Franco Purini)等建筑师的活动联系到一起,则未免有过于简单化之嫌。然而,如果马里奥·里多而菲(Mario Ridolfi)、弗朗哥·阿尔宾(Franco Albini)以及罗杰斯对"我是"(I am)与"它们曾经是"(they were thus)之间的必然关系足够重视的话,那么20世纪70年代的建筑活动就更有可能在建筑学中的"它是"(it is)与使得建筑之所以如此的原初因素之间建立必要的联系。* 而"二战"后最初的建筑实验中就已经包含着对"伟大房屋"的探求,这样的探求潜藏在海德格尔的影响力尚未被怀疑的术语之下。

无论如何,可以说这样的探求中必然带有对成体系的形式语言的诉求。对不久前建筑活动**的重审被赋予摩尼教宿命论的逻辑,与此同时,对自我批评的要求并没能够对建筑知识正分裂成的"无序单元"(discursive unit)产生影响。由此,这样的自我批评也就仅仅局限于对"风格"问题的讨论。1945年之后,躁动不安的意大利建筑文化表现为在表达建筑思想时富有勇气的首创精神、在作出决断时新的呈现方式以及建筑团体和

---

* 根据下文,这两句的大意可以理解为:如果仅仅依靠历史传承的关系,建立新现实主义和意大利从战后直至20世纪70年代的建筑活动固然是过于简单化了,但是,新现实主义确实会对其后的建筑活动有所影响。

** 主要指20世纪二三十年代的建筑活动。

内洛·阿普里莱、奇诺·卡尔卡普里奥、阿尔多·卡尔代利、朱塞佩·佩鲁吉尼和马里奥·菲奥伦蒂诺,罗马殉难市民纪念碑,1944-1947年。该建筑入口处的扶手由米尔科·巴尔萨德拉(Mirko Balsadella)设计,雕刻群由弗朗西斯科·柯西亚(Francesco Coccia)设计。

路多维克·贝尔焦约索、皮瑞瑟第·恩里科（Enrico Perssutti）、欧内斯特·罗杰斯，德国集中营死难者纪念碑，1946年

协会的形成；而无序的动荡状态成为当时意大利建筑文化的特征。佩尔西科（Persico）与帕加诺（Pagano）*形成的（很快就被视作一致的）传统催生出特定的"道德"（moral）原则，这些原则似乎必然会使得建筑活动超出自身领域。由此，20世纪二三十年代所有的建筑学研究都即刻变得遥不可及。然而，这种偏离建筑学自身领域的状态是短暂的，最终取而代之的是此后建筑学自身的重大"觉醒"。

建筑师们试图使建筑能够表达意大利的时代精神，不过，他们仅仅在方案的道德基础上达成共识——他们认为各自对规划和现实之间联系的追求是一致的。然而，要限定现实所包含的内容以及由行为引发的形式却是一件复杂的事情。显然，这些建筑师需要创造一个新的时期。同样显而易见的是，他们不得不接受本不愿意接受的"理性观念"（idea of reason）；而正如埃利奥·维托里尼（Elio Vittorini）当时所说的，理性观念已经证明了其自身的崩塌。

"二战"后意大利建筑的发展始于两个作品，意料之中的是，它们的设计都表达了对此前20年中构筑的理想的敬意，以及被迫回退到自身的知识阶层的支撑力量的脆弱

---

* 这两位都是二战前意大利理性主义建筑运动的代表人物。

意大利"CIAM"成员,弗朗哥·阿尔宾、皮尔·博通尼、埃齐奥·赛鲁迪(Ezio Cerutti)、伊纳吉欧·加尔代拉、加布里埃尔·穆奇(Gabriele Mucchi)、吉安卡洛·帕兰迪(Giancarlo Palanti)、马里奥·普奇(Mario Pucci)以及阿尔多·普特利(Aldo Putelli),伦巴第首府规划,也被称为"AR"团体规划。该设计草案于1944年提出,后参加米兰公社(the Milan Commune)1945年11月组织的办公分区提议竞赛。

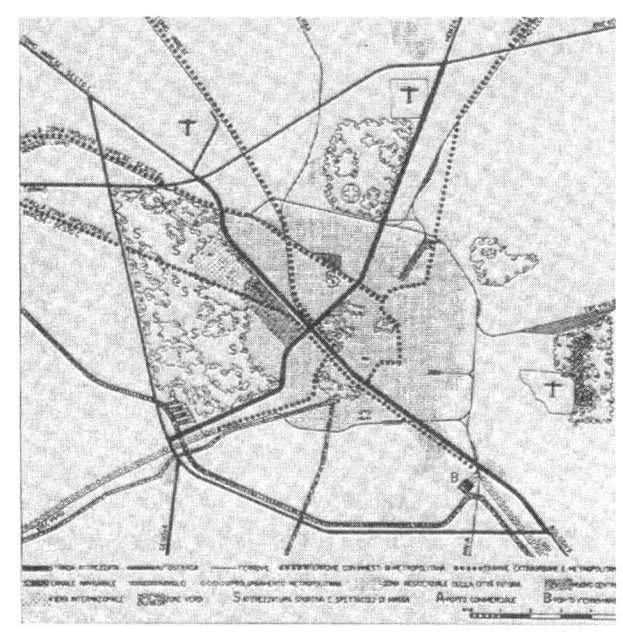

之处。这两件作品分别是由马里奥·菲奥伦蒂诺(Mario Fiorentino)、朱塞佩·佩鲁吉尼(Giuseppe Perugini)、内洛·阿普里莱(Nello Aprile)、奇诺·卡尔卡普里奥(Cino Calcaprina)以及阿尔多·卡尔代利(Aldo Cardelli)设计的罗马殉难市民纪念碑(the Monument to the Fosse Ardeatine in Rome,1944—1947);以及"BPR建筑创作小组"设计的德国集中营死难者纪念碑(the Monument to the Dead in the Concentration Camps in Germany,1946年)。前者是一个悬浮的看似坚不可摧的体块,面对大屠杀现场作出无声的控诉;后者是建于十字形石基上的金属格构,中心有一个装满德国集中营泥土的罐子。[2] 前者中,建筑的几何形体顺应其承载的内容,这或许会令人回想起阿尔宾-加尔代拉-米诺莱蒂(Albini-Gardella-Minoletti)建筑小组所作的"水与光之宫"(the Palazzo dell'Acqua e della Luce)方案,两者都将可以大肆渲染的关于事件的痛苦记忆凝聚为单一的符号化形式。而后者则表达了对30年代民族神话的崇高敬意,这体现在其形式同佩尔西科和尼佐利(Nizzoli)设计的米兰意大利航空博览会构架以及马塞尔·杜桑(Marcel Duchamp)、艾伯特·贾科梅蒂(Alberto Giacometti)和梅洛蒂(Melotti)设计的"被俘之物"(captive objects)之间有显见的关联。人们提及罗马殉难市民纪念碑的时候已经理所应当地将它作为"对理想的纪念"。[3] 但是,这座纪念物,这一应对

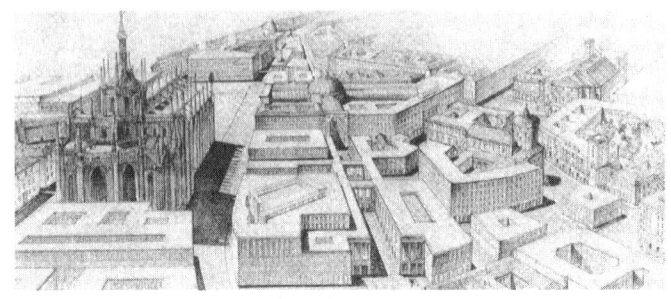

朱塞佩·德·菲内蒂，米兰伦巴第规划，1944-1946 年。圣保罗街（Via San Paolo）和科尔迪西欧街（the Cordusio）之间的新大道透视。

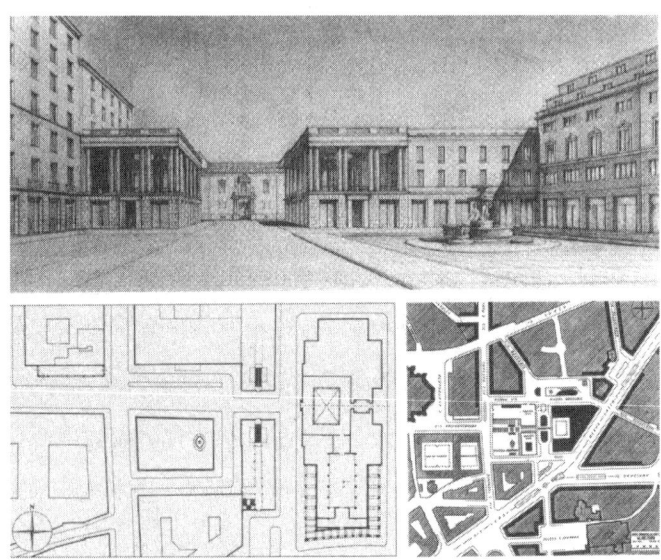

朱塞佩·德·菲内蒂，米兰芳塔纳广场（Piazza Fontana in MIlian）规划，1944-1946 年。上为透视图，1944-1946 年；下左为总平面图，1944-1946 年；下右为"tre piazze"机构总平面，1949 年。

大量杀戮的过于理性的格构同时也提供了反思的契机，这使得后来罗杰斯所探寻的"连续性"（continuity）主题别具意义。

从后来罗马建筑活动的发展看，罗马殉难市民纪念碑是对过去的总结性反思；而在米兰，德国集中营死难者纪念碑是仍然可能盛行的文化形势的焦点。建筑对情感的表达使我们回望过去，使我们不会遗忘，而与此同时，其中又带有寻找解决重建问题的方法的诉求：看起来，这种新的文化意象随即就被当时延续自二三十年代的无序实践状况所牵制。1945年12月，在第一次国家重建大会上，罗杰斯就为没有一个国家计划而悲叹，而同时，布鲁诺·赛维（Bruno Zevi）则在大会上提供了美国在战时所作的规划以作参照，该模式转用到意大利后对新政作出了令人印象深刻的诠释。[4]

朱塞佩·德·菲内蒂（Giuseppe De Finetti）曾经是阿道夫·路斯（Adolf Loos）的学生，也是意大利伦巴第理性主义的精神继承人。他完全脱离于围绕"现代"宿命展开的争论，并且为米兰1944–1951年的中心区规划提出了多个设想。正是他证明了可以将市区和郊区都包括在内的城市规划实现方式，根据真实的市场情况解释米兰肌理的发展，并提出了能将充足的国有资产用作公共用地的新城市法律。[5] 然而，政治对重建的阻碍使得建筑师失去了用武之地，他们的计划不得不接受全世界的干涉，并且原本应该获得的技术和制度支持也都没有被许可。此外，类似于由德拉·罗科（Della Rocca）、穆托拉里（Muratori）、皮奇纳托（Piccinato）、里多而菲、罗斯·德·保利（Rossi de Paoli）、塔多利尼（Tadolini）、泰代斯基（Tedeschi）以及佐卡（Zocca）起草文件的文本清晰地表达了从意大利文化考虑重建的意识。[6] 计划中的干预优先考虑了农业。一个田园般的意大利即将被重建，并且通过（以"更好的人口分布"和旅游业的发展潜力为重点的）城市计划加以合理化，后者被视作国家经济行业的保障。面临着重建问题的意大利城市规划者，坚持将建筑学传统与仅从其自身考虑的政治经济抉择联系到一起。他们的工作更倾向于"模拟"（simulation）而非"供给"（supply）。

无论如何，相较于20世纪30年代最后五年的城市规划实验以及1942年法律制定的规划指令，将"二战"后的城市规划实验视作真正方法上的飞跃都是不正确的。激情和狂想是战后意大利国家解放委员会思想的特征，它们使得选取各种详尽规划的可变内容并将其置入固定模式之中成为可能。"AR团体"的伦巴第（Lombardy）首府规划始于1944年，由意大利的国际现代建筑会议（下文简称"ClAM"）成员设计。[7] 该规划建立了一个城市体系，新结构将结合到现有肌理的整合之中：两条交通主轴相互交叉，为整个地区划分出各个办公区域。⁸ 对于刚刚解放的历史中心，计划实施保守的修复；整个地区的重组则以加拉拉蒂（Gallarate）、科摩（Como）、瓦雷泽（Varese）、蒙扎（Monza）以及布里按扎（La Brianza）附件住宅和生产厂房的结合为核心，而真正的城市群则限定为中型城市。米兰城市规划的目的和罗马一样，都是为了打击商业投机，保护历史中心，发展"可选择的城市"。1946 年，包括路易吉·皮奇纳托（Luigi Piccinato）、马里奥·里多而菲、德拉·罗科（Della Rocca）、弗朗哥·斯泰尔比尼（Franco Sterbini）、伊纳吉欧·圭迪（Ignazio Guidi）、凯鲁比诺·马尔佩利（Cherubino Malpeli）以及马里奥·德·伦齐（Mario De Renzi）的委员会要求制定一个包括罗马市区和郊区的详尽交通规划，最终得到了一个完整的城市规划，这是促使 1962 年规划的相关讨论的基础。⁹

然而，上述所有规划始终限定在纯粹的形式实验范畴之内。即使像乔瓦尼·阿斯腾戈（Giovanni Astengo）和马里奥·比安科（Mario Bianco）主动发起的对皮德蒙特（Piedmont）地区规划的研究一样，将领土和经济的因素考虑在内，¹⁰ 建筑师仍然试图将规划问题精简为明晰的建筑学传统。无论如何，区分出 1944-1948 年之间意大利城市规划方法中多种主要倾向是有用的：伦巴第首府规划中的行政区域划分同艾德里安诺·奥利维蒂（Adriano Olivetti）1936-1937 年提出，并促成奥斯塔街规划（the plan for the Valle d' Aosta）的设计类似，尽管两者所处环境并不相同。一方面，阿斯腾戈和比安科提出的皮德蒙特规划产生于一份关于原则和分析性研究的宣言。因为暂时的压力，意大

弗朗哥·阿尔宾、路易吉·克罗比尼（Luigi Colombini），切尔维尼亚的皮罗瓦诺避难所，1949-1951 年

乔瓦尼·米凯卢琦，弗罗伦萨蓬特韦基奥附近区域的重建草图，1945年

利的都市化受困于（同城市发展的无效模式结合在一起的）教条的哲学体系。农村躲过了所有的规划；伦巴第首府规划以及那些在 1946 年米兰办公区竞赛中出现的提议最终成为空想，而追随解放斗争的希望的逐渐崩溃则使得建筑师（尤其是那些面对更多变的委托人和北部迅速发展的工业联合体的建筑师）寻求新城市秩序的期望变得更为明确。

而另一方面，同历史的对抗以多少有些意向不明的方式成为后来意大利建筑研究进程的特征；这样的对抗由特定的事件触发，例如佛罗伦萨的诸桥梁和圣玛利亚区的重建，它们毁于德军撤退时最不应该实施的行动中。托斯卡纳的建筑师急切地试图用"文明"的品质同不文明的战败耻辱形成对照，他们不顾一切地提出方案并进行辩论，而这些方案和辩论使得重建工作缺乏活力且对历史结构过于妥协；以至于即使有乔瓦尼·米凯卢琦（Giovanni Michelucci）的指导（虽然其自身也充满着不确定性和含糊性），并且努力将值得深究的问题明确化，佛罗伦萨的重建仍然以失败告终。[11]

此外，意大利建筑界很快意识到必须应对许多敌对力量，而其中一些来自其内部。在建筑界内部，对圭多·多索（Guido Dorso）提及的反对"抬高死者"展开了激烈的争论，同时，知识分子也对自身、自身传统以及将他们束缚于（他们希望推翻的）制度的枷锁发起挑战。

有机建筑协会（the Association for Organic Architecture，下文简称"APAO 协会"）

和在美国完成教育并回到意大利的赛维都遇到了上述问题。1945年，赛维带着《走向有机建筑》（Verso un'archiiettura organica）开始了他的职业生涯，这本小册子既是史学选择的宣言，也是行动原则的声明。"APAO 协会"以及评论杂志 Metron 的成立都基于这本小册子的观点以及后来在《如何品评建筑》（Knowing How to See Architecture）*一书中所明确的方法论路线。[12] 对赛维而言，超越所谓的"理性主义"遗产并不包括摒弃意识革命的观念。与之相反，因为原本包含在先锋恐怖主义中的信息已经被普遍散播到民众之中，即使崇尚苦行的加尔文教义已经不再合理，复兴仍然需要使意识革命的过程更为完善和深化。为了"解放"形式，必须吸收弗兰克·劳埃德·赖特（Frank Lloyd Wright）和阿尔瓦·阿尔托（Alvar Aalto）教授的课程，形式应该遵从"人"对空间的使用。而赛维对空间价值的坚持以隐喻的方式得以呈现。无论是设计和现实进行对话的时候，还是自然与允许"场所"复原的人工环境处于对峙状态的时候，或是民主社会的意图得以呈现的时候；空间都是主角。赛维是唯一试图将"维也纳学派"的分析方法、克罗齐（Croce）的遗产以及干预原本由历史决定的活动的愿望结合到一起的建筑师。[13] 弗朗西斯科·德·桑克蒂斯（Francesco De Sanctis）等人的知识都出现在年轻的赛维采用的史学方法中；对过去的反思由适用于当前的视角决定，而指导性要素则源于面向未来的慷慨激情。在"二战"后建筑史学停滞不前的氛围中，赛维仍呼吁方法论的重建，其伟大的历史意义必须被承认。毫无疑问，提出一种"形式的"样式并不是赛维的目的所在。然而，他的方法激发出的精神力量缺乏中心；此外，这样的方法又因为过于虚幻而难以适用于各种情况。在"APAO 协会"的意识形态计划中，该协会声明其意图在于从城市规划和设计中寻求自主的权力，将其作为为民主社会建设而奋斗的方法，而大工业、金融和农业综合体的社会化将保障整个社会的自由。[14] 然而，这样的要求仍然不具有明确效力，缺乏同建设环境面临的迫切问题的联系。"APAO 协会"只能对政治提出意见而不能付诸行动。而该协会的具体目标也并不明确，"有机建筑等于民主建筑"的公式只有助于获得认可而难以完成自我界定。米兰的"建筑活动研究团体"（the Movimento Studi di Architettura，下文简称"MSA 团体"）和都灵的"帕加诺小组"（the Pagano group）对于正统建筑学的呼吁并不能弥补罗马文化的含混之处；这些团体设定的规则

---

* 更常用的英译名称是 Architecture as Space: How to Look at Architecture，意大利语原名为 Saper vedere l'architettura，中文对照译名为《建筑空间论——如何品评建筑》。

掩盖了难以从史学分析中去除的基本不确定性。而诸如 *Metron*、*Domus*（1946–1947 年间由罗杰斯编辑）以及 *La nuova città*（1945 年起由阿斯滕戈编辑）等评论杂志则在不同方面继承了帕加诺参与的 *Casabella* 杂志好辩的本质。然而，*Metron* 的境遇始终和 "APAO 协会"相关；*Domus* 则表现得贵族化，几乎无法影响充满争斗的建筑活动；[15] 而 *La nuova città* 又局限于其所属区域。不过，可以说这一时期的作者还是拓宽了批评分析的适用范围，并且以很快就显示出成效的方式修正了所谓"现代运动"的历史遗产。

与此同时，那些有志于制定一门新建筑语言（这样的语言应该既符合民主制度的希望，又符合"抵抗组织"所表达出的价值）的人正以不同的方式迈向新现实主义。[16]

仅仅阐述意大利新现实主义建筑的大致形成过程并不难。1936 年第六届米兰三年展上的乡村建筑展（其主要内容之一是帕加诺的首次摄影作品展）、夸罗尼设计的建于圣托斯特凡诺港的别墅（villa at Porto Santo Stefano，1938 年）以及里多而菲 1940 年的弗罗西诺内（Sant'Elia Fiumerapido）农业规划方案，都以一种平实的姿态回应着正被政权制度的经济政策变戏法般促成的乡村景象，这一以"只是让我们生活下去"（just let us live）为目的的政权制度首次在"自然的神话"（a myth of naturalness）中找到了它的表现方式；同时，这种平实的姿态使得意大利建筑得以从勒·柯布西耶以低廉材料实现的建筑实验中发掘出意识形态的转变。新现实主义的期望源于对前景的探求，而前景既不可以被设计也不可以被构筑；并且，因为试图将上述作品同包括 1932 年福尔巴特（Forbat）为卡拉干达（Karaganda）所做的复杂规划、皮舍尔（Püschel）在奥尔斯克（Orsk）的居住设计、1918–1919 年梅利尼科夫（Melnikov）的农舍规划以及诺里斯镇（Norristown，罗斯福在田纳西州的征服地）的民间传说在内的诸多因素都联系到一起，期望呈现出分崩离析的状态。很难确定哪些人专属于"新传统"（tradition of the new）：先锋派、保守派（retours à l'ordre）以及人民党，这些身份就像是演员可互换的面具共存于同一个人身上。

让我们检视一下意大利新现实主义的情况。首先，人们通过"现实"这面镜子反映出的混乱景象认识到外界的冲突。此外，人们观察到从（谦虚中蕴藏的）骄傲到（权力意向落空的）无礼的情感转变过程；并且怀着能够理解现实的期望追溯了一段"其他人曾经如何"（where the others have been）的经历。而意大利新现实主义的特征就是个体和集体，部分和整体的混杂。

知识分子和（被"抵抗组织"精神奉为英雄的）底层民众之间未预料到的冲突属于

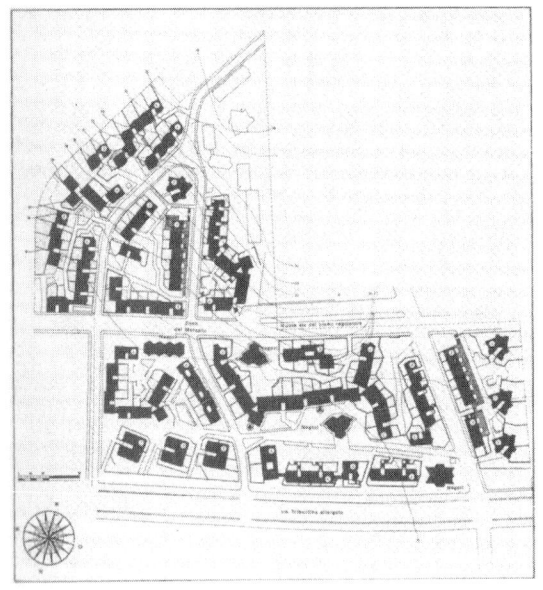

路德维奇·夸罗尼和马里奥·里多而菲（项目负责人）、卡洛·埃莫尼罗、卡洛·基亚里尼、马里奥·菲奥伦蒂诺、费代里科·科里奥、塞尔焦·伦奇、皮耶罗·马里亚·卢利、卡洛·梅洛格拉尼、贾恩卡洛·梅尼凯蒂、米凯莱·瓦洛里等，"INA公共住宅计划"蒂布蒂诺综合区，1949-1954年，透视与平面

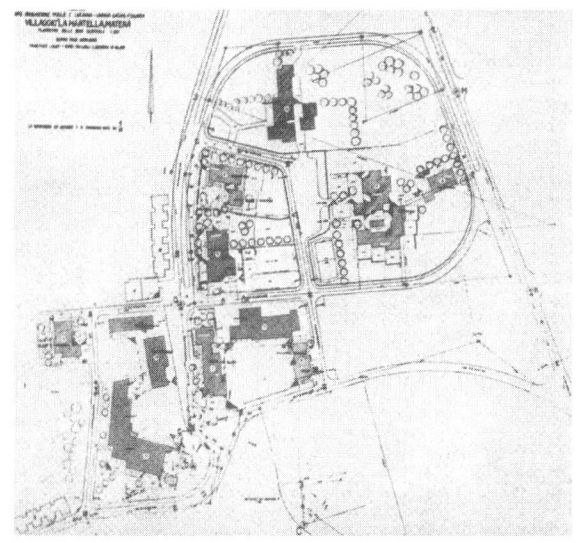

路德维奇·夸罗尼、费德里克·戈里奥（Federico Gorio）、米凯莱·瓦洛里、皮耶罗·马里亚·卢利，"UNRRA 公共住宅计划"资助的马尔特拉村规划，透视和平面，1951 年开始

意大利的内部事件；同时，这样的冲突也揭示出反映了重建意向的愿望，而重建类似于通过国家的悲伤情绪来救赎曾经的罪孽。同样，因异化而骄傲的作品结构也是意大利的产物。这样的作品有很多，以至于在里多而菲－夸罗尼（Ridolfi-Quaroni）小组的泰尔米尼火车终点站（the passenger terminal of Stazione Termini）设计、蒂布蒂诺区（Tiburtino quarter）规划以及马尔特拉（La Martella）规划中都弥漫着这样的口号："我参与故我们在"（I am participating; therefore we are）。

一旦这些知识分子确定了自己的立场，他们在政治上就转而推崇萨特（Sarrte）的方式；他们选择将他们的技术和语言的发展同突然兴起的阶级紧密联系到一起，该阶级依靠其作为"失败者的"（loser's）过去而发家，曾经的经历使得他们成为新的"纯净"（purities）的使者。知识分子所建立的这种联系类似于给自己作了净化身体的沐浴，他们对传统的探察中隐含着将自身视作失败者的带有自虐倾向的要求，他们对农民家庭生活根基的探求缓和了因为与主体社会接触而产生的迷惑所带来的忧虑；然而，所有这些并不重要。即使他们自认为起着"东方三博士"（the Magi）的作用*，自认为他们的努力对于新阶层是一件礼物，他们并不能意识到正是将其作为易控工具的计划语言决定了

阿尔多·卡尔代利、阿里戈·卡雷（Arrigo Caré）、朱利奥·切拉迪尼（Giulio Ceradini）、路德维奇·夸罗尼（Ludovico Quaroni）、马里奥·菲奥伦蒂诺，泰尔米尼火车终点站竞赛方案，1947 年

---

* 比喻当时的知识分子自认为起着传播文化的作用。

他们的思想。

然而，在战争刚结束的几年中，这方面的情况并没有被察觉。这是因为，越是想消除战争爆发前被视作妥协和错误的事实，陈述新话语时带有的骄傲和自尊就越强烈。大众经验的语言被唤起，人们用它废除了建立在智能化基础上或依赖于构成主义者、国际主义者及新古典主义语汇的过去。1947 年，里多而菲－夸罗尼小组设计了泰尔米尼火车终点站的竞赛方案；这是从新话语计划中产生的最有说服力的作品。

作为艰难解放的意象，夸罗尼、里多而菲、菲奥伦蒂诺、卡尔代利、卡雷（Caré）以及切拉迪尼（Ceradini）小组设计的泰尔米尼火车站方案是极富创新的。首先，结构从其自物质性中解放出来。这样的解放和通过表现主义手法获取的结构覆盖物的清晰度之间没有任何矛盾之处；而结构覆盖物是一个面对城市的、形式稳固而命运不定的"大屋面"。此外，建筑从固化的教条和浅薄的"解决方法"中解放出来。这个方案的出发点和最终目的是有问题的；因为为了整合出场地的氛围，用带顶的广场表达对现实矛盾的敬意，该方案并没有摒弃象征的表达方式。[17] 然而，难道人们不能从恢复矛盾重重的再现模式的努力中，从将压力传递到双叉支撑的簇状构件中，体会到依靠技术来解决现实困境的痛苦吗？ 1947 年，夸罗尼还设计了位于罗马的普伦斯提诺教堂（the church at Prenestino），[18] 尽管该建筑试图达到与技术发明的再度联合，但同时也通过将其表达对象悬浮于空中而探求技术主题的消解；[19] 在 1948－1958 年建造的弗朗卡维拉教堂中（the church at Francavilla al Mare），这样的思想得到进一步的发展。

由此，在《建筑师手册》（the Manuale dell'architetto）中的"微技术"（little technique）之外，增加了另一种对待技术的方式。建筑师通过创造有些似是而非且与类型学无关的"流派"，形成了迂回的道路，这样的道路导向了一种无法容忍建筑被消减为简单装置的建筑学，而这样的建筑学必须对自身的局限性做出反省。上文已经提到，正在成为"罗马学派"主要人物的建筑师在泰尔米尼火车终点站方案中实现了"解放"，最终，这样的解放既试图避免仅仅探求方案的意义，同时又避免使其自身成为（质疑交流结构的）伤感的疑问标志。

然而，里多而菲－夸罗尼小组的泰尔米尼火车终点站竞赛方案同时还表达了其他的含义。在该方案中，城市的实体与观念形成了一个整体。与赛维奥·穆托拉里（Saverio Muratori）的新罗马剧院（the new Auditorium di Roma）竞赛方案中严整外露的结构体系形成对比，[20] 泰尔米尼火车终点站竞赛方案中的建筑语言源自当时的痛苦和希望。在纪念性方面,新现实主义的建筑师呼吁一种未经编辑的语言。

泰尔米尼火车终点站竞赛方案并不是单一事件,它反映了构成新现实主义形势的主要趋势。夸罗尼和里多而菲很快就遇到了新的客户阶层。对里多而菲而言,30 年代作品和民粹主义诗学的结合通过他在著作中所做的深入研究得以实现。[21] 他为《结构要素标准化研究》(Contributo allo studio sulla normalizzazione degli elementi di fabbrica)以及 1942 年的《统一的问题》(Problem; dell'unificazione)所做的酝酿工作以细部和安全"工艺"为主要讨论对象。里多而菲将对类型学和标准化的关注,和对罗马迪维拉马西莫街(Via di Villa Massimo)以及圣瓦伦蒂诺街(Via San Valentino)的建筑构件与结构细部的具体研究结合到一起;其目的在于将具体元素从建筑语言中剥离出来。这样,就为《建筑师手册》中的类型学作了充分的准备;该书出版于 1946 年,由国家研究委员会(National Research Council)和"URSIS"组织主持,倡导一种用于重建时代的"微技术"方式。[22] 该书颂扬"经验"的价值,为后法西斯意大利提供了一部有多个参考实例的实用手册。而事实上,《建筑师手册》中颂扬的建造传统是受理智主义影响的地方文化的集中体现;采用通用建筑语言的地方建筑呈现出技术化的外观,用"民间的"外衣颂扬早就成为意大利新政思想成分之一的地域主义。尽管这本书成为建筑师研究国际化和大众化建筑形式的参考书,但实质上它却是国外政治思想进入意大利的渠道。

因为对罗马实情的呈现极具代表性,里多而菲的《建筑师手册》和为"INA 公共住宅计划"*规章手册进行的类型学研究启发了迪奥塔勒维(Diotallevi)和马雷斯克迪(Marescotti)写成了《住房建设的社会、建筑和经济问题》(Problema sociale costruttivo ed economico dell' abiiazione);而后两者和里多而菲早就在探讨"水平城市"的项目中有过合作。[23]《住房建设的社会、建筑和经济问题》1948 年出版于米兰,反对对建造细部的盲目崇拜,代之以社会学和类型学的分析,明确参照了魏玛德国的先例(尤其在列举的第一系列先例中)。整本书的图解依序环环相扣,总体的组织方式表达了其内容的特点,即直接受在两次世界大战之间发展起来的基本建筑和城市规划伟大传统的影响。该书备受关注,却注定不能像《建筑师手册》那样成为书中珍品。从前后关系看,

---

* 指"二战"后,由政府干预,在意大利国土范围内进行公共房屋的建设计划。其目的在于重建国家的同时,提供更多的就业机会。

弗朗哥·马雷斯克迪,"格兰迪和贝尔塔基"社会合作中心,1951-1953 年

在马雷斯克迪的理论活动中,本书编辑上所做的并不成功的尝试正处于必不可少的过渡阶段;在此之前是 1945 年的卡塔尼亚(Catania)"太阳之城"(La città del sole)展览,之后则是他对"CGIL"作品规划建造问题的分析。[24] 马雷斯克迪的工作同工人运动以及合作运动的要求直接相关;而这些运动的进展有限则是因为 1948 年的左派失败以及中间派别的产生,同时也可以归因于他们内部不切实际的空想。事实上,在马雷斯克迪看来,社会合作中心是独立于政府官僚机构、消费者可以自主组织的地方;他将合作协会描述成基层政治活动的形式,同等级分明的管理方式相反。这样看来,马雷斯克迪随即和这些左派政党产生冲突也是在所难免的:在皮尔·博通尼(Piero Bottoni)和马雷斯克迪的方式之间出现了僵持,前者将线性技术提供给有组织的工人运动,后者则持反官僚政治的立场。无论如何,马雷斯克迪最终以禁欲主义的方式表达了他的民粹主义思想,他设计的米兰"IACP"机构综合楼就遵循了他在 20 世纪 30 年代就进行的对"人的房子"(house of man)的深入研究,而 1951-1953 年建造的"格兰迪和贝尔塔基"社会合作中心(the social and cooperative center "Grandi e Bertacchi")则反映了他关于民众参与的

杰出思想。[25]

另一方面，诸如伊纳吉欧·加尔代拉（Ignazio Gardella）设计的葡萄种植者之家（the Casa del Viticoltore，1945－1946），阿尔宾设计的切尔维尼亚的皮罗瓦诺避难所（the Rifugio Pirovano in Cervinia，1949－1951），以及他后来设计的切撒提综合区（the complex at Cesate），都体现了（甚至渗透到米兰的）源于民粹主义思想的建筑方式。然而，尤其是在阿尔宾设计的避难所中，这些意识形态都和脱离了物质基础而被过于美化的形式联系到一起。事实上，迪奥塔勒维和马雷斯克迪的书；米兰的"QT8 综合区规划"；20 世纪 40 年代由"BPR 建筑创作小组"实施的一系列建筑，包括 1945 年建造的位于阿尔库伊诺街（Via Alcuino）的住宅，以及费吉尼（Figini）和波利尼（Pollini）1947－1948 年应用元素化语汇设计的布罗勒托街（Via Broletto）诸建筑；辛迪尼（Ghidini）和莫佐尼（Mozzoni）设计的早期位于加拉拉蒂的住宅（the villa at Gallarate，1948）；博通尼设计的位于科索布宜诺斯艾利斯大街的多功能建筑（the multipurpose building on the Corso Buenos Aires，1947－1949）；艾斯纳格（Asnago）和凡德（Vender）1950 年设计的办公建筑以及位于维拉斯卡广场（Piazza Velasca）的建筑等作品中显示出的被净化的禁欲主义；上述所有这些成果都表达了在重建的年代，建筑生产组织采用的各种具有根本差异的方式。这些关系并不密切的作品都围绕工业中心展开实属情理之中；而作为工业中心，罗马保持着制胜的策略，即建造工业吸收失业者并且服从于金融以及投机市场。

从形式上看，伦巴第理性主义的"连续性"和罗马的民粹主义似乎至少在问题的基础上达成了共识。两者共同采用了简化的路线。即使在非常复杂的工程中，人们依然用"贫乏的"语法处理问题，这似乎反映了阻碍历史发展的消极条件。

与新现实主义的作品相比，这两者仍然缺少同现代通用建筑语言之间的连续性。而具有重要意义的是，曾经对马雷斯克迪以及博通尼的作品有所启发的社会实践被移植到通用语言之中，对大量建设和城市规划改革的研究被赋予朴素的面貌。此外，博通尼在第八届米兰三年展中做的实验性"QT8 综合区规划"所面对的问题显然也不是形式方面的。毋庸置疑，博通尼的目的在于通过新生的三年展，将关注公共住宅的意大利建筑文化领军人物聚集到一起。"QT8 综合区规划"成为米兰总体规划以及重建城市规划中一个自成体系的部分，它被视作新类型学、建筑和卫生学的实验性项目以及预制和工业化技术的永久展示区。路易吉·马蒂奥尼（Luigi Mattioni）和（博通尼在其中担任委员的）三年展技术部合作制定了详细的专用标准，由此各种不同类型的建筑被统一成枯燥乏味的形式元素。[26]

然而,在路易吉·艾奥迪(Luigi Einaudi)的政治经济策略所营造的环境中,诸如"QT8综合区规划"这样的项目,以及马雷斯克迪对住宅社会主题所作的明确表达,似乎都成为空想。在艾奥迪的控制下,货币已经脱离了通货膨胀的危险,并且逐渐减轻了财政亏本状况。但是,为此付出的代价却是南北区之间不断加深的隔阂,以及无法解决的外债问题,而最严重的问题则是失业人数的急剧增长,从 1946 年的 1654872 人增长到 1948 年的 2142474 人。人们呼吁建造工业"解决"由自由贸易政策引发的问题。1949 年 2 月,范范尼(Fanfani)的计划成为法律,创立了题为《提高工人就业及促进劳工住宅建设的规定》(Provisions for increasing worker employment, facilitating the construction of labor housing)的"INA 公共住宅计划"管理条例。该计划的目的很明确,在于控制正在增长的失业率;使住房供给从属于相对低迷的部门,将其控制在工业化前的水准并且使其受制于小型商业的发展;使原本动荡的、可以被剥削却难以被组织的劳动阶层尽可能保持稳定;使公共干预成为私人干预的支撑。

《建筑师手册》或是"QT8 综合区规划"中包含的对生产革新的提议是否可以用于达到这些目的尚不清楚。而正如《建筑师手册》的作品列表以及新现实主义的期望所显示的,技术的提高既简单粗糙,又局限于地方之中,并且在推崇工匠技能、地方传统以及手工作品中达成惊人的一致。同样的,不论在观念上还是在空间上,对区别于"折中城市"(city of compromise)的有机城市的坚持也成为新现实主义诗学以及"INA 公共住宅计划"前七年活动的特征。

"INA 公共住宅计划"中设定的城市政策很快就给业内人士留下和正确的城市规划相悖的印象。为了从低价土地中获利,"INA 公共住宅计划"综合区搬离了城市中心,这催生了更大范围的规划,刺激了从公共部门建造基础设施中获利的土地和建筑买卖,使得这些部门逐步壮大和富有。这些计划和管理被阿纳尔多·弗斯切尼(Arnaldo Foschini)的强权管理所定型并不偶然,通过他,法西斯时期民粹主义者的不安状态开始延续到新的现实中。通过"APAO 协会"重新联合到一起的意大利建筑师正面临着"良心的问题",这样的问题可能通过选择从实用而不是道德方面考虑的政策加以解决,但由此也会给这个(能够给社会施加影响力的)组织的团结性带来严重后果。[27]

建筑学新现实主义的"声明"以及"INA 公共住宅计划"前七年的总体思想都体现在罗马蒂布蒂诺综合区上,该区建于 1949—1954 年,由夸罗尼和里多而菲这两位新"大师",以及诸如卡洛·埃莫尼罗(Carlo Aymonino)、卡洛·基亚里尼(Carlo Chiarini)、菲奥伦蒂诺、费代里科·科里奥(Federico Corio)、兰扎(Lanza)、塞尔焦·伦奇(Sergio Lenci)、皮耶罗·马里亚·卢利(Piero Maria Lugli)、卡洛·梅洛格拉尼(Carlo Melograni)、贾恩卡洛·梅尼凯蒂(Giancarlo Menichetti)、里纳尔迪(Rinaldi)以及米凯莱·瓦洛里(Michele Valori)等更年轻的合作者共同设计。该综合区的联合设计是"罗马学派"形成的另一个基础。[28] 该综合区远离城市中心,也没有采用当时城市中常用的建筑形式。设计师将该区塑造成当时流行的乡村"纯净"风格,新的综合区被再造得具有活力、自发性和人性。该区不再采用"新客观社"(*neue sachlichkeit*)所用的严整网格与控制力极强的几何关系,而是发掘一种将综合区的生产模式需求组织到一起的技术,以期解决人际关系疏离的问题。最终,综合区形成了并不规则、仅仅通过类型学略加控制的总体形状,而建筑从乡村传统、传统屋面的锻铁平台以及同外挂楼梯和平台相连的窗户中汲取了丰富的主题。然而,正是在这样的规划中,新现实主义建筑师的一系列反先锋方式和他们的宗旨之间出现了矛盾之处。在该综合区中,尤其是里多而菲主持的区域里,带有唯材料倾向的形式被提升为建筑语言的标准。正是通过这种唯材料建筑语言的失真和变形,人们才能够进行(曾经缺失且被极力寻求的)交流,这样的过程恰好和形式主义者以及技术先锋派的历程完全相符。此外,该区还有另一个特征。它揭示了新现实主义在认知上的焦虑,即作为一个知识分子群体对如何认识自身的焦虑,而获取认识的最糟糕方式是沉溺于乡村风格的温床,最好的方式则莫过于表达愤怒以及对交流的热切期望。

无论如何,蒂布蒂诺综合区都向小资产阶级受人尊敬的地位发起了冲击。严格地说,该综合区既不完全是城市也不完全是郊区,更不是一个"城镇";而是愤怒和希望并存的证明,尽管支撑它的神话削减了这样的情绪。它表达了一种被转译成砖块、石块和石膏的"情绪",而同其他任何情绪一样,这样的"情绪"只能够被战胜。此后,在萨宾(Sabine)山区规划、互不相连的工业区和铁路规划以及圣洛伦佐区(the San Lorenzo quarter)规划中,蒂布蒂诺区的实验已经被遗忘了,最终该区成为知识分子单方挑战混乱现状的证明。

而这样的结果是因为,该区对传统形式的反对和并不规则的边界线显然造成了破坏性的后果,人们毫无道理地开始赞同将公共住宅建设转换为一种投机买卖,将科技退步转换为高级部门的发展方式,并且强烈要求稳定性的力量。蒂布蒂诺区的方式被舍弃了。

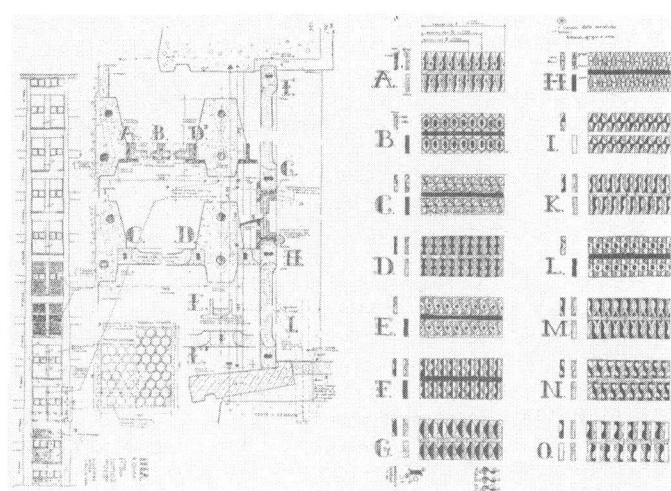

马里奥·里多而菲和沃尔夫冈·弗兰克尔,罗马埃蒂奥皮亚街高层住宅中心设计,1950-1954年,设计图

相反,其对立面出现了,而对蒂布蒂诺区的认识被简化为一种便于材料使用和消费的、容易达到的程式化做法。夸罗尼和里多而菲一样都已经在直觉上知晓这样的经验是不可以重复使用的,他们很快就寻求民粹主义思想的新转译方式。

事实上,几乎就是在蒂布蒂诺区实验的影响下,里多而菲设计了伦敦郊区中间区域的规划,该设计成为20世纪50年代早期知识分子焦虑经历的最佳证明,同时也展示了里多而菲自己设计语言的丰富性。1950-1954年,里多而菲为"INA公共住宅计划"主持了罗马埃蒂奥皮亚街高层住宅中心设计(the nucleus of tall houses on the Viale Etiopia),采用被称为"非洲区"(African quarter)的建筑密度。外露混凝土结构的连续性,顶部呈削平塔状的住宅楼的体积感以及强烈的明暗对比都被转化为大众化的叙事语言,戏剧性地表达了(难以通过建筑的"确定性"减轻的)对人类生存条件的担忧。出于这样的原因,姿态骄傲的塔楼采用了前所未有的解决方式。塔楼对色彩、锻铁以及上釉陶器的运用都不是反讽方式的;相反,它表达了和综合区的巨大尺度形成对比的"小尺度",在其中,技术仍然保有表达其自身的可能性。[29] 对于里多而菲而言,对比的构成方式绝对是新的。毫无疑问,里多而菲在该设计中找到了其自身所处的位置,这使得他抛开所有的情感和怀旧情绪;混凝土构架和屋顶处理方式中所体现出的敏锐,对并无章法可循的细部变化的严谨处理,都揭示出他从新现实主义向现实主义的转变。

除了那些被认为与该设计相对的作品,[30] 即使在菲奥伦蒂诺设计的、建于1955-1962年、同样位于埃蒂奥皮亚街靠近铁路的住宅塔楼中,也没有体现出里多而菲设计的现实主义倾向。菲奥伦蒂诺并不关注社会现实的变化,其塔楼减轻了里多而菲的作品中所包含的紧张状态,将它们转化为在激烈转变的郊区中进行的全民消遣。里多而菲的表达方式冒着破坏的危险,很容易从《罗马,不设防的城市》(*Rome Open City*)转变成《面包、爱情和幻想》(*Bread Love and Fantasy*)*。1950 年,他和长期合作伙伴沃尔夫冈·弗兰克尔(Wolfgang Frankl)设计了位于切里尼奥拉(Cerignola)的"INA 公共住宅计划"综合区。该区源于对未来居民行为模式的深入研究;其形式以经过简化的类型学和丰富的材料为特征。[31] 塔楼在埃蒂奥皮亚街的住区中统领着建筑的形式,然而,在切里尼奥拉住宅区,主要采用材料的并置以及形式各异的朴素形体。令优良技术自责的疏离感同样是现实主义的产物,虽然这可能是不自觉的。由保守的技术所协调和激发的形式诗意使短暂的现实得以升华,而由此产生的形式之歌表达了一种并不确切的幸福感。里多而菲对这种幸福感的体验在罗马"G. B. De Rossi 街"公寓(the apartment building on Via G. B. De Rossi in Rome,1950-1951)中得到了体现。在当时,该建筑体现了向中产阶级住宅的回归,然而,却不能表达该阶层的情绪敏感性。该建筑没有采用类型学的方法,也没有以生活模式为出发点。最终,建筑呈富有冲击力的表现主义形式,视觉效果强烈,变化丰富,其各部分之间具有连续性,带有不连续轮廓线的基座成为形式特征的集中体现。该建筑再一次挑战了公众的口味。曾经引发争议的切里尼奥拉综合区的高贵形式被破碎的、徒然焦虑的以及显然庸俗的形式所代替;而这些特征也正是对其业主的描述,在里多而菲的诠释下,它们居然完全符合电影导演卢基尼·维斯康提(Luchini Visconti)对该阶层的描述。另一个能想到的对照是该建筑和埃蒂奥皮亚街高层住宅塔楼之间的相似之处。虽然前者并没有突破现实的表面而获得自身的解放,而后者仅局限于对现实的简单"注释";但它们的建筑语言都表达了规则与例外共存的现实情况。

最终,里多而菲的建筑诗学以不可阻挡之势发展出这样的戏剧效果——熟练操作物质对象的游戏变得越来越令人不安,这体现在 1952 年罗马马可波罗街(Viale Marco Polo)以及 1952-1953 年罗马维图罗尼亚街(Via Vetulonia)的建筑中。在特尔尼(Terni)城的设计中,里多而菲致力于制定设计详细且正在进行中的"城市保护"(urban care)[32]方案,开展了和城市结构的对话,位于弗拉蒂街(Via Fratti)的形式庄严的中学在一群折中主义大楼中显得鹤立鸡群,遵循了努奥罗新监狱(the new prisons of Nuoro,1953-

---

* 前者是新现实主义电影的代表作,后者是民粹主义电影的代表作。

1955）的严格几何规则。[33] 然而，在"经济奇迹"（economic miracle）发生的初期，那些曾经支撑这种建筑诗学的条件逐渐消失了，个体对交流的迫切需求与历史情境产生的需要之间的矛盾达成了一致；而这样的一致通过对（关于业已消失的"坏"世界的）不恰当怀旧情绪的谈论而得以维系。

与此同时，里多而菲作品的复杂性引发了对于"APAO 协会"精神的批判。评论家的关注点几乎完全转向了潜藏在新现实主义背后的民粹主义主题。而包括赛维在内的、已经将"有机的"规则作为丰富建筑的手段而非破坏"现代"传统的策略的建筑师们都不会接受这样的主题。1950 年，赛维的《现代建筑史》（Storia dell'architettura moderna）最终限定了曾经在《走向有机建筑》和《如何品评建筑》中提出的观念并将其体系化。《现代建筑史》冗长的篇幅主要归因于尚不成熟的史学研究，而其中大胆的判断很快就被证明与事实不符；该书以具启发性的方式展开讨论，赛维试图将关于建筑学"命运"的争论转移到不被民间传说以及堕落的民粹主义损害的论述范畴中。意料之中的是，赛维并没有将新现实主义作为"有机"诗学的具体实现方式，而是推崇那些正在形成的坦丹萨学派（tendenza）的作品，包括朱塞佩·萨莫纳（Giuseppe Samonà）的罗马医院（the Ospedale Traumatologico of Rome）、克劳迪奥·达尔奥利奥（Claudio Dall'Olio）的撒布第饭店（restaurant in Sabaudi），以及他和 S. 拉迪孔尼奇（S. Radiconcini）设计的位于罗马皮萨内利街（the Via Pisanelli）的诸建筑。此外，该书并没有提及当时还没有被人注意的斯卡帕和卡洛·莫利诺（Carlo Mollino）。而莫利诺其时正通过尼禄湖滑雪者旅馆（Sled-lift Lodge on the Lago Nero，1946）和其他设计探索建筑中骨骼结构和空气动力学原理的结合。由此，他完成了（早在都灵易皮卡跑马协会总部 [center for the Società Ippica in Turin，1935–1939] 中就进行的）对有机建筑的原创性反讽转译。[34] 事实上，尽管赛维对有机建筑进行了热情的宣扬，但真正的有机建筑趋势并非源自意大利。马尔切洛·德奥利夫（Marcello D'Olivo）设计的儿童公社（the Villaggio del Fanciullo，1949 年）、萨莫纳设计的蒙代洛住宅（the villa at Mondello），以及艾多阿多·格尔纳（Edoardo Gellner）的作品、斯卡帕对赖特的解读和一些矫揉造作的运用，是为数不多的意大利有机建筑实例。[35] 对有机建筑的争论仍然停留在话语层面。1951 年，朱利奥·卡洛·阿尔甘（Giulio Carlo Argan）以"格罗皮乌斯和包豪斯"为主要论述对象的文本含蓄地回应了赛维的《现代建筑史》中的争论。该文本提出了与众不同的观点。按照阿尔甘的诠释，格罗皮乌斯是韦伯（Weber）和特洛尔奇（Troeltsch）

马里奥·里多而菲和沃尔夫冈·弗兰克尔,罗马埃蒂奥皮亚街高层住宅中心设计,1950-1954年,透视

卡洛·莫利诺,过尼禄湖滑雪者旅馆,1946年

倡导的新教道德规范的继承者，"自身就带有怀疑和失望之种"的欧洲理性神话的传播者，还是在最后一刻挽救了"源自必然崩塌的统治阶级的文化思想"的领导者。阿尔甘后来指出，和柯布西耶或密斯一样，格罗皮乌斯的唯理性源于"远离冲突的最后幻想"，此后的现代自由观念不再体现为对"无尽自然领域的尽情表达"。[36]

20世纪50年代早期的意大利文化并不容易理解阿尔甘。然而，阿尔甘的文本还是得到了相当的关注，它催生了一个年轻历史学家的精英群体。不过，和赛维的文本一样，该书并没能够充分地修正建筑实践活动。"APAO协会"和"MSA团体"的危机说明需要以新的模式组织建筑文化，而在大学中还有着相当大的学院思想残余势力。萨莫纳给威尼斯大学带来了意大利学术讨论的积极参与者，包括赛维、阿尔宾、加尔代拉、贝尔焦约索（Belgiojoso）、贾恩卡洛·德·卡洛（Giancarlo De Carlo）、斯卡帕、皮奇纳托以及阿斯滕戈等。这些人帮助威尼斯大学重新具有锐意进取的活跃性。然而，威尼斯大学很快就被学术界孤立了，仅仅在其内部保留了热烈的讨论。而"意大利城市规划协会"（下文简称"INU协会"）却挥舞着规划的旗帜并寻求与注定相异的政治力量的对话。

作为"INU协会"倡导活动的主要参与者，夸罗尼继续他在蒂布蒂诺区规划后的工作。对他而言，那个设计甚至在刚刚完成的时候就已经被取代了，它没有任何的诗意，也毫无"语言"可言，而夸罗尼不得不面对意大利的现实以寻求更有力的方式。他曾短期加入"社会技术团体"（the Gruppo Tecnici Socialisti），之后来到意大利南部，参加艾德里安诺·奥利维蒂的社区运动，并倡导议会对贫困状况加以研究。[37] 夸罗尼不仅仅质疑城市规划的技术，还质疑其分析方法。并且进一步质疑注定会使得底层阶级的需求更加统一的规划结构。

夸罗尼和奥利维蒂的相遇并非偶然。Comunità 杂志将知识分子组织成一个文化联合体，成为"知识分子共和国"与社会现实直接接触，使他们可以毫无阻碍地接收由左党派人士认同新的社会科学。由此，主要由知识分子组成的"第三股力量"将 Comunità 作为自己的阵地。通过被授予特权的城市规划以及对城市社会学和盎格鲁萨克逊干预模式的关注，该杂志获得与现实的关联。重建时期的民粹主义倾向由此转为各种分散的模式，以恢复社区质量为目的的价值观与不顾人居质量的城市规划分庭抗礼。经过奥利维蒂思想的筛选，刘易斯·芒福德（Lewis Mumford）的文本，罗斯福时期的绿色城市以及花园城市成为新城市实验计划的基础。[38] 由此，城市规划成为综合诸多控制城市的方式的语言；由技术引发的令人不安的变动由此找到了稳定的安家落户之所。

对于奥利维蒂而言，这项工作同引发了奥斯塔街（Valle d' Aosta）发展设想方案的活动是一致的。他的观念在于，以商业观念为中心，由此展开对物理环境的人文主义合理化建设。在任"INU协会"会长和"联合国善后救济总署公共住宅计划"（下文简称"UNRRA公共住宅计划"）协会副会长期间，奥利维蒂和夸罗尼等罗马建筑师一起在不发达的南部地区中心展开了建设活动。

作为"UNRRA公共住宅计划"协会副会长，奥利维蒂有着获得"欧洲复原计划"（European Recovery Program）新基金的优势，他建议将资金用于意大利南部的坎佩尼亚区（Campania）、巴西利卡蒂区（Basilicata）以及普利亚区（Apulia）等分散于各地的工业区。他的兴趣并不仅仅在于缩减富裕区域和贫困区域之间的鸿沟。以不发达地区为起点，他可以干预原本并不服从规划的地区，由此实现在发达地区更加难以实现的领土平衡。新政的模式，尤其是田纳西河流治理工程的模式都采用了类似的策略。[39]

巴西利卡蒂区的"马泰拉石穴"（the Sassi of Matera）规划案例得到了特别的关注。卡洛·莱维（Carlo Levi）的书《救世主不降临的地方》（*Christ Stopped at Eboli*）激起了人们对这片石穴中居民的广泛同情，而陶里亚蒂（Togliatti）和德·加斯佩里（De Gasperi）都曾经将这里称作"意大利的羞耻"（shame of Italy）。马泰拉被视作这一不发达区域的首府（这部分因为1945年爆发的民众斗争），无论是美国还是意大利的社会学家、新闻记者、经济学家以及建筑师都分析过该地区。[40]1950年，阿莱曼尼（Alemanni）和卡利亚（Calia）向协会提出了关于巴拉达诺（Bradano）中部山区改造的报告，建议在该地进行农业结构调整，建立新农村并且将人口撤出"马泰拉石穴"。这些正是奥利维蒂要介入的活动。他主动在1951年将该协会的工作转为对马泰拉城及其周边乡村的研究，该研究由"INU协会"和"UNRRA公共住宅计划"共同资助。而受雇参与工作的夸罗尼、费德里科·戈里奥（Federico Corio）、图利奥·滕托里（Tullio Tentori）以及罗科·马扎罗尼（Rocco Mazzarone）等人则在志愿者的帮助下解决各种困难。规定"马泰拉石穴"区改造的619律法不正当地利用了协会的调查结果，禁止人口普查查到的3374户中的2472户继续居住在原来的房屋中，并且阻止为从原房屋中撤离出的家庭建造村庄。事实上，依照这种"土地反改革"（land counterreform）方式，[41]马泰拉的情况成为将强大的工业首府强加于不发达地区的典型案例，不发达地区成为工业区的劳动力储备地。为了达到这一目的，该地区的农业被压制，服务性行业被人为地扩张，公共劳动政策刺激着南部的商品消费。[42]

"UNRRA 公共住宅计划"资助的马尔特拉村（The UNRRA village "La Martella"）以及塞拉韦内兰迪（Serra Venerdi）、拉内拉（Lanera）和斯巴安比安凯（Spine Bianche）综合区都是在这样的环境下生成的。马尔特拉村由夸罗尼、戈里奥、皮耶罗·马里亚·卢利（Piero Maria Lugli）、米凯莱·瓦洛里（Michele Valori）以及阿加蒂（Agati）规划，成为领土干预和管理的核心典型；一些蒂布蒂诺区的规划者发觉他们在"发现"南部现状的时候重新联合到了一起。[43] 由此，同地理环境一致的居住区以自己的方式表达着对现实的敬意。"马泰拉石穴"中的邻里单元被诠释为一种半通俗半抽象的形式语言以及根据土地的等级确定地点的房屋，而其显见的塔形式则参照了夸罗尼的教堂。然而，结构重建代理机构和"UNRRA 公共住宅计划"标准之间的矛盾却降低了重建的效率，并且导致村庄一期目标的失败。无论是在经济、社会还是土地改革方面，对于耕地的保守处理都被证明是正确的。

对于夸罗尼来说，这是一个双重失败。他在南方的委托任务受到综合利益需求的阻拦，而因为所谓"第三股力量"幻想自身的模糊性，各种力量之间的冲突很难得以解决。与此同时，"马泰拉石穴"计划间接地引发了地方分权的社会导向意识，马泰拉的塞拉韦内兰迪、斯巴安比安凯和博尔戈维努西欧（Borgo Venusio）等地的新综合区反映了路易吉·皮奇纳托 1952-1956 年之间提出的规划概要，[44] 成为"城镇中的城镇"（towns within a town），然而城市发展中的住房供给和职业的关系仍不明朗。尽管马泰拉案例受到意大利文化圈的高度关注，但它的情况在意大利不发达地区中肯定还不是最严重的。事实上，该案例最直接地证明了利益集中的有效性。对于那不勒斯（Naples）、巴里（Bari）以及巴勒莫（Palermo）这样的南方城市，公共职业和建筑业都在吸纳失业者，并为那些后来被鼓励迁移到发达地区的农业人口提供培训。由此这些人口就成为使得生产者工资始终维持在低水准的储备力量。

建筑师和城市规划师并不掌握可以设计持久规划的工具，对左派政党小心翼翼的请求同样不能生成这样的工具。事实上，只要建筑师试图将他们的技术植入城市结构转换之中，就会遭受重大挫败，城市和周边地区成为最肆无忌惮的投机买卖基地，成为权力中心强制执行的自由贸易政策导致的附加后果。

这就解释了为什么塑造了 20 世纪 50 年代新罗马的建造工业同夸罗尼的实验设计以及里多而菲的悲伤抒情并没有多少关系。1931 年的总体规划为上层和中层的资产阶级提供了公寓住宅，这很好地满足了这些非常稳定的阶层对不动产的渴望；[45] 市郊的高

路易吉·莫雷蒂，布鲁诺博欧兹街"向日葵住宅"，1950 年

密度综合区计划供工人阶级使用；而最底层的阶级则只能住在乡村和非合法区，直到 70 年代，该阶层人口仍有 50 万之多，占罗马人口的五分之一。乌戈·卢奇肯蒂（Ugo Luccichenti）、文琴佐·莫纳科（Vincenzo Monaco）以及阿米迪奥·卢奇肯蒂（Amedeo Luccichenti）将这些公共住宅转变为愉快消费的对象。形式折中的建筑被小心地置于同历史中心交界的区域；它们有着新的形式有机的阳台，被迫成为体量的自我展示，它们的材料运用无懈可击，实质上它们最终成为身份的象征。[46] 此外，并不乏对公共住宅的纪念性化处理，路易吉·莫雷蒂（Luigi Moretti）在他的布鲁诺博欧兹街"向日葵住宅"（Sunflower House on Viale Bruno Buozzi）中，将建筑设计得如神庙一般庄严，在入口处运用了上升的斜坡道。由此则产生了似乎自相矛盾的情况。莫纳科和卢奇肯蒂的建筑标准以及莫雷蒂的纯净形式主义都赋予建筑形式以明确的倾向，但是所运用的建筑要素却根植于先锋派的传统。某种程度上，在当前建筑中结合过去的形式似乎是一种回退。然而，这样的现象同样有其内在的一致性，因为新建筑运动（neues Bauen）的建筑语言在其有效性的同时也证明了其高贵性。而所有期望使其作品易于理解的建筑师，都只能采用含义更不受限定的建筑形式。

当然，从效忠于政治的文化角度看，很容易去谴责莫雷蒂的形式主义。然而他在科里多尼街的住宅旅馆综合体（houses-and-hotel on Via Corridoni，1948–1950）以及米兰科尔索意大利街（Corso Italia in Milan）的住宅办公综合体（the complex for apartments and offices on Corso Italia in Milan，1952–1956）的建筑语言甚至比 1949 年的罗马阿斯

路易吉·莫雷蒂，圣马里内拉的皮尼亚泰利住宅，1952-1954 年

伊纳吉欧·加尔代拉，伊斯基亚伊莎贝拉女王旅馆，1950-1953 年

弗朗哥·阿尔宾,帕尔玛的"INA"办公楼,1950年

特莱公寓更为明确，尽管这样的明确性因为过度抽象的形式中带有的理想主义成分而有所削弱。莫雷蒂很有悟性地将古典形式转化为一种抽象的语言：实质上，他的米兰建筑的动人的纯粹主义同包括特拉尼（Terragni）作品在内的20世纪30年代更为抽象的建筑是相符的。然而，在50年代的氛围下，这样的作品注定是要遭受排挤的。莫雷蒂在圣马里内拉的皮尼亚泰利住宅（the Villa Pignatelli in Santa Marinella，1952-1954）中创造了超越日常生活大小事件的空间。该建筑采用随意的曲线形式、地中海地区常用的粉刷工艺以及阿拉伯主题，来保护"容纳警惕的撒克逊人的情绪和思想的房屋"。然而，在位于罗马的莫瑞吉奥住宅（Casa San Maurizio，1962年）以及菲乌吉新热综合体（the new thermal complex of Fiuggi，1965年）中，莫雷蒂转而不再使用这类从传统文化中提取的建筑形式。[47]

然而，与此同时，德尔吉拉索莱公寓（the Palazzina del Girasole）、米兰建筑以及莫雷蒂编辑的评论杂志 *Spazio* 发表于1950-1953年的几篇文章，借用了先锋派的形式语言，这或许是为了证明其在学院中得到认可文化有效性。尽管可以从莫雷蒂的建筑中读出明确的语法，而这些语法是对其业主幻想的直接回应，人们从这些作品中更多发现的是形式的更新而不是对有机的或者新现实主义路线的继承，这样的更新潜藏在谨慎的优雅形式之下。1949-1953年，萨莫纳设计的位于崔维索（Treviso）的公寓和办公建筑以及巴里医院（Ospedale Inail in Bari，1948-1953年）坚持使用了确定的设计规则，而加尔代拉的亚历山德里亚职工住宅（the houses for employees in Alessandria，1952年）、米兰现代艺术博物馆（Galleria d' Arte Modema in Milan，1951-1954）以及伊斯基亚伊莎贝拉女王旅馆（Terme Regina Isabella in Ischia，1950-1953）都致力于在体量错动和材料肌理之间产生微妙的对话。[48] 这些建筑内在的惯常方式始终是对理性主义的辩证对待，新的建筑品质源于以从容而坚定的姿态提升材料表达，采用典雅而并不呆板的形式并且吸收使所有作品都隐藏在谦逊外表之下的工艺。

正是类似的方式使得阿尔宾在该时期的研究中设计了他最著名的成果之一，即位于帕尔马的"INA"办公楼（INA office building in Parma）。为了将松散无序的城市建筑结构的各部分整合到一起，阿尔宾采用了标准化尺寸，混凝土框架形成纤细而有节奏的网格，同面板以及空隙处形成对话。[49] 在罗杰斯看来，这种类似于"户外乐队"（*en plein air*）创作方式的设计语言，建立于技术精度之上的形式正确性以及（使人想起帕尔玛建筑室内楼梯的）理想主义的体验都是对既有环境的批判性诠释。阿尔宾的建筑可以同米兰博尔戈诺沃街的 "BPR" 建筑事务所（the BPR's house on Via Borgonuovo）、萨莫纳设计的位于崔维索的建筑以及米凯卢琦的皮斯托亚梅尔奇证券交易所（Giovanni Michelucci's Borsa Merci in Pistoia，1947—1950 年）形成对照。

在这组建筑作品中出现了与"环境"的对话，这体现了那些年意大利建筑经验的独创性。而这种转向环境的设计只不过是转向自然的设计的另一个方面。这是对于"保护"的探寻，即穿行于温暖的覆盖物和周围环境之间的需求。甚至可以说这样的建筑在两个极端之间摇摆，一方是对先锋派遗产非同一般的感悟，另一方则是在限定同历史对话的界限时非同一般的谨慎。环境不再是字面意义上的历史结构，而被普遍认为是对悬而未决的判断作出最后抉择的依据。

在弗罗伦萨，米凯卢琦的建筑表达了以自我否定作为分解建筑和生活关系方式的期望。[50] 米凯卢琦的阿雷佐戈韦尔诺府邸（Palazzo del Governo in Arezzo，1939 年）以及福特代玛尼市的孔蒂尼－博纳科萨住宅（Villa Contini-Bonacossi, in Forte dei Marrni，1941 年）都采用了高度抽象的光秃形式，它们似乎都远离了他在圣马里亚诺韦拉火车站（the station of Santa Maria Novella）中采用的手法；在这两座建筑之后，他 1945 年绘制的弗罗伦萨蓬特韦基奥（the Ponte Vecchio in Florence）附近区域的重建草图致力于以混杂动荡的现实环境作为城市形式的参照。[51] 在皮斯托亚梅尔奇证券交易所中，米凯卢琦试图通过形式精巧的平衡和清晰表达该建筑的形式天生就反映了现实世界的紧迫状态，这样的目的源于对整体室内空间基本概念的信赖，同时也源于对通过暴露的结构来获得（像阿尔伯蒂与托斯卡纳文艺复兴建筑之间那样）与环境直接联系观念的信赖。在博洛尼亚的科利纳教堂（the church of Collina at Pontelungo，1947—1950 年设计，1953 年建成）中，建筑师试图将该建筑融入到乡村之中，通过"村舍"（cottage）主题的变化赋予该建筑以荒凉的氛围，表达人类的生存状态。该建筑是对新现实主义主题的个人改写，使用的材料和里多而菲的类似，但是缺乏他的表现主义力度。尽管米凯卢琦不时地显示出对矛盾因素的草率坚持，但在"二战"后的意大利，他是对建筑形式的应用最为严格的建筑师之一，无论如何，他期望建筑语言能够和现实环境取得融合。这使得他吸收"无形式的"形式，或者至少短暂地或暂时地接受由"场所精神"（genius loci）决定的形式。这就是米凯卢琦在科利纳教堂表达了对乡村的敬意之后，在计划建于圣雷莫（San Remo）的两座摩天楼中将重点放在尺度上的原因，也是他的皮斯托亚维尔京教堂（the church of the Virgin in Pistoia，1954—1956 年）呈现出充满自信的朴素外观，[52] 在佛罗伦萨卡萨迪储蓄银行（the Cassa di Risparmio）中采用纯净的结构，[53] 以及建于 1955—1957 年佛罗伦萨圭恰迪尼街（Via Guicciardini）的公寓和商店的形式达到微妙平衡的原因。对于米凯卢琦而言，这类形式表达了阻止生活变化的意图，而变化则通过拉尔代雷诺教堂（the church of Larderello，1956—1959）对表面错动游戏的着迷得以表达。他难以忍受任何既有的形式限定，这使得获取绝对自由成为非常必要的事情。被称为"大红虾"（the Gambero Rosso）的科洛迪饭店（the restaurant in Collodi）以及皮斯托亚的儿童公社望景楼（the Villaggio Belvedere in Pistoia，1959—1961），都尝试着应用流动的空间和富有意义的结构。这些是米凯卢琦在六七十年代面对的主题的前奏，而他六七十年代的设计从被称为"大帐篷"的公路教堂（the Chiesa dell' Autostrada）开始。

然而，20 世纪 50 年代建筑诗学崇敬的"环境"其实出自一种下意识的隐喻，隐喻的对象是在不断变化的现实中寻求静态属性的期望。从这样的环境中得到的慰藉无疑是不能令人满意的，尽管如此，人们仍然继续寻求这样做的价值。对乡村地区的干预具有定义明确的特征，对市中心的干预则继承了乔瓦尼的方式而具有整体性，而这些干预都一致赞同在历史环境中建立有归属感的社区。由此，则产生了对社会共有的乌托邦的回归，同时反对没有任何自身特征不能给人带来归属感的大城市。这是对奥利维蒂的意识形态、滕尼斯（Tonnies）的幻想以及芒福德（Mumford）最具浪漫主义特性的思想的回归。然而，我们必须透过文化立场的表象从历史角度来看这样的现象，挖掘它们更为内在的本质。在地方分权主义、人文浪漫主义以及未受外界影响的文化面貌之下，在这些年的文本和方案构筑出的沉重意识形态负担之下，蕴藏着对未来主义的含蓄批判。而急需转变的现代第二天性——傲慢，则经常通过狭隘的主题以并不清晰的方式得以展现。弗朗切斯科·达尔·科（Francesco Dal Co）早就意识到 1910 年代欧洲讨论的中心议题[54] 又以令人不易察觉的方式重新出现了。而米凯卢琦的科利纳教堂这样的建筑则采用了"顺其自然"的方式，将由历史长河和集体活动构筑的传统和乡村同无情的主观事件相隔离。

显然，并不是所有米凯卢琦的设计都可以归为这种方式。然而，对于所有进行 20 世纪 50 年代形式（包括无耻的国家主义形式）实验的设计而言，正是米凯卢琦的设计转入到另一种文化范畴，为加贝蒂和伊索拉这样的建筑师提供了丰富的反思对象。此外，在重建时期，即使对最终结果带有普遍的不满情绪，米凯卢琦（以及里多而菲的）设计的褊狭之中所隐含的反叛始终有其严格的边界。而新"意大利之路"的特点就是，在其自身的辩护者之间有着持续不断的争执。

乔瓦尼·米凯卢琦,科洛迪饭店,1961-1963 年

弗朗哥·阿尔宾、吉安尼·阿尔布里奇、路德维克·贝尔焦约索、伊纳吉欧·加尔代拉、皮瑞瑟第·恩里科、欧内斯特·罗杰斯,"INA 公共住宅计划"切撒提综合区,1950 年开始

在"公社"的社会内涵得到复原的环境下，建筑师以同样的方式通过定义他们的职业技能来设定邻里的主题并非出于偶然。社会学再一次被引用到建筑学中。将"中心"等同于"有机"的中心城市神话在具有标准尺寸、聚合在主要服务设施（例如学校）周围的邻里单位思想中找到了对应方式。至少在图纸上，邻里单位被分解为井然有序的子系统。小型可管理的"公社"用于教育儿童和成人，这些儿童和成人在探求巩固价值的研究下组成团体，通过公约提升各阶层之间的协作。

对于意大利建筑师而言，邻里单位的神话仅仅是构成设计的原始素材。相对于灵魂的拯救，社会学家对邻里的定义更偏重于将其作为（保证和现实的联系的）符号控制手段。一方面，由上层社会强加的限制限定了邻里单位的构成，一切都被化解到城市次级系统的微观世界之中。另一方面，语言的清晰度受到了抑制，而一旦自身已经得到普遍的认可，新现实主义就失去了所有批判的力量并转而成为掩饰的工具。此外，尽管同"INA 公共住宅计划"前七年实践的系统要求保持着微弱的联系，这种朴实并得以广泛传播的建筑语法甚至允许更老的学院派成员进入到这一领域中。

对邻里单位的模仿已经代替了源于意大利自身的悲哀。各种邻里单位实现方式的差异应该被视作对被误解的"场所精神"的敬意表达。萨莫纳－皮奇纳托小组设计的梅斯特圣朱利亚诺区（the San Giuliano quarter in Mestre，1951-1955）中，对环境保护论的拙劣模仿清晰可见，（曾经是混乱的博洛尼亚的博尔戈帕尼加莱区 [the Borgo Panigale quarter in Bologna] 唯一可提取要素的）对类型学的强调在其中找到了相应的实现方式。不论在圣朱利亚诺区还是在斯亚卡"INA 公共住宅计划"综合区（the INA complex in Sciacca，1952-1954），萨莫纳这样的建筑师都坚持使用包含所有家居生活的语言；当考虑到这位建筑师在 1945 年的那不勒斯拉维纳诺区（the Lavinaio quarter of Naples）发展方案中还坚持柯布西耶的方式并推崇永恒的纪念性设计时，我们会发现（作为新思考方式的征兆）这样的转变非常重要。[55] 这样的思考方式采用"暂时的"或"即时的"手段来偿还自身的债务，定义建筑的职业范畴，并且假装具有利用现实的能力，即使其视界已经超出建筑范畴之外。

这样的方式同样应用于米兰和都灵建造的综合区中。在切萨第（Cesate）"INA 公共住宅区"中，阿尔宾、阿尔布里奇（Albricci）、"BPR 建筑创作小组"以及加尔代拉被动地通过已得到普遍应用的建筑语言获取整齐的形式，[56] 而费吉尼、波利尼和吉奥·庞蒂（Gio Ponti）则试图重新在环绕米兰德西埃街综合区（the complex of Via

Dessie in Milan，1951–1952）中心绿地的大街区中复原基本的关系。民粹主义很快就缩减为个人的表达方式，消解在被动接受（预先设定好的）类型学的综合区中。综合区承担义务和发扬道德的面貌隐藏了弃权的态度，1948年事件之后知识分子团体内部的矛盾对意大利的公共建筑产生了重要影响。众所周知，这些公共建筑同时也受到斯堪的纳维亚新经验主义的影响。斯堪的纳维亚地区的综合区表明，以形态学和类型学为重点的研究有可能同单间住宅结合到一起。对建筑特性的研究同文化并非没有关系，最终它通过模仿得以解决：农民家庭的小的内部意象和通过社会民主主义大家庭获得的纯净和平并置在一起，而伴随着令人迷失的不确定性，文化的短暂试验模式想当然地为其自身作出了明确的选择。

马里奥·菲奥伦蒂诺和S.博塞利（S. Boselli）设计的罗马圣巴西略"UNRRA公共住宅计划"综合区（the UNRRA-Casa complex of San Basilio in Rome，1949–1955）以及阿斯腾戈-勒纳克小组（the Astengo-Renacco group）设计的都灵法尔切拉综合区（the Falchera complex in Turin，1950–1951），都受到瑞典新经验主义的一系列集合住宅及其优雅而易于理解的立面和细部的影响。对这些综合区的首次最严厉的批判源于参观这些地区时产生的不良情绪。这些综合区成为社会边缘人士居住的限制区，恶劣的生活环境显然由周围的生产条件造成，暴露了现实主义乌托邦思想的伪善本质。即使法尔切拉区更成功的（和圣巴西略综合区一样沿用开敞的多边形院落作为基础形式的）例子也脱离了都灵的现实，越来越成为将公众干预服务于自身需求的企业生活区。[57]

如果只是从实验性特征考虑，可以说以下两个设计在平庸的背景之中脱颖而出，即路易吉·卡洛·达内里（Luigi Carlo Daneri）从1950年开始的热那亚贝尔纳贝布雷亚街综合区（the complex of Villa Bernabe Brea in Genoa）设计，以及阿达贝托·利贝拉（Adalberto Libera）设计的、同穆拉托里（Muratori）和德·伦齐（De Renzi）设计的高品质综合区相邻的罗马图斯克兰诺水平展开的住宅单元（the horizontal residential unit in Tuscolano，1950–1951）。[58] 达内里和利贝拉都没有采用流行的民粹主义建筑语言，通过不同的技术含蓄地表达了对"二战"前意大利建筑实验的精确性的（与同时期总体倾向不符的）敬意。为了证明模仿的成分越少，建筑对自然的介入越令人信服，吉诺维斯综合区采用了和生产策略相关的、开放而严格的形态学要素。这些要素包括预制的钢筋混凝土构件，将建筑体量从地面托起的支柱，类型学标准化以及悬浮在各楼层之间的走廊。相较于前一个设计，利贝拉水平展开的住宅单元的技术和严格的几何关系甚至更加具有批判性。

阿达贝托·利贝拉,罗马图斯克兰诺的水平展开的住宅单元研究,1950-1951年

这片由沿水平展开的住宅区有着连续的单元结构，各个单元连在一起形成了被步行路打断的厚平板。该区使人想起 20 世纪 30 年代的荷兰类型学以及帕加诺对"水平城市"的研究。尽管作为应对当时环境的建筑实验是有效的，它仍然局限于对过去的回望。

范范尼设定的"INA 公共住宅计划"由具有高超官僚政治技巧且显然不属于先锋派的阿纳尔多·弗斯切尼（Arnaldo Foschini）实施。在诸多设计中，达内里的提议是为数不多与计划总体意图高度相符的案例之一。而该计划前七年的建造活动说明，建筑实验中始终隐含着设计与（可以自由允许设计操作的）目标的矛盾。

由此，城市中到处都是通过预设和计划生成的居住区，而这些住区很快就证实即使只是在很小的范围内，也无法通过建筑设计实现理想的社会环境。现实主义自身证明它只不过是无用妥协的产物而已。

曼弗雷多·塔夫里：意大利建筑史学家

（译者：王丹丹、刘玮）

注释：

1. 本文所分析的历史时期目前还没有成为众多评论的讨论对象。现有的主要相关文本如下：V. Gregotti's graceful and focused synthesis, *Orientamenti nuovi nell'architettura italiana* （Milan, 1969）; the collection *Il dibattito architettonico in Italia 1945—1975* (Rome, 1977); A. Belluzzi's essay, "Il percorso dell'architettura," in the collection *L'arte in Italia nel secondo dopoguerra* (Bologna, 1979); the catalogue *'28—78 Architettura. 50 Anni di architettura italiana* (Milan, 1979); G. Canella's essay, "Figura e funzione nell'architettura italiana dal dopoguerra agli anni Sessanta," in *Hinterland*, nos. 13—14 (1980), pp. 48ff.; C. De Seta's volume *L'architettura del Novecento* (Turin, 1981)。另外可参见：the collection *Architettura italiana anni sessanta* (Rome, 1972) and the monographic issue *Italie '75* of the review *L'architecture d'aujourd'hui*, no. 181 (1975)。还有一些关于特定城市和区域的概要和目录: the catalogue *Milan 70/70* (Milan, 1972); M. Grandi and A. Pracchi, *Milano. Guida all'architettura moderna* (Bologna, 1980)；以及 E. Bonfanti and M. Porta's volume, *Città, museo e architettura. Il gruppo BBPR nella cultura architettonica italiana 1932—1970* (Florence, 1973)；后者是对米兰团体（the Milanese group）的专论，因为试图将"BBPR 建筑小组"的作品和意大利以及国际的情况联系到一起而著名。罗马的情况可参见：G. Accasto, V. Fraticelli and R. Nicolini, *L'architettura di Roma capitale, 1870—1970* (Rome, 1971), and I. De Guittry, *Guida di Roma moderna* (Rome, 1978)。托斯卡纳的情况可参见：G. K. König, *Architettura in Toscana 1931—1968* (Turin, 1968), and *Itinerario di Firenze moderna* (Florence, 1976)。威尼斯的情况参见：P. Maretto, *L'architettura a Venezia nel XX secolo* (Genoa, 1969)。关于城市规划争论的历史可参见：M. Fabbri's volume, *Le ideologie degli urbanisti nel dopoguerra* (Bari, 1975; new edition: *L'urbanistica italiana dal dopoguerra a oggi. Storia, ideologie, immagini,* Bari, 1983)。其他和本文相关的文本可参照参考书目。

2. 参见："Sistemazione delle Cave Ardeatine," in *Metron*, no. 18 (1974); ibid., no. 45 (1952): 17—23; L. Quaroni, "Il mausoleo delle Ardeatine," in *Il cittadino*, April 20, 1949。该建筑入口处的扶手由米尔科·巴尔萨德拉（Mirko Balsadella）设计，雕刻群由弗朗西斯科·柯西亚（Francesco Coccia）设计。德国集中营死难者纪念碑参见：E. Peressutti, "Dedica" in *Casabella*, no. 193 (1946): 3，以及 Bonfanti-Porta, *Città, museo e architettura*, 109ff。"BPR 建筑小组"设计的纪念碑因为状态恶化而在 1950 年被替换成以卡拉拉大理石做基础的铜结构；1955 年又恢复到原先的设计。

3. 同上。

4. "APAO 建筑协会"、都灵的帕加诺小组、米兰"MSA 建筑团体"以及"INU 协会"参加了 1945 年 12 月 14 日到 16 日举行的会议。其中，值得注意的会议报告如下：M. Ridolfi, "Appunti sui provvedimenti urgenti per la ricostruzione e sull'orientamento della unificazione e tipizzazione nell'edilizia;" P. L. Nervi, "Per gli studi e la sperimentazione nell'edilizia;" B. Zevi, "L'insegnamento delle construzioni di guerra americane per l'Italia," in *Atti*, no. 3。此外还有：Catholic F. Vito, "La demanializ-zazione delle aree fabbricabili"，这篇文章提出了免除城市发展税收的设想。另可参见

"INU 协会"编辑的文集：*Relazione a cura della Commissione per lo studio dei problemi del piano regionale,* ibid., vol. I, pp. 30 ff. 以及：E. N. Rogers, "Introduzione al tema 'Provvedimenti urgenti per la ricostruzione," ibid., 1 ff.，重印于：*Esperienza dell'architettura,*（Turin, 1958), 109 ff。

5. 参见：G. De Finetti, "Della proprietà delle aree nei riflessi delle costruzioni," in *Atti,* no. 6, 9 ff. 菲内蒂始终同他在 1920 年代就对米兰作出的一系列反思保持着一致。然而，在 1945–1950 年，很难继续坚持他的（尤其是在"伦巴第街"规划 [参见 *La città. Architettura e politica,* no. 2 {1946}, no. 2]、米兰贝卡里亚广场规划等方案 [参见 *La città. Architettura e politica,* from no. 1, 1945, to nos. 3–4, 1946；菲内蒂写于 1942–1951 年的文章 *Milano risorge*；该文章重印于 Milano. Costruzione di una città, Milan, *1969*。另参见：*Giuseppe de Finetti. Progetti 1920–1951* 'Milan, *1981*；以及：Renato Airoldi, "'Forma urbis Mediolani:' una illusione aristocratica," in *Casabella,* no. 468, 1981: pp. 34–43.] 中体现出的）城市生理学研究。菲内蒂的反讽方式并无意针对柯布西耶和博通尼，他试图和过去的政体制度取得联系的新古典主义品味不应该被谴责。早在 20 世纪 30 年代，他就反对法西斯主义者，他和妻子都参加了行动党（the Partito d'Azione）。另参见：De Finetti's *Zibaldone* (Archivio De Finetti, Triennale of Milano)；玛丽斯·玛奇埃托（Marisa Macchietto）1981 年 10 月 29 日发表的评论文章 (Venice: Dipartimento di Storia dell'Architettura)。值得注意的是，菲内蒂翻译成意大利文的路斯文章（*Gli inutili* [in *Paese libero,* June 2,1947]）对德意志制造联盟发起了猛烈的抨击；对此还可以参见：De Finetti, "La Triennale e l'utilità," in *24 ore,* June 23 and 26, 1951。

6. 参见：A. Della Rocca, S. Muratori, L. Piccinato, M. Ridolfi, P. Rossi De Paoli, S. Tadolini, E. Tedeschi, and M. Zocca, *Aspetti urbanistici ed edilizi della ricostruzione* (Rome, 1944–1945)。

7. 参见：P. Gazzola, "Le vicende urbanistiche di Milano e il piano A. R.," in *Costruzioni-Casabella,* no. 194（1946): pp. 2ff；C. Perelli, " Studi per il nuovo piano regolatore di Milano," in *Metron,* no. 10 (1946): pp. 18–49；Bonfanti-Porta, *Città, museo e architettura,* 104–105 and plate 72。阿尔宾、博通尼、"BPR 建筑小组"以及穆基（Mucchi）都属于"AR 团体"。

8.1946 年，同样有意大利"CIAM"成员参加的设计竞赛也提议对米兰进行办公分区。参见：*Metron* no. 30 (1948), 15ff.；M. Venanzi (p. 15), and by L. Piccinato, "Il concorso di idee per il centro direzionale di Milano,"14–17。

9. 参见：*Metron,* nos. 23–24; see also I. Insolera, *Roma moderna,* 3rd ed. (Turin, 1976), 180。

10. 参见：M. Visentini, *Presentazione del Piano Piemontese,* and G. Astengo, M. Bianco, N. Renacco, and A. Rizzotti, *Piano Regionale Piemontese,* both in the monographic issue of *Metron,* no. 14 (1947)。

11. 参见：König, *Architettura in Toscana,* 50ff。

12.B. Zevi, *Saper vedere l'architettura* (Turin, 1948)。评论杂志 *Metron* 从 1945 年 8 月开始出版，由皮奇纳托和里多而菲主编。1945 年，皮奇纳托的文集 *Urbanistica* 也开始出版，1946 年，帕加诺和赛维等人创办了广受欢迎的带插图的杂志 *A-Attualità, Architettura, Abitazione, Arte*。赛维这段时间活动还可以参考他的文章："L'architettura organica di fronte ai suoi critici," in *Metron,* nos. 23–24 (1947)。1943–1946 年的争论可以参考：D. Borradori and M. Porta, *Architettura e politica italiana*

1943-1946 (Milan, 1966)。

13. 参见：B. Zevi, *Architettura e storiografia,* (Milan, 1951); idem, "Benedetto Croce e la riforma della storia architettonica," in *Metron*; *Pretesi di critica architettonica* (Turin, 1960); *Uno storico vitale: Franz Wickhoff,* in *Pretesti*; idem, "Il rinovamento della storiografia architettonica," in *Annali della Scuola Normale Superiore di Pisa,* vol. 22, series 2, nos. 1-2, (1954)。另外还可以参见自传体书：*Zevi su Zevi* (Milan, 1977)。

14. 参见：Programmatic declaration of the Association for Organic Architecture, in *Metron,* no. 2 (1945): 75-76。

15. 罗杰斯编辑的 *Domus*（马可·扎努索 [Marco Zanuso] 是主要撰稿人）的目录非常重要。从中我们可以发现罗杰斯始终努力将历史和建筑的现状与更为复杂的总体文化主题相联系。目录中包括莱昂内诺·文丘里（Lionello Venturi）关于抽象艺术的文章（载于 no. 205[1946]）、迪诺·里希（Dino Risi）关于电影的文章、马利皮埃罗（Malipiero）关于音乐的文章、多福斯（Dorfles）关于同时期绘画的文章、巴洛（Ballo）等人关于建筑的文章（"Le rêve architecte, les intérieurs de Franz Kafka," no. 217[1947]）。1948年，在第226期，吉奥·庞蒂成为主编。虽然他使得杂志更具有漫谈式的风格，但他并没有忽视文化。

16. 还没有人专门讨论意大利新现实主义建筑的真正发展历程。除了关于里多而菲和夸罗尼的书目，还可以参照以下文本：L. Quaroni, "Il paese dei barocchi," in *Casabella,* no. 215 (1957)，这篇文章批判了他的蒂布蒂诺区设计；此外，还有 P. Portoghesi, "Dal neorealismo al neoliberty," in *Comunità* , no. 65 (1958); Idem, "La scuola romana," ibid., no. 75 (1959); M. Manieri-Elia, "Il dibattito architettonico degli ultimi venti anni I: Il primo decennio dalla Liberazione," in *Rassegna dell'Istituto di Architettura e Urbanistica,* no. 1 (1965): 76-96; Accasto-Fraticelli-Nicolini, *L'architettura di Roma capitale,* 523ff.; G. De Giorgi, "Breve profilo del dopoguerra: dagli anni della ricostruzione al 'miracolo economico, '" in the collection *Il dibattito architettonico in Italia,* 23ff.; G. Massobrio and P. Portoghesi, *Album degli anni Cinquanta* (Rome-Bari, 1977) 201ff.; Canella, "Figura e funzione"。而试图将意大利新现实主义置于20世纪欧美现实主义建筑背景之中的讨论则可参见：M. Tafuri, "Architettura e realismo," 收录于 *Le avventure delle Idee nell'architettura 1750-1980,* ed. V. Magnago Lampugnani (Milan, 1985), 123-145。

17. 罗马车站竞赛以及夸罗尼和里多而菲合作的方案可参见：Giuseppe Samonà, "I progetti per il completamento frontale della stazione Termini," in *Metron,* no. 21 (1947); L. Piccinato, "La stazione di Roma" ibid.; V. Fasolo, "Il concorso per la nuova stazione di Roma," in *L'Urbe,* no. 2 (1947)，这篇文章的有趣之处在于对学院文化作出了诠释；S. Muratori, "Concorso per il completamento del fabbricato viaggiatori della nuova stazione di Roma-Termini-Motto: UR," in *Strutture,* nos. 3-4 (1947-1948): 56-61。最后一篇文章对夸罗尼和里多而菲的方案作出了分析，其中包含着评判现代的主题，这也是穆拉托里后来立场的特征。此外，相关的论述还有：M. Tafuri, *Ludovico Quaroni e lo sviluppo dell'architettura moderna in Italia* (Milan, 1964), 87-89; Accasto-Fraticelli-Nicolini, *L'architettura di*

Roma capitale, 521–523; R. Nicolini, "Il concorso per stazione Termini," in *Controspazio*, no. 1 (1974): 93。

18. 参见：L. Quaroni, "Perché ho progettato questa chiesa," in *Metron*, nos. 31–32 (1949)。

19. 参见：Tafuri, *Ludovico Quaroni*, pp. 83–85；A. De Carlo, "La chiesa di Francavilla a Mare," in *L'architettura-cronache e storia*, no. 52 (1960).

20. 关于新罗马剧院竞赛的情况可参见：*Metron*, no. 43,1951, and *Architetti*, nos. 12–13,1952。尽管该竞赛的结果并没有特米尼车站那样引人注意，却更充分地体现了在意大利建筑师之间的冲突。穆拉托里的设计在第一轮战胜了莫兰迪－卡拉拉－马鲁菲（Morandi-Carrara-Maruffi）小组和法维尼－帕罗替尼（Favini-Pallottini），然而，在第二轮中，穆拉托里原设计的有机性被削弱了。穆拉托里的两个方案都和夸罗尼的弗朗卡维拉教堂中体现的研究氛围相符，穆托拉里和夸罗尼之间的合作再次得到了实现。而皮欧·门泰斯（Pio Montesi）的方案则表达了对建筑要素术语的学术忠诚。

21. 参见：G. Muratore, "L'esperienza del Manuale," in *Controspazio*, no. 1 (1974): 82–92。

22. 这本手册由里多而菲、菲奥伦蒂诺、赛维、C.卡尔卡帕里那（C. Calcaprina）以及A.卡德里（A. Cardelli）编写。另参见：M. Ridolfi, "Il 'Manuale dell'architetto,'" in *Metron*, no. 8 (1946): 35ff。

23. 参见：I. Diotallevi and F. Marescotti, *Il Problema sociale costruttivo ed economico dell'abitazione* (Milan, 1948)；G. Ciucci, "Dalla casa dell'uomo alla casa popolare," in G. Ciucci and M. Cascia to, *Franco Marescotti e la casa civile, 1934–1956,* (Rome, 1980), 7–20。

24. 参见：C. Ceccucci, I. Diotallevi, and F. Marescotti, "Relazione sui problemi dell'edilizia"；本文收录于 *Il Piano del Lavoro,* (ROME: National Economic Conference of the CGIL, 1950), 3–35。

25. 马雷斯克迪的作品参见：E. Tadini, "Storia e realtà del primo Centro Sociale Cooperativo 'Grandi e Bertacchi,'" in *L'architettura-cronache e storia*, no. 13 (1956): 482–489；the *Quaderno 9* (1979)，由卡塔尼亚大学建筑与城市规划协会（the Departmental Institute of Architecture and Urban Planning at the University of Catania）编写；Ciucci-Casciato, *Franco Marescotti*, he *Quaderno 9* (1979)。另参见马雷斯克迪1976年举行的米兰理工大学会议记录：*Hinterland*, no. 13–14 (1980):10–19。

26. 早在1934年由博通尼、帕加诺和普奇（Pucci）在第六届米兰三年展中的实验性综合区中，"QT8"项目的最初概念就得到了体现。*Metron* 见证了"QT8"的整个历史，参见："QT8: un quartiere modello," ibid., no. 6 (1946):76–79；ibid., the special issue of nos. 26–27 (1948); "Il quartiere sperimentale della Triennale di Milano," ibid., no. 43 (1951): 56–61。另外还可参见：E. N. Rogers, "Esperienza dell' ottava Triennale," in *Domus*, no. 221(1947); G. Canella and V. Vercelloni, "Cronache di 10 Triennali," in *Comunità*, no. 38 (1956): 44–52；F. Buzzi Ceriani and V. Gregotti, "Contributo alla storia delle Triennali, 2: Dall'VIII Triennale del 1947 alla XI del 1957," in *Casabella*, no. 216 (1957): 7–12。博通尼的作品可参见专论：*Controspazio*, no. 4 (1973)。

27. 为了理解"INA公共住宅计划"的城市规划和建设政策，很有必要了解两个出版物：*Ina-

Casa. Suggerimenti, norme e schemi per la elaborazione e presentazione dei progetti. Bandi di concorso, (Rome, 1949); 以及 Ina-Casa. Suggerimenti, esempi e norme per la progettazione urbanistica. Progetti tipo, (Rome, 1950)。阿纳尔多·弗斯切尼（Arnaldo Foschini）的影响是具有决定性的。弗斯切尼战后为那不勒斯意大利中央银行中心办公区（the central offices of the Banca d'Italia in Naples, 1949-1955）、欧洲复员计划下的艾玛考拉塔教堂（the church of the Immacolata, 1955）等项目所作的工作仍然试图寻求学术化的设计规则，然而他执行"INA 公共住宅计划"的决定性影响因素却是强权统治思想，这样的思想要求借用新现实主义采用的流行要素来弥补自身强制性所带来的压力。对此可参见：Arnaldo Foschini. Didattica e gestione dell'architettura in Italia nella prima metà del Novecento, Faenza, 1979。阿达尔贝托·利贝拉（Adalberto Libera）负责该计划的技术，弗斯切尼任命马里奥·德·伦齐（Mario De Renzi）、卡塞拉·里基尼（Cesare Ligini）以及里多而菲负责筛选计划中的典型项目。里多而菲和弗兰克设计的特尔尼综合区（the Italia complex in Terni, 1948-1949）是最早实现的范本。关于"INA 公共住宅计划"参见：L. Beretta Anguissola, *I 14 anni del piano Ina-Casa*, （Rome, 1963）；*Ina-Casa*, in *Per l'Italia. Atti e documenti della ricostruzione italiana*, vol. 4: *Politica sociale*, edited by the Democrazia cristiana, （Rome, 1953），87-118；F. Gorio, "Un parere sul Piano Fanfani," in *Urbanistica*, no. 3（1950），再版于 *Il mestiere del architetto*, （Rome, 1968）；F. Tentori, "Dieci anni della gestione Ina-Casa: necessità di un dibattito costruttivo," in *Casabella*, no. 248 (1961): 52ff.；再版于 *L'architettura delle città nell'Italia contemporanea*, （Bari, 1968）。

28. 关于夸罗尼 20 世纪 30 年代到 1964 年之间的作品，参见：Tafuri, *Ludovico Quaroni*, which examines projects done with Ridolfi; A. Bandera, S. Benedetti, E. Crispolti, and P. Portoghesi, *Omaggio a Cagli. Omaggio a Fontana. Omaggio a Quaroni*, an exhibition catalogue (Rome: l'Aquila, 1962)。他的文章收录于 *La città fisica*, ed. A. Terranova, （Rome-Bari, 1981）。对于他四五十年代的活动，可参见：F. Gorio, "Dieci anni di produzione coerente: opere dell'architetto romano Mario Fiorentino," in *L'architettura- cronache e storia*, no. 45 (1959)。对于里多而菲，参见：nos, 1 and 3（1974），of the review *Controspazio*, and the catalogue *Le architetture di Ridolfi e Frankl*, ed. Francesco Cellini, Claudio D'Amato, and Enrico Valeriani, （Rome, 1979）。另参见：G. Canella and A. Rossi, "Architetti italiani: Mario Ridolfi," in *Comunità*, no. 41（1956）: 50-55；G. De Carlo, "Architetture italiane," in *Casabella*, no. 199 (1957): 19-33；Portoghesi, "Dal neorealismo," "Una mostra e un convegno su Ridolfi e Frank!" (papers given at the conference in November 1979), in *Controspazio*, nos. 5-6（1979）: 63ff.; F. Cellini and C. D'Amato, "Il mestiere di Ridolfi," in *La presenza del passato*, (Milan: La Biennale di Venezia,1980): 68-71。直到近期，里多而菲的作品才得到关注，在 1980 年的威尼斯双年展上，他被视作后现代主义的鼻祖。关于他更新作品的讨论如下：对于蒂布蒂诺区设计，参见 G. Muratore, "Gli anni della ricostruzione," in *Controspazio*, no. 3 （1974）: 6-25, and G. Monti, "Le palazzine romane," ibid.: 26-35; Quaroni, "Il paese dei barocchi"; C. Aymonino, "Storia e cronaca del quartiere Tiburtino," in *Casabella* no. 215 （1957）; C. Chiarini, "Aspetti urbanistici del quartiere

Tiburtino;" F. Gorio, "Esperienze d'architettura al Tiburtino"; M. Girelli, "Dal Tiburtino a Matera," ibid., no. 231（1959）; C. Conforti, *Carlo Aymonino: l'architettura non è un mito,*（Rome, 1980）: 15ff。

29. 里多而菲和弗兰克在罗马埃蒂奥皮亚街的高层住宅设计的所有街区都设置了便利设施和学校，记住这点非常重要。

30. 参见：De Giorgi, "Breve profilo del dopoguerra," 33。

31. 参见：V. Gregotti, "Alcune opere di Mario Ridolfi: case Ina a Cerignola, case Ina a Terni, casa di città a Terni, palazzina in via Vetulonia a Roma," in *Casabella,* no. 210（1956）。

32. 参见：M. Coppa, "Il piano regolatore di Terni: parte seconda," in *Urbanistica,* no. 35（1962）: 59 ff.; V. Fraticelli, "Terni: progetto e città," in *Controspazio,* no. 3（1974）: 74–79。

33. 参见：G. Muratore, "Le nuove carceri di Nuoro," *Controspazio,* no. 3（1974）: 44–49。

34. 莫利诺的建筑师生涯在意大利建筑界无疑是一个特例。除了建筑师，他还是一个特技飞行员、飞机和汽车设计师、专利发明家和赛车及摄影的爱好者。他不断地穿梭于各种角色之间，享受着作为建筑顽童的乐趣。在他的装饰、家具、物品和摄影中，他尝试着超现实主义的形式语言，这和高迪、麦金托什以及伊姆斯（Eames）的方式有共通之处。作为一个建筑师，他在尼禄湖滑雪者旅馆之后设计了都灵的皇家剧院（Teatro Regio）、商业会所以及鲁特拉里奥舞厅（the Lutrario ballroom）。对于莫利诺在20世纪50年代的活动可参见：Massobrio-Portoghesi, *Album degli anni Cinquanta,* and C. Borngräber, *Stilnovo. Design in den 50er Jahren. Phantasie unt Phantastik,*（Frankfurt）: 14ff。关于莫利诺成果的简介可参见：G. Brino, "Architettura a tempo perso. Hobby a tempo pieno," in *Modo,* no. 4（1977）: 43ff., and "Carlo Mollino," in *Lotus,* no. 16（1977）: 122 ff。

35. 艾多阿多·格尔纳生于1909年，他的建筑生涯是20世纪50年代意大利建筑界的另一个特例。在维也纳和威尼斯学习后，格尔纳工作于科迪那迪阿姆贝索（Cortina d'Ampezzo），证明了他对环境以及山区特点的超凡敏感性。在科迪那，他的作品包括特尔维大楼（the Palazzo della Telve, 1953–1954）、邮政办公楼（the Post Office, 1953–1955）、基维住宅（the Giavi house, 1954–1955）以及居住共合体（the "Residence Palace" condominium），这些建筑说明除了对材料的关注，它们还受到赖特几何形式的影响。1955–1958年，他设计了考特迪卡多地区的埃尼村（the Villaggio Eni in Corte di Cadore），建筑分散于自然环境中，通过服务性建筑和帐篷群得以丰富；从起连接作用的斜披道可以看出他不受拘束的建筑语言，这些开放的坡道使人想起柯布西耶的手法，同由它们的倾斜运动引发的几何变形联系到一起。参见：L. Ronchi, "Opere dell'architetto Edoardo Gellner: cinque edifici nel centro di Cortina d'Ampezzo," in *L'architettura-cronache e storia,* vol. 5, no. 44 (1959): 82–121。

36. 参见：G. C. Argan, *Progetto e destino,*（Milan, 1965），90。

37. 参见：Tafuri, *Ludovico Quaroni,* 100ff。在参加社区活动之前，夸罗尼曾经参加市民协作运动（the Movement for Civic Collaboration）和社会协助学派（the School for Social Assistance），这些活动的目的在于将社会和城市讽刺结合到一起。参见：L. Quaroni, "Le indagini urbanistiche del centro di ricerche sociali"，1947年6月米兰首届社会技术国际会议未发表文章。关于意大利左

派直到 1959 年 "马克思主义和社会学" 大会前对社会的消极态度，参见：L. Balbo and V. Rieser, "La sinistra e lo sviluppo della sociologia," in *Problemi del socialismo*, no. 3（1962）。另参见：L. Quaroni, M. L. Anversa and others, "Indagine edilizia su Grassano," in *Inchiesta parlamentare sulla miseria*, vo. 13（Rome, 1954）。夸罗尼这段时期的境遇参见他的文章："L'urbanistica per l'unità della cultura," in *Comunità*, no. 13（1952）; "La città," ibid., no. 26（1954）; "L'architetto e l'urbanistica"; 收录于 *L'architetto d'oggi*,（Florence, 1954）。

38. 关于奥利维蒂的思想和建筑的关系参见：Fabbri, *Le ideologie degli urbanisti nel dopoguerra*; *Politique industrielle et architecture*, monographic issue of *L'architecture aujourd'hui*, no. 188（1976）。另参见：B. Caizzi, *Gli Olivetti*,（Turin, 1962），以及相隔 16 年的两项宣言：C. L. Ragghianti, "Adriano Olivetti," in *Zodiac*, no. 6（1960）以及 L. Quaroni, "L'expérience de la Martella," in *Politique industrielle*: 46–47。另外还可以参见：G. Berta, *Le idee al potere. Adriano Olivetti tra la fabbrica e la Comunità*（Milan, 1980）；以及 U. Serafini, *Adriana Olivetti e il Movimento Comunità*,（Rome, 1982）。

39. 参见：A. Restucci, "La dynastie Olivetti," ibid., 2–6; Idem, "Un rêve américain dans le Mezzogiorno," ibid., 42–45。另外可参见南部发展思想同奥利维蒂类似的文本：R. Musatti, *La via del Sud*,（Milan, 1955）。

40. 参见：F. G. Friedmann, "Osservazioni sul mondo contadino nell'Italia meridionale," in *Quaderni di sociologia*, no. 3（1952）and *Un incontro: Matera*,（Rome: UNRRA-Casas, 1953）, as well as the publications of the Commissione per lo studio della città e dell'Agro di Matera（1956）, ed. UNRRA-Casas: F. Friedmann, R. Musatti, and G. Isnardi, *Saggi introduttivi*; T. Tentori, *Il sistema di vita nella comunità materana*; F. Nitti, *Una città del Sud*。

41. 参见：G. Bagheri, "La controriforma fondiaria," in *Comunità*, no. 60（1959）。

42. "马泰拉石穴"案例可参见：N. Mazzocchi Alemanni and E. Calia, "Il problema dei Sassi di Matera," a report given to the consortium of the middle valley of Bradano（1950）; F. Aiello, "Dai Sassi alla borgata," in *Nord e Sud*, no. 5（1955）: 62–88; R. Giura Longo, *Sassi e secoli*,（Matera, 1966）; M. Fabbri, *Matera, dal sottosviluppo alla nuova città*,（Matera, 1971）; Group "Il Politecnico," *Rapporto su Matera. Una città meridionale fra sviluppo e sottosviluppo*,（Matera, 1971）; M. Tafuri and A. Restucci, *Un contributo alla comprensione della vicenda storica dei Sassi*（Matera: Ministero dei Lavori Pubblici, 1974）; A. Restucci, "Città e Mezzogiorno: Matera dagli anni '50 al concorso sui 'Sassi,'" in *Casabella*, no. 428（1977）: 36–43; idem "Gli intricati destini di Matera," in *Spazio e Società*, no. 4（1978）: 93ff.；以及专论 *Storia della città*, no. 6（1978）。

43. 对于马尔特拉村规划，参见：G. De Carlo, "A proposito di La Martella," in *Casabella*, no. 200（1954）; F. Gorio, "Il villaggio La Martella, autocritica," ibid.; Tafuri, *Ludovico Quaroni*, 105–116; Quaroni, "L'expérience de la Martella"。

44. 参见：L. Piccinato, "Matera: i Sassi, i nuovi borghi e il piano regolatore," in *Urbanistica*, nos. 15–16（1955）。对于坚持了新现实主义路线的马尔特拉新综合区可参见：L. Quaroni, "I concorsi nazionali per il quartiere Piccianello a Matera e per il Borgo di Torre Spagnola," in *L'architettura-cronache e storia*, no. 2（1955）。埃莫尼罗、基亚里尼、伦奇等人设计的斯巴安比安综合区（the complex of Spine Bianche, 1954–1957）试图将民粹主义建筑语言合理化，这和埃莫尼罗的作品有关，这些设计同当时的"罗马学派"作品都是20世纪50年代广泛应用的风格的体现。另参见：Conforti, *Carlo Aymonino*, 19–22。

45. 罗马公寓的情况参见：I. Insolera, "Lo spazio sociale della periferia romana," in *Centro sociale*, nos. 30–31（1959–1960）: 33–34；idem, *Roma moderna*, 98–99；P. Portoghesi, "Palazzina romana," in *Casabella*, no. 407（1975）。

46. 阿米迪奥·卢奇肯蒂的作品是罗马专业主义（professionalism）时期的代表，参见：M. Manieri-Elia, *Ugo Luccichenti architetto*,（Rome, 1980）。

47. 莫雷蒂的情况参见：G. Ungaretti, 50 *immagini di architettura di Luigi Moretti*（Rome, 1968）；R. Bonelli, *Moretti*（Rome, 1975）。他的作品今天被美国以更带有欧洲知识分子思想倾向的方式重新评价并不偶然，相关情况参见：T. Stevens, "Introduction" to L. Moretti；"The Values of Profiles" and "Structures and Sequences of Spaces," in *Oppositions*, no. 4（1974）: 110–111。此外，莫雷蒂翻译的关于建筑制模和空间结构的两篇译文最初刊登于：*Spazio*, no. 6（1951–1952）, and no. 7 (1952–1953)。

48. 参见：G. C. Argan, *Gardella*,（Milan, 1956），重印于 *Progetto e destino*, 353–373；以及 A. Samonà, *Ignazio Gardella e il professionismo italiano*（Rome, 1981）。萨莫纳20世纪40年代到50年代的作品参见：G. Ciucci, "La ricerca impaziente: 1945–1960"，收录于 *Giuseppe Samonà, Cinquant' anni di architetture*, 2nd ed.（Rome, 1980），57ff。

49. 帕尔玛的"INA"办公楼参见：E. Gentili, "La sede dell'Ina a Parma," in *Casabella*, no. 200（1954），以及 Gio Ponti, "Lezione di una architettura," in *Domus*, no. 266（1952）。阿尔宾的作品总体情况参见：E. Gentili, "Franco Albini," in *Comunità*, no. 28（1954）；G, Samonà, "Franco Albini e la cultura architettonica in Italia," in *Zodiac*, no. 3（1958）: 83–115；V. Viganò, "Franco Albini. Trente ans d'architecture italienne," in *Aujourd'hui*, no. 13（1961）；F. Menna, "Albini o l'architettura della memoria," in *La regola e il caso*（Rome, 1970）；M. Fagiolo, "L'astrattismo magico di Albini," in *Ottagono*, no. 37（1975）: 20–53；"Testimonianza su Franco Albini," ed. F. Helg, in *L'architettura-cronache e storia*, no. 288（1979）: 551ff.；*Franco Albini. Architettura e design 1930–1970*（Florence, 1979）。

50. 讨论米凯卢琦作品的文本众多，主要讨论其"二战"后作品的有：E. Detti, "Giovanni Michelucci," in *Comunità*, no. 23（1954）: 38–42；L. Ricci, "L'uomo Michelucci, dalla casa Valiani alla chiesa dell'autostrada," in *L'architettura-cronache e storia*, no. 76（1962）: 664–689；*Giovanni Michelucci*, ed. Franco Borsi（Florence, 1966）；L. Lugli, *Giovanni Michelucci. Il pensiero e le opere*,

with an introduction by Fernando Clemente and a selection of writings（Florence, 1966）; M. Cerasi, *Michelucci*（Rome, 1968）; König, *Architettura in Toscana; Quaderni dell'Istituto di Elementi di Architettura*, no. 2（Genoa: Facoltà di Architettura, 1969）; *Michelucci, il linguaggio dell'architettura*, ed. M. C. Buscioni（Rome, 1979）。米凯卢琦的文选参见：G. Michelucci, *La nuova città*, ed. R. Risaloti（Pistoia, 1975）。另参见合集：*La città di Michelucci*, an exhibition catalogue (Fiesole, 1976); 以及 G. Michelucci, *Intervista sulla nuova città*, ed. F. Brunetti（Rome-Bari, 1981）。阿米迪·欧贝鲁兹（Amedeo Belluzzi）和克劳迪亚·康福迪（Claudia Conforti）正在写关于米凯卢琦的专论。

51. 米凯卢琦 1946 年发表的文章和这一情况相关：*La nuova città*: "Architettura vivente," nos. 1–2: 4–8; "Architettura vivente. Della collaborazione," no. 3: 5–13; "Architettura vivente. Della città," nos. 4–5: 4–12;; "La nuova città?", no. 8:1–4; "Troppa arte," nos. 9–10: 5–9。

52. 参见：G. Michelucci, "Come ho progettato la chiesa della Vergine," in *L'architettura-cronache e storia*, no. 16（1957）: 709–713; 以及 L. Lugli, "La chiesa della Vergine（SS. Maria e Tecla）a Pistoia nel quadro della tradizione creativa di Giovanni Michelucci," ibid.: 704ff。

53. 参见：G. Michelucci, "Considerazioni sull'architettura. La nuova sede della Cassa di Risparmio di Firenze," in *Il Ponte*, no. 11（1957）: 1663–1673; 以及 L. Lugli, "La Cassa di Risparmio a Firenze," in *L'architettura-cronache e storia*, no. 31（1958）: 8–16。

54. 参见：F. Dal Co, *Abitare nel moderno*（Rome-Bari, 1982）; 以及 *Teorie del moderno. Architettura Germania 1880–1920*（Rome-Bari, 1982）。

55. 参见：G. Samonà, "Premesse alla nuova urbanistica," in *Accademia*, no. 1（1945）: 35–38, 其中讨论了那不勒斯拉维纳诺区；以及 Ciucci, "La ricerca impaziente," 59–60。

56. 参见：*Casabella*, no. 216（1957）: 16–35; 以及 R. Bonelli, "Edilizia economica: politica dei quartieri," in *Comunità*, no. 70（1959）: 52–54, 这篇文章最初对这样的语言提出了否定的批判。

57. 参见：G. Astengo, "Falchera," in *Metron*, nos. 53–54（1954）: 13–63。

58. 关于这两个综合区的讨论参见：E. Gentili, "Unità residenziale 'Villa Bernabò Brea' a Genova," in *Casabella*, no. 204（1955）: 49ff; M. Zanuso, "Unità d'abitazione orizzontale nel quartiere Tuscolano a Roma," ibid., no. 207: 30; A. Libera, "Il quartiere Tuscolano a Roma," in *Comunità*, no. 31（1955）: 46–49。

评 论

胡恒

两次死亡之间

如果沿用一种精神分析的术语，我们可以说，建筑，具有两个生命。一个是生物学层面上的身体存在；一个是符号层面上的意义存在、符号肌质的存在。换句话说，建筑也面临着两次死亡：生理的死亡（物质性毁灭）；意义的死亡（它在组成现实的符号秩序中的位置被抹去）。前者是不可逆转的自然规律的体现，建筑肌体的生老病死，和人并无本质不同。后者则由现实的符号秩序——按照斯拉沃热·齐泽克的说法，就是大他者——所决定。

一般来说，建筑的生理死亡紧随意义死亡而至。当它的符号功能已经不能满足整体的符号秩序的要求的时候，也就是它的社会位置出现危机之时，其生命也就到了尽头。所以，建筑肌体逐渐衰朽所导致的纯粹的生理死亡其实极为罕有。我们常常见到的是，建筑还在颇为结实的情况下就遭拆毁。

建筑改建所依据的逻辑，就存在于建筑的这两次死亡之间：我们认为建筑客体已经经历了第二次死亡（原始功能已丧失），但是它还没到第一次死亡的时间。其生理死亡期限被人为推延。这样，通过物质上的改造，我们就可以赋予它以新的意义生命，身体也由此重获生机。

如果我们再向前走一步的话，就会发现，改建还隐含着另一个完全不同的逻辑，一个专属符号系统的逻辑：改建，是建筑在两次死亡之间被强行施加的某种符号活动。它的对应物不是残破的建筑客体，而是一种莫名的历史性。在场所的初始能量衰竭和物质悬置之间的空隙中，某种历史性存在幽灵般的出现。它必然且无奈地成为其中的填充物。是它，而不是新的功能要求，担保了该场所在现实的符号结构中的位置。这一历史性存在无关于建筑的过去和未来，它是一个笼罩在场地之上的连续、整体的幻象的化身。这一幻象通过建筑徐徐展开，而建筑在执行这一使命的同时，也在暗中破坏着其最后的实现。某些不可预知的意外（比如建筑的过度符号表现）在现实中时时诱发出新的僵局——功能阻塞、幻象卡壳。

2005年开始策划，2006年基本完工的南京2021艺术区（改扩建工程，现名为"石城现代创意园"），是一个改建的建筑在两次死亡之间完成其各种符号性命运的案例。该场所是一片旧式工业研究机构——江苏省化工研究所。十数幢高不过三层的低矮建筑在一个重要的市区十字路口（草场门桥）的夹角处团成一个封闭区域。经过时间的洗涤，它逐渐失去了在现实的功能网络中的位置。化工研究所整体搬迁，大部分建筑破旧不堪，整个园区废弃成一个垃圾空间。改扩建的目的是将其原有的功能彻底抽离，转化为一个综合的艺术展览与储藏场所。

总的来说，这一功能转向还是成功的。该地块的强烈城市（南京）特征，在转向中保留了下来——身处复杂的城市交通枢纽的位置，却有闹市中取其幽静的味道。原本尺度不大的建筑、曲折起伏的小道、偶尔一见的不远处的土山一角，这些相当符合现有的功能设置。按目前的运转情况来看，几个拍卖行、个人工作室、小型博物馆时常组织些非官方的展览，咖啡馆和餐厅也经营尚可。园区内的十几幢小楼各有其角色，唯有最后完成（2007年初）的南画廊一直处于闲置状态。目前正在对其二度装修，将来供签约画家所用。

按照改建的第二个逻辑来看，南画廊可以说是园区整体符号化更新进程中出现的一个偶发性的功能障碍——本该顺利闭合的整体幻象因为它而卡了壳。我们应该怎样来解释这一不太明显的例外呢？是位置不利吗？这显然不是主要原因。虽然它位置偏僻（改建之前是一个锅炉房），但由于园区里的道路都是曲曲折折，建筑在其中也是半隐半露，所以位置欠佳对其使用影响不大。况且，这一地点是两条道路的交点，在整个地块中起着收尾的作用。

那么，问题出在设计上吗？是否设计失误导致其不敷使用吗？恰恰相反，就设计而言，这是一个力求突破之作——它和近旁另几个由同一建筑师张雷所设计的改扩建画廊的操作方式大相径庭。在南视觉美术馆、艺事后素美术馆中，设计者用明亮温暖的色调和材料对旧建筑进行重新修饰，建筑焕然一新。而在南画廊里，建筑被施以完全不同的面貌：冰冷、沉默、粗野。不同方式的处理导致了截然不同的结果。这一产生于同一设计者身上的差异，给了我们一个暗示：或许正是因为设计自身的种种有背常规的处理（相对于其他建筑），才使得这个建筑偶然性地成为园区连贯符号链的一个中断环节，一个缺口。

那么，这里，我们需要从设计的角度来分析这一悖谬的形成，进而分析南画廊是如

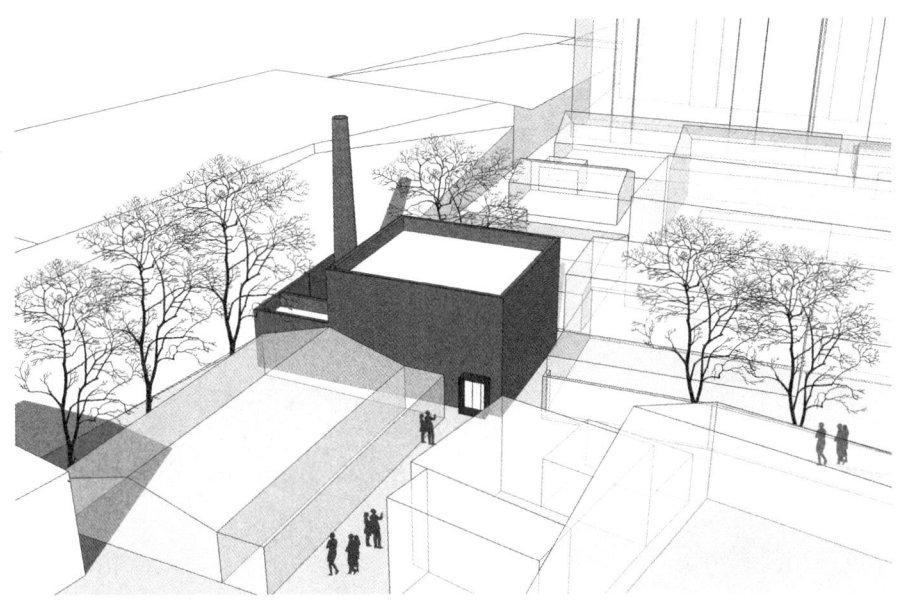

南画廊鸟瞰效果图

何以一己之力承担起使园区的符号化更新进程停滞下来的悲剧命运（这么说并不过分）。当然，这一命运也从相反的方向证明了设计者和建筑的意义。最终，我们将通过这一小小的灰色房子抵达改建逻辑的核心：幻象、符号死亡、历史性存在、创伤，在此密集地交织在一起。

  总的来说，张雷的做法保持着一贯的简洁与直接：利用尽可能少的介入手段实现形态更新。介入手段集中在墙体。南画廊的外层覆面采用的是普通的工业用石棉瓦。这一反审美的贴面材料现在已经颇受人注目，使用者不少。不过这里用作包裹表皮，它的临时色彩未免太过明显——既轻薄又脆弱。尤其时间稍久后，在瓦块的接缝处渗出的点点锈渍，会逐渐破坏掉这一手法本应创造出的逆向唯美效果。这里我们应该注意的是，建筑师在另外几个改扩建项目中，都用上完全不同的斜纹木板条做外贴面。建筑师没有把这种安全的处理手法延续到南画廊，而采用视觉撞击型的工业石棉瓦。这一突忽而来的反常的表现欲颇令人费解。并且，石棉瓦似乎还不能完全满足设计者的这一变轨的冲动。他在主入口处安上了一个三米多高、极其触目的铁门。铁门为三扇，边沿有一圈垂直于墙面40厘米左右的铁门框。门框和石棉瓦表皮、内部空间都无任何过渡，而且厚度偏薄，类似于刀片。现在看来，这一筒型的铁质入口的锈蚀速度比石棉瓦接缝的锈渍蔓延要快

南画廊入口照片

得多。两三个月后,这个建筑就像存在了几十年。可以这样说,整个外皮传达出的是一种时间后缩式的视觉暴力,同时,它也确实起到了压缩时间的作用。

这一反审美手法虽然在整个园区内独具一格,但是作为现代艺术的画廊,却不算如何特别。工业建筑改装为当代艺术的展示空间,无论在国外还是国内,都已成为某种时尚。做法虽千变万化,但基本思路相差无几——利用废弃工业建筑的超常尺度和沧桑感为当代艺术提供一个非日常生活化,且有别于通常模式的空间氛围。

当然,我们可以认为此外皮只是对该设计潮流的一次追逐。但一旦我们将其还原到特定场所,事情就会变得不一样。首先,通过石棉瓦和锈铁门这两种原始材料,南画廊的表皮将该场地的前符号现实的后工业气息挖掘出来。它不动声色地保持了建筑底色的连续性和场景的历史感——这是一个化工研究机构的废墟。这就是它和园区其他的改扩建建筑的表皮手法差别之所在。它们大多沿用了"整旧如旧"标准改建思路,比如不远处的泰国菜馆。它保留了原始砖墙的肌理,经过技术处理,使其具有某种诗意浪漫的怀旧情调。有的建筑也对表皮进行彻底更新,比如与南画廊相邻的观江艺术馆。它在沿路的一面排上密密的一层竹筒。这些做法(一方面是对废墟的审美价值进行再生产,另一方面则收罗新奇的表皮元素强化视觉刺激),看上去无甚关联,实际上却有一个共同点:

它们都切断了和场地的原初特征之间的联系。这对保证园区整体幻象的布展无疑是非常有利的。

在这些建筑中，艺事后素美术馆所用的温情系木板外贴最能体现园区改建的整体幻象的需求。原色的木条拼合成墙面温暖宜人，它恰当地将社会结构（符号世界）的断裂所需要填充进来的历史性存在表现出来。它力图表明，这一场所的衰竭是自然循环的一部分。就像暖色木条所暗示的那样，似乎这里只存在第一种死亡——生理死亡。

所以，石棉瓦和锈铁门这一反视觉手法并非只是简单地为了让某种本来的场所气息得以延续和再生。它真正的作用在于，它让某种难以启齿的东西（死亡驱力）引导着观者在无意间闯入一个禁区。在此，我们触及到了园区改建本该掩盖的原始创伤，也就是关于建筑第二次死亡这一残酷现实的记忆。换句话说，这一遭废弃的场所，不是自然规律的淘汰者，而是符号世界结构变更的牺牲品（2003年化工研究所改制），是现实无法彻底符号化的一个断裂口（由于位置敏感，难以进行正常的高层房产开发），一堆未被消化的剩余物。

设计者直接运用了历史残余物的几块碎片。但这并不是现实本身，因为石棉瓦并非该研究所的产品（它主要研发的是聚合树脂），锈铁门也不是从原地挖出来——它经过设计，有着比例尺度的考虑，甚至还嵌上几个漂亮的字和logo。这是一种必要的符号虚构，它致力于重新创造出一种为新的整体幻象所无法容忍的创伤性历史存在——这和艺事后素美术馆所表现出的自然主义历史存在迥乎不同。

虽然外皮应用的元素寥寥无几，但石棉瓦+锈铁门仍体现出符号超载的力量。它用直截了当的身体性反感取代了视觉上的吸引。它以一种不可质疑的方式唤起场所的自我记忆，使观者面对真实的现实（符号死亡与历史创伤）。与此同时，它也破坏了新一轮符号建构的连续性——其目的是创造一个关于世界的无缝的完整幻象，一个不存在裂痕的连续性历史存在。

和外层相比，内层处理显得低调得过分。它以原砖柱为基准，一斩齐做成连贯的大白墙面。原有的二层通高空间保留不变，在东南侧增设了一个开敞的夹层，作为接待用途。一墙之隔，建筑师设置下了一个巨大的落差。

首先是材质的落差，也就是符号落差。外皮的后工业废墟气息，在内部没有任何反映。虽然锈铁门在内部也还可见，但是在7米高的几面宽窄不一的白墙、白屋顶和暧昧的灯光的烘托下，它更像一个当代艺术作品。相比之下，艺事后素美术馆这几个改扩建

艺事后素现代美术馆

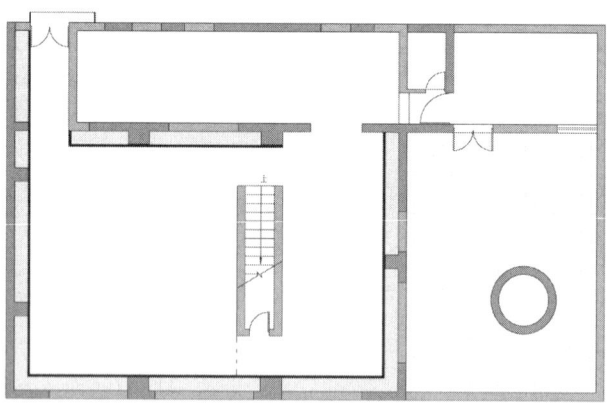

南画廊平面图

南画廊的玄关

的室内在顶棚、开窗和铺地都有和外贴面层相呼应的符号延伸（材质、色调），南画廊这里则空无一物：外侧的几面大高窗全部封起，基本采用人工照明，看上去展品什么的都不需要了。如果说外皮是符号过剩，那么内层就是符号匮乏。无论设计者意图如何，这一内在视觉符号的空乏却起到一个特殊的作用——使空间趋向实体化，虚无的空间变质为一种实在的空无。

其次是空间形态的落差。从外观来看，在石棉瓦的统一包裹之下，改建完成的建筑是一个完整的、严实的方体体块。它和原本室内通高7米的纯净空间貌似完全对应。从内部来看，空间组织自有另一番独立变化——沿1米窄3米深7米高的入口竖向空间开始，几个L型空间在垂直与水平两个向度上连续交错叠合。虽然处理手法朴实无华，但空间序列井然有度。不过，对照改建前的状况来看，设计者在室内做的所有一切都指向一个目的——和外皮断然分离。

平心而论，如果没有外皮的对照，内在空间并无多少可谈之处。但是两者间的强烈反差，却使得彼此的含义得以中和。对立统一的辩证关系得到体现，建筑自身也由此达到高度的均衡感和自足性。跨入锈铁门，建筑便从一张历史姿态的面具转变成一个独立的非历史性场所。在这一内部场所中，建筑师所运用的设计手段——写实材料、极端对比、视觉游戏（外面完整的三扇锈铁门在里面突然变成两扇），创造出一个自我封闭、自我消解的纯建筑，一个毫无情感色彩的抽象物。这是堪比石棉瓦和锈铁门的另一种真实，它沉浸在设计自身的规则之中，是一种不带外在条件的行动。当然，无论是纯建筑，还是抽象物，它的非（或反）历史特性，都会使其脱离出连续的改建链条，成为一个为符号化进程难以消化的异物。从这个角度来说，它和无甚关系的表皮同属一类。

总体观之，南画廊外层表皮的实质在于创伤，内部空间的实质在于空白。前者用超载的符号暴露出改建的死亡内趋力（以第二次死亡作为前提，将第一次死亡押后），后者则将改建的虚幻内核揭示出来。令人吃惊的是，两套结构正相对应：超载符号/实体空白（南画廊）；原始创伤/内在空无（改建）。

或许园区的符号化进程停滞的真正原因，就在于建筑师所赋予南画廊的这一结构，与改建的内在结构过于吻合，换句话说，它将这一秘密结构（创伤包裹着空无）揭示得过于公开。说到这里，似乎南画廊面临的尴尬窘境确实应该归咎于建筑师——他从改建的正常逻辑中脱轨出来，仅只和场所交流，而无视作为必要填充物的自然主义历史性存在；他从幻象执行者的身份跃回空间营造者和历史叙述者，只遵从建筑师的自我本能，

南画廊入口的绣铁门与石棉瓦的立面材质

南画廊的室内空间

遗忘了此刻应尽的职责。但是，换一个角度来看，如果符号化进程真的从来都无法彻底成功地覆盖现实，那么，可以说，南画廊证明了这一点。它用外层的创伤和内层的空白打断了一整套符号预想的展开。它以一种自我牺牲的方式，违抗了自身的符号化命运，表现出现实的符号化进程必将失败这一事实。

我们在南画廊这里看到了现实的一道裂缝，看到了整体性幻象被抵抗、被破坏的一刻。这一刻对于南画廊来说是不幸的。但是这并不影响它所发散出的奇异影响力。5米之外的一个对角的三层建筑仿其模样，也在外皮覆盖上一层同样的石棉瓦（差别只在于由横铺变为纵铺，这是一个耐人寻味的小插曲）。我们也看到建筑师用自己的直觉和经验为摆脱符号秩序所做的努力。这大概就是它区别于周围建筑的价值所在。

当然，这一切很快便会化为乌有（现在二次装修正在紧张施工中）。但是，它已被一道冷漠的目光凝固保存下来。正是这根烟囱，它以一种极度疏离的姿态矗立在建筑身后——建筑师将其保护性地圈起来，没做丝毫改动。它或许是园区改建最后一块无法下咽的硬骨，是这场延续两年多的戏剧的见证。在它看来，这两年里，这块200平方米地面上发生的事情确实有些不一样。如果回溯整个50年（化工研究所1957年在此创立）来看，只有它似乎才算是落幕终曲，一个没有太让人失望的句号。

胡恒：南京大学建筑与城市规划学院副教授

南画廊院子中保留的烟囱

夏铸九[1]

再论设计与社会变迁[2]

"我们知道狮子比驯狮人强壮,驯狮人知道这点。问题是狮子不知道。文学的死亡,可能有助于狮子的觉醒,这不是不可能的事。"(特里·伊格尔顿,1983:189)

"We know that the lion is stronger than the lion-tamer, and so does the lion-tamer. The problem is that the lion does not know it. It is not out of the question that the death of literature may help the lion to awaken."(Terry Eagleton, 1983:189)

一、发问:设计与社会变迁(design and social change)的关系

本文的主旨在于讨论设计与社会变迁,设计如何介入社会?首先,本文的发问在于设计与社会变迁的关系为何?

二、历史角度的理论论辩

接着,我们先做由历史的角度提出一点理论的论辩,产生一些分析性假说。在20世纪初主要的西欧城市中浮现的现代运动(Modern Movement)所建构的现代建筑(modern architecture)浪潮中,设计(design),在产品生产过程中与学院教育制度中,历史地作为一种空间再现(representations of space),制度地生产出来了,这是一种现代空间的生产(the production of modern space)。经历了五个世纪时间逐渐加速的历史过程,文艺复兴时开始建构的西方建筑(Western Architecture)所开启的去历史化过程(de-historicisation),古典建筑变成一个自主而绝对的建筑物,这是客体性(objectivity)与主体性(subjectivity)间的分离[3],师与匠的历史断裂。到了18世纪,一方面,成为美术(fine arts)的一支,以审美价值区分建筑与营造。另一方面,由于考古学的发现,建筑史的研究成果就是建筑师主要的营造措辞。18世纪建筑表现的工业革命与启蒙主义理性,伴随着公共空间与公共建筑的产生,也可以视为政治、社会与知识自由,以及西欧布尔乔亚权力的快速增长。[4]而其古典与历史形式在19世纪末20世纪初,为工业社会

所支持的技术力量与表现纯粹几何原型的空间的文化形式所破坏。时代精神（zeitgeist）被右翼的黑格尔主义者建构为建筑形式的风格（style）分类之规范性措辞与创造性破坏（creative destruction）的美学表现，建筑史家作为鸣锣开道的鼓吹手，建筑师则直接身兼创造者与破坏者。[5] 欧美社会经历 500 年时间逐步加速的过程，现代性（modernity）步伐仍难掩鲁莽，这就是"成为现代"（to be modern）。设计，作为一种创造客体的计划（a plan for creating an object），在 20 世纪包豪斯（Bauhaus）开启的现代建筑教育影响之下，美国的哈佛大学的设计学院（GSD, Graduate School of Design），可以说是建筑，被视作设计教育的现代发展中有里程碑意义的教育体制。设计学院之下主要包括了建筑、地景建筑以及城市规划三者，既是设计的研究院（graduate school），更是专业的学院（professional school）。20 世纪 60 年代柏克莱加大将学院更名为环境设计学院（CED, College of Environmental Design），也更偏重研究取向，就是面对环境（environment）这个整合性的新概念之后更进一步的发展了。至于在 60 年代到 70 年代社会运动所造成的反省性浪潮下，用李查·哈奇（Richard Hatch）编辑的《社会建筑的范畴》（*The Scope of Social Architecture*）一书[6] 作为其中一例，可以视为西方的学院里建筑专业论述重新建构的里程碑。因为可以改变社会，所以称为社会建筑。终于，在 20 世纪末开始的全球信息化年代，借助信息科技的力量，建筑成为商品，追逐垄断性，然而却头脚颠倒，客体退位，几由真实中消失。"设计"推动了由工厂至市场的产品旅程，进入公共关系的形象世界。[7] 前述建筑的客体性与主体性间彻底分离，建筑客体似乎取得了自身生命，由荧光幕上一诞生，就被视为是符号（sign），脱离了与建筑师主体的关系。建筑，成为都市奇观（spectacle）[8] 的表演元素，建筑形式的物神（fetish）功能，使空间象征的设计成为更具支配力的"专业实务"。建筑，成为海市蜃楼之闪光，像幽灵般向我们发言，给予消费者一种奇观景象，像幻象般一再地打断我们的生活。[9]

在全球化信息化年代，建筑师作为一个自由职业的专业者，从来没有像当前这样成为形式主义的俘虏，与其说建筑师成为越界的城际流动的专业者，还不如说，建筑师成为文化明星，本身就是符号。偶像建筑师在当前全新的历史脉络下建构起来，诚然是建筑美学体制或是制度（institution）的作用者。

"建筑都是社会的'迂回未成形的行动'（failed act），是社会深层趋势经过作用者中介的复杂表现，那些趋势无法明言，却又强大到足以模铸在石头、水泥、钢筋、玻璃里，以及在居住、买卖、或崇拜形式的人类知觉里。当然，社会价值的形式表现，并没有简单的、直接的、单一的诠释，建筑师的作品所示，在社会说了什么，以及建筑师想要说什么之间，总是有强烈的、半意识的连结。"[10]

所以，建筑，是社会的表现。一方面，建筑并非社会的反映（reflection），即使是反映，建筑也是一面破镜。建筑，其实是社会的表现（expression）。设计与社会变动间的复杂互动，若简化为社会工程，也不适宜。

另外，设计，是象征表现的把戏。另一方面，为设计而设计，是建筑师自以为是的一厢情愿观点，设计自主性的说法早已经沦为废墟，设计，并不单纯是将建筑物置于基地上的劳动而已。建筑，是空间的文化形式（the cultural form of space），是空间的象征表现（symbolic expression），是赋予了价值的表征空间（valued spaces, and valued spaces of representation）。而设计，则是象征表现的把戏（game, trick），对空间象征表现的策略（strategy）。[11]

再来，专业者的空间，是专业品味与专业技能训练的产物，为制度所结构，是排除生活的地方的抽象空间。针对近年台湾建筑界一些社会活动的经验研究指出，正是透过建筑师的实践为中介，公部门、私部门、第三部门合力建构了一个新的美学体制或是制度，看似充满包容性地涵盖了各种价值，使各种行动者在其中都可以合作，其实是权力场域的支配与收编。[12] 这个结论也在指出与呼应，专业者的空间，既是专业品味与专业技能训练的产物，又经常为制度（institution）所结构，它生产的是抽象的空间（abstract space），是排除了生活的地方。[13] 因此，必须解密（demystify）设计美学，解除建筑神话所掩饰的利益与权力。

最后，至于网络社会的都市结构转变，城市是市民建构的历史过程，却同时，城市是建筑的表演，是都市奇观的表现。面对全球信息化资本主义所催动的都市化升级，全球都会区域的浮现，以及没有城市的都市化（urbanization without cities）现象，一方面，创意城市的创新氛围（milieux of innovation）建构，成为企业主义城市所主导的都市竞争策略；另一方面，社会接纳/排除（social inclusion/ exclusion）逻辑，同时造就了空间隔离（spatial segregation）与社会片断化（social fragmentation）的两极化城市（polarized cities），市民城市（citizens' cities）成为必要的过程，以及响应生态危机的可持续城市（sustainable cities）的建构，都成为急迫的新都市问题（new urban questions）。都会区域是都市创新的节点，却同时也是区域不平等与都市动员的温床。面对新的都市问题，打造市民城市与可持续城市的计划，确实是亚洲城市，不论是后殖民城市，或是后非市场取向而为国家计划主导模型的城市,伴随着经济快速成长,在进入 21 世纪黎明时城市的都市领域(urban sphere)的真实挑战。市民城市的建构,关系着资本主义城市劳动力再生产所需的集体消费争取,都市文化认同与培力,以至于要求都市决策的透明开放,这是市民建构的历史过程,也是充满冲突的政治与社会过程。[14] 与此相矛盾的,城市意象成为商品,是竞争时的市场营销与品牌,都市形式的独特性成为都市企业主义对垄断地租的追求。这时,设计成为创意产业,建筑成为商品的符号,都市象征则给予消费者一种奇观景象。透过信息技术的力量,资本驱动消费主体的欲望(desire)想象,生产符号商品,攫取注意力,提供意义连结,区分社会关系,保证独特性(uniqueness),建构都市奇观。当空间本身成为信息幻象,建筑就成为媒体了。现在,城市是建筑的表演,是都市奇观的表现。[15]

因此,设计必然是社会的产物,社会变迁并没有预定的历史方向,而是被实践所左右。真正的要害是:借用马克思"关于费尔巴哈提纲"的措辞,空间,是由人来改变的,而教育者本人一定是受教育的。设计如何介入社会?如何推动社会变迁?以下,再重复指陈前述暂时性的假说:1. 建筑,是社会的表现。2. 设计,是象征表现的把戏。3. 专业者的空间,是专业品味与专业技能训练的产物,为制度所结构,是排除生活的地方的抽象空间。4. 城市是市民建构的历史过程,却同时,城市是建筑的表演,是都市奇观的表现。在这些松散的分析性假说的基础上,让我们面对现实里的经验个案。

三、经验个案

1. 贵州青平村蜡染主人与蜡染作品间的关系与情感是生命的一部分。这是活的主体的手艺,不是死的客体与物件,更不是被生产、买卖、消费的商品。

《汉声》杂志社黄永松编辑蜡染一书时,走过黔东南到黔西、黔北收集资料的这个过程中,曾有过一段动人的插曲,展现了蜡染的主人与蜡染的作品之间微妙的关系与特殊的情感,看见主体与客体间的特殊关系与情感,节录如下:

"青平村绕家多长寿老人,其中有一位曹汝讲老太太,今年102岁,她的曾孙龙帮平和她住一起。老人至今耳聪目明,虽然佝偻着腰,可身手敏捷,不需年轻人照顾。她翻箱倒柜找自己的蜡染作品给我们开开眼界的,是件背扇,90岁时的点蜡之作。画面以螺丝花为主纹样，四周配置狗牙板。螺丝花宛转流畅，左顾右盼；她又在中心花头上略加三刀，形象似花似鸟。鸟鸣花香，满福春光，就是这位满脸写尽沧桑的百岁老人内心世界吗？她的曾孙子和她商量同意转让了一件背扇给我们之后，戏剧性的情节就出现在此时，我突然看见她佝偻着腰，嘴里叽里咕噜着直冲过来。她虽然颤颤巍巍，目标却是锁定了我，因为我的手上正拿着那件背扇！我不明所以，只有后退。说时迟，那时快，只见她的曾孙一个箭步冲到她身旁，嘴里同样说着什么，一边用力把她扯过身去。我们急忙转身就走，不料她竟挣脱曾孙又颤颤巍巍的冲来，情急之中也不知何人提醒：她不肯卖了，快上车！我掉头一看：她还是冲着我来。她的曾孙疾步赶上，又是一番言语一番拉扯，她才回转，我们也才得以安全上车。曹汝讲老太太将蜡染视为生命相关连的珍贵物品，三番两次的抢了回去再由她曾孙送来，最后，剪下边缘的小块布留存，才不舍的离去。她的曾孙告诉我们，曾祖母已经102岁了，这件是老人家90岁时绘制的。他的曾祖母说：'剪下一块，把灵魂留下来，其余身体给你。'"

贵州蜡染，是手艺，蜡染作品上的圈圈点点都不是凭空想象的几何图案，而是河，是道路，是太阳，是星辰，是黄瓜仔，是狗牙板，是蜡染手艺人真实生活的记录与展现，是生命的一部分。这是活的主体的手艺，不是死的客体与物件，更不是被生产、买卖、消费的商品。

2. 四川盐源县泸沽湖木垮村达祖小学校舍的动人设计，谁是设计者

2005年3月以李南阳为代表的台湾善心团，兴建四川云南交界的泸沽湖湖边最贫穷的村子，纳西族聚居的木垮村已经废校的达祖小学。设计过程中，做为创办人兼校长的李南阳于基地上指手画脚，描述构想，砖砌基础，木垮村里纳西木匠师傅操斧。校舍冂字形，面对入口，以两层前檐廊传统木楞房为基本类型，主楼为两层教室，不足再往后增建后排，左手靠山边为科研教室、教师办公及小区会议空间，右手靠田野开敞边则为可避风雨之开敞凉亭。开敞凉亭供公共活动用，可作为非室内教学空间，因为舒服，村里开会常在此。凉亭有前后高低相互依靠、彼此搭迭之屋顶，也被称为慈母亭。左手与主楼木楞房，以及慈母亭三者，共同围起前庭，野花盛开，学童穿行其中，有若世外桃源。在这个动人校园的营造过程中，谁是明末计成在《园冶》里询问的"能主之人"？谁是设计者？李南阳与纳西族工匠师傅。李南阳深知他要什么，纳西师傅则是掌握地方水土、

贵州蜡染

材料、技艺娴熟的能工巧匠。

李南阳和纳西工匠师傅共同设计的达祖小学校园像是生长在泸沽湖边大地之上的建筑，熟悉、温暖、舒服、可亲、地方居民认同。形成强烈对照的是，李南阳去世后，学校成长，校舍不足，适逢"5·12"川震灾后重建，重建团队由香港中文大学建筑系教师、香港龙的文化慈善基金会、中大新亚四川重建基金会提供新芽学堂校舍。达祖小学移开在学校后方的原有医疗站与两间新教室，并新征农地，容纳新建筑。建筑师的构想为轻型复合结构，构件在深圳生产，运至达祖小学基地组装。新建筑能抗强震、防火、隔音、通风、采光、保暖效果佳，使用期可达20年。设计者将建物以半雾面玻璃隔为四间，除图书室、计算机教室外，供五六年级作为教室。由于花费高达人民币42万元，教师提醒学生要小心爱护。结果，2010年冬天第一次大雨，不同建材接缝收头处就严重渗漏水，学生们不解，以此询问教师，教师无解。此外，半雾面隔间玻璃，因需采光而透光，造成隔壁活动常造成上课学生视觉干扰。更严重的是，半雾面隔间厚玻璃一旦损坏之后，地方无能自行修复，维修造成甚大困扰，教师们更是不解。至于厂商同时提供小型风力发电设施，谓可于冬日教室供暖，绿建筑也。然而装置之后，第一年并未发挥预期效能，或许该年风速过低？教师接受用后评估访谈，陈述新建筑造成的诸多困扰之余反问："建筑师之目的为何？"

教室本身若建于香港地区或深圳可能问题较小，然而，在偏远泸沽湖边的营造过程

达祖小学

却十分棘手。除了这些看似技术性的问题之外,最后,建筑师造就了一幢与周边地景、校园基地、既有校舍关系突兀的新建筑。这是现代建筑机器隐喻的再现。新芽学堂的现代营造系统,并不只是如建筑师所言,"完成教育的功能,扩大了支教的平台,也让深圳的制造企业意识到产品更新的巨大潜力。"[16] 这不正是工业化建筑追求的建筑自主性废墟之嘲讽性批注吗?现代建筑的移植与现代建筑论述中潜藏的现代性建构不应该彻底受到质疑更多的吗?以及建筑师自诩:"它们共同提供了像伙伴般的遮蔽所,守护着乡村学童的童年。"[17] 现代建筑师的设计角色难道不应反省吗?

3. 以设计竞争意义,撩拨公共空间的象征效果与社会的关系

旧金山美国银行前广场的公共艺术方案,艺术家使用语言上的"同形异质体"(heteronymy)[18] 设计手法,建构"黑色"的"银行家之心"公共艺术,以幽默感与反

身之镜效果，意喻"黑心"，高明地玩弄与撩拨美学的象征语言与社会的关系。

4. 以公共艺术的争论，竞争意义，保卫真实的公共空间；"公共建筑"的公共性促成了意义竞争，不但颠覆了"建筑"，神话解密，更挖苦了国家，削弱其正当性（legitimacy）

针对市政府拟议开发市民习用的临水岸公共空间为商业用地，1985年弗德雷·费尔斯坦（Fredric Fierstein）在加州柏克莱市（Berkeley City）临水岸（Water Front），主动放置一个大型艺术品，"监护者"（Guardian），声称这是公共艺术，主旨在于"捍卫生命精神"，抵抗开发者之欲望，重新宣示临水岸公共空间的意义。这个事件引起市民与媒体讨论，市府公共艺术委员会也召集会议，讨论该案是否为"公共艺术"，最后，市府留下此作品于原地。事后，亦无开发商愿意冒大不韪投资此案，商业开发案无疾而终。艺术家创造公共艺术争论，这是意义竞争的空间，保卫临水岸的真实公共空间。

意义竞争，亦可另举一例。杭州市政府大厦的设计可以结合杭州市民响应设计的顺口溜一起看待，"削尖脑袋、挖空心思、邪门歪道、黑白不分"。这是公共建筑的象征意义与批判性清议互动，也是空间再现之间的生动互动。"公共建筑"的公共性更容易促成意义竞争，不但颠覆了"建筑"，神话解密，市民的都市文化与公共言论更挖苦了国家，削弱了国家的正当性。随着杭州城市往钱塘江边发展的新都市政策，与市民互动较多的市政中心这一块，在2010年由市政府大厦迁往了钱江新城区。

5. 针对设计的消费端，设计友善是必需的，使用者响应设计是必要的过程，因此，用后评估是设计师保持反省的重要工作

当建筑历史地成为商品，建筑师设计的产品就开始与使用者之间产生断裂了。建筑师替业主设计，若业主并不是使用者，譬如说，房地产资本是建筑设计案的业主，产品生产之后，在流通领域中将产品销售给使用者。建筑师并不知道未来的使用者，也就是消费者的真实需要，若未能预拟良善的建筑计划书，就仅能自我想象与预拟商品需求。业主在乎的是确保商品卖出，资金快速回收，至于是否货不对办，确实事关商业诚信，然而售后服务提高商品成本甚多，也不是业主获得超额利润的关键，广告销售的操作技巧在商品流通的过程中反而发挥了更大的作用。生产客制化的定做商品是高价位商品，订做商品与大量生产商品之间对使用质量的落差，在现代运动开始之前的手工艺运动时就一直是建筑商品化之后的结构性争议。除了住宅设计对消费者真实需要本身的复杂性

使得建筑师难以满足使用者之外，房地产商品若是诉诸消费者运动解决使用者对商品瑕疵的个体消费问题，却又经常因为购屋过程中的契约关系，限制了消费者对房地产资本提出商品消费瑕疵的要求，也限制了进一步对建筑师的专业责任表示不满的机会。在特定时空，20世纪60年代西方社会在社会运动揭橥的反省力量下，社会的力量终于使专业的威望让步，这就是人与环境研究的崛起，用后评估成为必要的专业者反省与专业技能积累的过程。也因此，针对设计的消费端，设计友善是必需的，使用者响应设计是必要的过程，因此，用后评估是设计师保持反省的重要研究工作。

经由用后评估，可以发现明星建筑师安藤忠雄在日本大阪附近的淡路岛星级旅馆设计的平面竟然是一个大A字，其实是安藤个人强大自我意识的再现。更令人吃惊的是，旅馆A字开口面对的坡地花床，竟然是一个混凝土方格牢笼所框限的，没有生机的死亡坟场。至于在淡路岛营造的巨大温室中，作为女性馆长的经营者则是温室的日常使用者，必须日夜与设计师战斗，使用者不断抱怨，这个温室成为她必须耗尽心力来对抗的对象，她必须面对的敌人就是偶像建筑师安藤忠雄。

另一方面，偶像建筑师的偶像，高科技企业的英雄身形，位居苹果经济核心里的生产网络中的剥削天王（emperor of exploitation），史蒂夫·乔布斯（Steve Jobs），以惊人的营销本事与过人的沟通能力，引领风潮所开启的创造性破坏（creative destruction），讽刺地却产生了新的意义。

首先，这个意义为资本之空间生产（production of space）的空间修补（spatial fix）[19]与越界的生产网络（cross border production networks）[20]所支持，为全球治理体制与国际专利法规共同执行，一直要到深圳富士康劳工连跳事件才暴露出对人的越界剥削[21]，一直要到环保团体调研报告苹果的另一面出版，以及苏州昆山苹果代工厂被勒令停工才暴露出对环境的越界污染[22]，以及加州硅谷库比蒂诺（Cupertino, Santa Clara）[23]苹果计算机总部（Apple Campus）的少数技术菁英所得的巨额利润，与全球供应链下端在中国大陆的台湾地区富士康代工厂劳工惊人剥削之间的两极化对照。这个两极对照凸显了国际分工层级中设计顶级的漂亮品牌符号与简约美学设计所再现的全球信息化资本主义体制。在其中，台湾地区的高科技厂商掌握的是"设计代工"（ODM），然而苹果产品卓越质量的背后，却是牢牢控制住一切产品细节，几乎将所有的"设计"工作的关键环节都掌握在自己手中。苹果公司将所有"硬"工作都外包给亚洲国家去"制造"，真正高附加价值的产品设计、软件研发、产品管理、营销，以及其他高薪工作都留在美国。留在美国的是苹果设计，正因为如此，品牌的宗主国美国，在iPhone4、iPad分到58.5%与30%的利润，至于以鸿海为主的台商，iPhone，仅分到0.5%的利润，iPad稍多一点，2%。[24]至于在中国大陆全部的血汗劳工，则仅仅分配到1.8%与2%。[25]这就是全球信息化资本主义体制的越界生产网络中劳动价值的不均等分配（the uneven distribution of labor value in cross-border production networks），也难怪香港大学生到香港苹果商店踢馆，标语是"No More iSlave"[26]。

其次，在这个不平等的越界剥削关系的物质条件上，还得进一步强调，1968年社会运动后世代，经由禅宗静坐的修持[27]产生的创新天才所建构的苹果设计。苹果设计掌握美学精髓甚于流行风格[28]，是符合人性的活的设计[29]。苹果设计强大的质量在于，产品的设计在信息技术的支持下，可以透过网上的生产客制化过程，以及消费端对使用者友善的设计，恢复身体与产品的亲密接触。透过敏锐的体触感（触受感，haptic），苹果创新总能贴合使用者，撩拨其欲望。因此，设计终于有可能成为新的桥梁，主动召唤使用者的身体，顺手与顺心，"和人的感受一致"[30]，使用者主体与产品客体成为"天造地设的一对"[31]。乔布斯的名言直接关系本文主题，这样苹果印记的意义才值得一提："活着就是为了在宇宙中留下一个印记，难道还有其他原因吗？"（"We're here to put a dent in the universe. Otherwise why else even be here?"）[32]但设计者通过什么在天地中留下印记呢？

6. 经由参与式设计的过程中的营造模式，创造了小区，也使住宅成为活的地方

设计者通过什么在天地中留下印记，改变空间与社会呢？延藤安弘领导的小区营造，经由参与式设计过程，在1985年生产了京都U-Court合作式住宅。我们可以透过用后评估（Post Occupancy Evaluation），至少就其中两户的案例提出讨论：

案例一，音乐家夫妇宅，住宅设计的一系列模式值得细究，像：（1）作为小区入口一部分的艺术雕像；（2）日常杂物收置柜中保持洁净；（3）男主人平时在家里爱躺着看天，抬头可以看到一片天空；（4）夫妻各自拥有的工作角落；（5）在没有隔间的大房间中央像船一般的床；（6）厨房；（7）在门后旁的浴厕空间；（8）入口转折；（9）小区感营造。在日常生活中音乐家制造的乐音会造成小区邻居的干扰吗？邻居的互动与小区感营造之间会产生矛盾吗？经由邻里互动的过程，音乐家表示，对邻居而言，乐音是可以忍受的熟悉噪音，而晚上9点之后不弹奏，成为彼此间的默契。我们再询问，若

试以音乐再现小区感？音乐家思索后表示，莫扎特单簧管五重奏（Mozart, Quintets KV 581）。单簧管虽引领主调，但是却不忽视两支小提琴、中提琴、大提琴的音色，让它们沦为陪衬的配角，乐器们彼此对话，单簧管与弦乐共同展现出一种极其流畅如歌的旋律构造与音色质地，让听者得以享用美丽的声音质量。因此，单簧管五重奏表现的音乐是复杂多重不同声音的混合，正如同自家与邻居间经过纠纷磨合的过程而取得了小区和谐。

案例二，以火炉作为中心的家宅。在25年前的U-Court小区营造与参与式小区设计过程中，家宅的母亲由九州岛熊本家乡带来的回忆，在家的中心建造了一个火炉。两个女儿住在夹层阁楼上，因而身上一直带着烟熏味，在学校里一直成为同学的话题，却从不成为真正的困扰。因为只要同学们来家里玩，家宅的壁炉、窄梯、低矮阁楼、天窗，却成为同学们最爱来玩耍的地方。即使日后女儿已经出嫁，由于对老家家宅的依恋却一直不停搬家，逐步移近老家，最后与老家仅仅一巷之隔，在阳台上就可以与母亲招呼与说话，更不必说常常回家。搬回的女儿还是读设计的，在设计公司任职。因此我问她："火炉是家的'中心'吗？"她想了很久，回答："不，我只记得人的关系。同学、母亲、小区里的人的关系。"注意！不是火炉，不是房子，更不是空间形式。建筑是活的，生命才是关键。而设计师岂可目中无人？

假如我们就京都U-Court的整体设计特色作进一步分析，与其说串联起各家户的是阳台、露台、走廊等，其实不如说是"缘侧"（engawa）。这不是设计师加诸其上，而是居民们在参与式过程中，为了邻里互动而主动建构的建筑模式（pattern）。这是能互动的露台，是在空中也一样有绿意与水面的阳台，儿童们会经过、玩耍其间的廊道，于是各家户之间连续的"缘侧"造就了一种有小区感的开放空间。在日常与非常的时间里，逐步经营出有人味的地方。

1999年在熊本市（Kumamoto City）营造的M-Port的道理也是一样[33]，Moyai，在熊本地方就是把船只用绳子系起来不使流散的意思。在M-Port的设计中，玄关、阳台、走廊都"缘侧化"了，也就是小区化与公共化了。再加上时间流转，居民们生活上的习惯逐渐改变了地方，丰富了空间，既塑造出各家户的独特性，又共同形成了公共性与集体感。

"缘侧"的基本类型可以分为外缘、内缘、入侧缘等几种原型，但是，缘侧不只是游廊，不只是阳台或是露台，而是室内与室外，公共与私人关系，沟通与互动，人与人

M-Port

住户、设计师、协调人三者自由对话

产生新的关系，如此发展下去，假以时日，"缘侧"就是小区空间。"缘侧"不仅限于日本的传统住宅，也会在其他的文化与社会中存在，都可以视为是具有"缘侧"性格的元素。譬如说，台湾地区阿美族部落家屋前小区吃吃喝喝的空间模式"Badaosi"[34]，台湾地区汉人与唐山对渡的河港城市中店屋前的"亭子脚"与日后商业街道的"骑楼"，甚至，公共建筑中也可以因"缘侧"产生新的生命力，而使建筑物不仅是常规性的公共设施而已，取得了建筑的活力。其实，"缘侧"的关键意义是人，当屋主有意款待外人，与人们沟通，室内室外互动，遂造就了"缘侧"的多样性，联系人与人互动的小区感与公共性，造就了人们聚居或是都市生活中最可贵的部分。

因此，领导 U-Court 与 M-Port 的建筑专业者延藤安弘将"缘侧"类型化之后，归纳了 6 点作用：（1）调节气候，造就让人舒服的起居环境。（2）享用食物，造就交流谈笑的生活空间。（3）采收农作物后作为晒场与临时收纳的生产用地。（4）尤其在过去，这里是可以待客、婚丧仪式进行的象征空间。（5）在此观风景，赏秋月，获得内与外、远近景、人工与自然元素相互融合的美感效果。（6）在公私分明的社会状况中，可以相互联系、彼此协作、相互支持、关系和缓的共同（common）想象与行动，这是"小区共同体的缘侧"（community engawa）的社会建构。总之，延藤认为，日本传统住宅中的"缘侧"这个建筑模式，可不是屋后侧廊檐椽构造之下的物理空间元素，而是融合内外空间的硬件与培育小区软件的两侧面，也是针对未来的住宅营造与小区营造上重要的关键词之一[35]。在理论的层次，这是认识所有的建筑，要懂得设计，要懂得小区营造，要懂得规划的人文要害的共同道理。

7. 北京中央电视台总部的意义竞争[36]

雷姆·库哈斯（Rem Koolhaas）设计的北京朝阳区东三环道路旁的中央电视台总部，L 形环状雌雄同体（hermaphroditic）大建筑物，以戏剧性形式，将庞大而集中的中央台的社会关系以梦想的符号展现。它有似中国的武侠传奇中，江湖各门派高手云集的比武较技盛会一般，最极端的魔头，练就葵花宝典的东方不败，甫一现身，她的出场威望，有似君临天下，就将已经盘踞在北京中央商务区其他商业建筑的聒噪不安，压制得一时无语，全场无声。这真是都市奇观之营造。

这是一个意义竞争的战壕，北京市民称为：大裤衩。在一开始它就发挥了意义颠覆力量的淋漓尽致效果。手机短信也是意义竞争的例子，既是顺口溜的传统在信息化社会流动空间中再现与复活，也是网络社会的文学，有点打油诗的直接：

央视新楼，裤衩造型。耗资巨大，精彩诠释。

"新闻是扭曲的，内容是空洞的，形式是奢华的，立场是倾斜的，思路是混乱的，创意是疯狂的。"

接着央视在员工中办征名活动，引发网上的"智窗"（痔疮）提议。至于央视 2009 年 2 月元宵节大火，真实空间的真实危机远远超出了央视总部力所能及之处。引发网络十大神兽之首，草泥马（·´ｪ`·），联系上天煞，草泥马之怒，不正是中国大陆网络民主的活力表现吗？不也是流动空间的意义竞争力量的表现吗？这真是网络社会的动人案例。歌词值得节录：

"在那荒茫美丽马勒戈壁

有一群草泥马，

他们活泼又聪明，

他们调皮又灵敏，

他们自由自在生活在那草泥马戈壁，

他们顽强勇敢克服艰苦环境。

噢，卧槽的草泥马！

噢，狂槽的草泥马！

他们为了卧草不被吃掉 打败了河蟹，

河蟹从此消失草泥马戈壁。"

这是大裤衩？是智窗？亦或是痔疮？还是说，CCTV 是"CCAV"？中央色情产业？这是两条后腿的屁股？还是性骚扰？亦或是光辉闪耀的认同标志？正是建筑的意义竞争。网络民主的意义表现，逼使库哈斯主动脱下裤衩。其实，他在 2003 年出版的 *Content* 已经脱下裤衩。这个狠角色，让还没有开始使用的中央电视台总部本身存在的意义先行崩解。这是流动空间的意义竞争力量的最高表现。中央电视台总部则是这个都市奇观的中心，它是按照自己的形象所创造的世界，也是媒体帝国庞大权力的再现。

8. 上海世博中国馆前的中国台湾馆，山水心灯——数字媒体展示就是形式[3]

世界博览会是个商品展示的大型事件，它历史上一直就是建筑的盛宴，建筑的表演，世博会的建筑是建筑中的建筑。其不同之处只是在于，21世纪的上海世博会表现得越多，就越发展现出流动中数字再现的巨大力量。台湾馆建筑形式本身就是媒体。为什么？台湾馆基地甚佳，需与7000万人对话，40万人/日，全部看完世博会各馆至少需要3-5天，排队，将是世博会中最主要的活动。小小台湾馆容纳量，在整个世博时间能进入台湾馆访客，全部下来最多也仅140万人，相较中国馆约750万人，如何容纳人流，都是各馆最严重的挑战。此外，台湾馆身旁，由中国馆65公尺高处可提供贵宾俯瞰全园（VIP overlook），这是个重要的被看到的视点。因此，李祖原建筑师代表的团队的设计答案，建筑物就必须是媒体（building as media）。建筑客体作为形式（architectural object as form），建筑，西方文化中的建筑，经历文艺复兴以降的漫漫长路，终于因为商品与符号，而取得了生命，建筑物自己要发言。独特性（uniqueness）成为商品垄断地租的唯一价值，同时成为一个符号，成为物神（fetish），它就是建筑。

这是对比。由19世纪末艾菲尔铁塔所展现的经验，工业社会的童年，全景视野，俯视，看清楚世界，所再现的结构主义的唯智主义（也是西方现代认识论的代表）；铁塔作为入族式，表现巴黎以至于欧洲的品味与认同。[38]21世纪初，上海世博会的台湾馆展现的，同时获得室内与室外，具备媒体沟通效果的，再现的空间经验，其实是信息社会的童年，一种全天域的媒体影像经验。这技术在爱知博还不到位；它超过全天域球体剧院，超过过去的全天域电影，原称OmniMax，现在称为IMAX Dome，也超过了塞维亚博览会的圆顶立体电影效果，由德国巴尔可公司（Barco Corp.）投影机技术支持，360度影像无缝搭接，融入浸浴多媒体剧场，真假不再分，这是真实虚拟的文化。对中国台湾人言，竟然是由数字流动空间再现了越界的台湾认同。

9. 印度拉查基尔（古王舍城Rajgir）至菩提伽耶（Bodh Gaya）佛陀故迹行脚途中不用意的乡下自在小店

身处全球信息化年代空间与社会的剧烈改变过程，在印度佛陀故迹行脚途中，行经拉查基尔（古王舍城Rajgir）往菩提伽耶（Bodh Gaya）公路边，行脚者们心中很努力地学习放下自己，也因此有人"不用意"地突然招手将车停下小歇。一间提供当地南来北往的货车休憩小歇、补胎充电的驿站小店，前庭开敞迎客，不论是客人歇脚的茶棚，还是提供热奶茶的开放炉灶，内部供休憩的朴素桌椅与简易榻铺，甚至是在前庭向外伸出一角，用报废轮胎摆砌成嘛尼堆一般的招客地标，都像是包容在周边农田地景里的孤单乡下旅栈，却提供快速流动动线旁静止安稳的停留地方，这里完全没有所谓的设计构想、专业品味以及专业技能训练要求的表演把戏或是竞争策略的手法。营造者就是使用者，也就是小店经营者，他们依靠习气、惯性与直觉所建构的营造模式，如此"不用意"，甚至包括贫穷而流连店内外的老者眼神中流露的"自然"与"自在"，与此对照，所有设计创意的形式都显得"做作"。假如我们一方面小心避免西方殖民者的帝国之眼，另一方面躲开对贫穷文化边缘性（marginality）的不现实浪漫想象，这个路边乡村小店家，一切剧烈的社会变迁像是无所谓的身外之事，既与它赖以谋生的路边生计有着紧密关系，却又显得无所计较。数里之外的昔日辉煌王舍城变幻如泡影，日常生活中的接客歇脚如此真实却又无所贪求，只是营生的基本作业方式。我们赫然惊见，全球信息社会中设计创新的贪婪动力造就的正是对人与物，以及对环境的破坏，因业相循，最后，伤及自身。终究，生命与生活本然如此，外来的行脚者们，不论是否为专业者或是非专业者这样的半个知识分子，作为外来者，真正看到与体验到了，仍然会被感动。其实，我们被知识与专业技能所惑久矣，竟然忘记了自己本来的面目。

四、结论

经历了前述不同个案的体验之后，我们可以进一步抽象化设计与社会的变动关系，深化前述的理论假说。

关于Architecture，建筑，它是明治维新日本学习西欧文化后翻译的汉字，原来译为"造家"，1894年建筑史家伊东忠太建议将"造家"改译为"建筑"。1897年，根据伊东的提案，"造家学会"改名为"建筑学会"，次年"东京帝国大学工科大学造家学科"则改名为"建筑学科"（1898年）。[39]建筑一词的翻译其实是误译。15世纪之后在西欧文化中建构的architecture的西方文化意义，移植进入日本、中国等地之前，其实是没有相同意义的词语，更不必说，20世纪初的modern与design的移植，以至于在21世纪初网络社会中city一词的移植了。以马克斯·韦伯（Max Weber）的措辞，西欧近代的城市是特定社会组织与文化价值的表现，城市为市民（citizens）所定义[40]。因此，我们需要对这些词语经由认识论上的反身性批判，重构建筑论述，譬如说，建筑其实是生活的空间与时间，是人生活的空间与时间的有机体；也因此，有必要重构现代建筑论述；

也因此，有必要重构设计论述（design discourse），以及都市论述（urban discourse）。

譬如说，现代建筑不应是模拟机械的无生命客体、东西或是存在物（Seindes），建筑、地景、城市、区域甚至还包括了在信息技术支持下的数字媒体，均为人的劳动所营造的文化造物，首先必须容纳人与其他生物，为人的生活使用。因此，主体与客体，生命体与对象物在现实生活中结合为一，成为有生命的存在物（das Wesendes），是活的有机体，是人生活空间与时间营造的有机体[41]。这些不同尺度的空间有机体，都是营造劳动的产物，是劳动的对象化与客体化，尤其是，在资本主义体制中劳动成果的异化、外化或物化，失去了生命的原因在于商品化，对它们的理解与思维，确实不是一个理论的问题，而是一个实践的问题。

就在本文发表的时间里，由于纳入全球经济，中国大陆的生产力发展与内部分工，首先引起工、商业劳动同农业劳动的分离，从而引起城乡的分离和城乡利益的对立。经济活动的社会分工进一步发展，在2011年，也导致了建筑学院内部的进一步分工，建筑、景观建筑、城市规划终于分别取得了学院内专业分工的一级学科的地位。这种分工有益于争取国家制度内教育资源的分派，然而，是否有益于专业互动，在实践里塑造空间与时间的存在物，改善生活空间与时间的质量呢？

就在同样的时间里，中国大陆现实里的实践经验却刚好相反，某一处园林规划项目，景观建筑师对基地的规划，却与园林中建筑师的建筑设计格格不入，专业者之间竟不能沟通与合作[42]。而在中国台湾地区，为了解决政府的公共工程屡被诟病制造没人使用的"蚊子馆"，公共工程委员会正在着手推动青年竞赛，征求设施活化与地区再生，奖励提案[43]。这个竞赛提案正好是鼓励：建筑物（building）不可与土地所在的都市脉络（urban context）分离，规划（planning），至少就是建筑计划书（architectural program），不可与建筑设计分离，使用者不能与建筑物分离，要求青年专业者，包括学生们提案，如何活化建筑客体，如何让公共设施再生。所得奖金鼓励得奖者继续用于下一步推动执行时的小区动员与参与，或是出国参访，将所获回注于小区基地。坦白说，未来的执行要害不在于后续预算编列多少，而在于如何催促地方政府持续后续之执行，以及如何突破当地僵化的相关法令与制度。这是造就没有生命的"蚊子馆"与使建筑死亡的元凶。当前台湾地区的特征之一在于，一个拘泥僵化的地方如何能面对有活力的市民社会，正是这个竞赛提案所潜藏的空间意义。

究其根本，现代制度所生产的空间并不是中性的空间，而是专业品味与专业技能训练的论述产物，因此是抽象的空间。抽象空间经常折磨使用者，破坏基地环境，以无言反应拒绝沟通，却偷渡或是强加支配性价值于其上，从而消灭了生活的地方。现代设计、建筑与规划以及建筑师与规划师已经成为现代体制或制度中建构的专业者，经由操作像石头一般顽固的字词、图绘、影像与权力建构的论述空间（discursive space），它们承载美学与工程技术的教条（canons），是一种空间论述（discourse of space）与空间表征和再现（representation of space）。由速写、绘图、工程制图、模型、施工图说、工程大样图等，到规划与建管文件、设计准则等空间再现（representations of space），甚至也都可以数字化，然而，如何能重新连接劳动过程中身体的触感，却是再现媒介与输入法造成身体疏离的要害。它们建构专业实践的空间操作，结构了专业者的思维与想象空间，这是专业论述的体制或制度所生产的空间。

现在，空间，资本主义空间，成为商品，成为符号，最后建构为都市奇观，头脚颠倒，替代了真实，甚至就是媒体，承载意义，而规划与设计专业者自己也成为偶像、文化明星，以及全球信息化资本主义制度的作用者。透过信息技术的力量，资本驱动消费主体的欲望（desire）想象，经由设计，生产符号商品，成为创意产业，建构都市奇观，当身体本身成为信息幻象，承载意义，建筑就成为媒体，建筑发言，传播意义了。

另一方面，透过网上的生产客制化过程，以及消费端对使用者友善的设计，恢复身体与产品的亲密接触。设计有可能成为桥梁，主动召唤使用者的身体，顺手顺心，和人身体的感受一致，让使用者主体与产品客体成为天成佳偶。

设计，或者说，作为建筑与规划（architecture and urbanism）的专业者，只有放空自己，让使用者，让小区能够参与，进入空间领域，将空间的论述，论述的实践，改造为生活的、身体经验到的空间。尤其历史地面对国家与市民社会浮现之间[44]，政府与都市变迁之间的争议与冲突，在民主的基础上，参与式设计是一种出路。换句话说，在参与式过程中的专业者所使用的论述语言，空间的论述元素与营造模式，是使用者能了解与互动的空间与社会的整合物。然后，经由培力（empowering）的过程，设计过程，可以增勇使用者，可以在生产与消费的社会过程中重新营造设计师、营造者、使用者……之间的关系，克服主体与客体间的分离。这也就是说，经由设计的社会过程创造了小区，空间成为居民认同的依恋地方，也使住宅变成活的栖居之地，城市联系人与人互动的公共感，造就了人们聚居或是都市生活中最可贵的部分。因此，设计，也有可能历史地有助于市民社会的浮现，培力增勇使用者，赋予意义，竞争意义，改变我们的空间与社会[45]。

因为可以改变空间与社会，我们必须面对国家与市民社会的关系这个理论议题。市民社会是一套组织与制度，市民社会与国家间的双重性，这个特征值得深思。市民社会一方面延续国家的发展过程，另一方面根源于人民。市民社会的双重性特征使得它是政治变动的特殊场域，在其中，可能有机会不经由直接诉诸武装革命，经由民主的过程，也可以穿透国家，推动政治与社会的改变[46]。在市民社会的制度（institutions）与国家的机器（apparatuses）之间的关系与互动，正是关乎民主与市民性（civility），也就是公共精神、公共领域、公共空间的建构过程。这就是前述一再强调的参与式设计施展的场域。

最后，即使社会变迁并没有预定的历史方向，而是被实践所左右，我们仍然可以就设计与社会变迁的辩证的互动关系，提出理论抽象。在选择的经济和社会的发展模型与空间结构之间有种密切的关系；它造成经济社会危机与新都市问题，联系上政治上崛起的管理阶级与难以处理的危机与问题；它对空间结构造成长远的影响，也深刻地塑造了都市形式。经由设计，人们生产了时间与空间，在人们生产了历史与地方（places）的同时，也被历史与地方所生产，人改变了自身。进一步，人们并不在自己选择的情境下生产历史与地方，而是在既存的所直接面对的社会和空间结构的脉络中生产，当前网络社会结构赖以展现和人们再生产的实践活动都不会脱离空间结构的历程，以及过去的工业化空间又同时限制和促成了社会实践与社会结构。我们可以说，社会变成了空间，空间也变成了社会。设计，既是空间象征表现的语言把戏，又是意义竞争的战场。经由设计，特别是公共设计，争夺都市空间的中心化，我们可以将其视为空间的再度领域化（re-territorialization of space），为了市民的利益，保卫真实的公共空间，进一步重建我们生活的空间（rebuilding our living space），就这个角度，其实，设计就是社会，社会就是设计。

佛陀故迹行脚途中遇见乡下路边小店的空间生成手法[47]，让我们这些专业者很难参悟，或许，借用佛法措辞，"止止，我法妙难思"[48]，以及，是否也是如孟子所说的"不动心"[49]？治国平天下之前需先修身，设计者金刚唱颂，调息定静，是以不动心，不起念，养其气[50]，达到如如自在，才能如入化境[51]。这也就是说，没有设计的造作，才是营造之常道（the timeless way of building），也才是最实在的设计。面对全球巨变下的空间与时间，作为一种否定法的方法论，禅宗与佛家提供的本体论理论启发有如当头棒喝，醍醐灌顶，忏悔修心，重建丛林[52]，以行清规，重育全新的设计者，设计者放下自我的知识执著，才能真正改变社会。舍我其谁？而不动心，在于无我。

孟子去齐。充虞路问曰："夫子若有不豫色然。前日，虞问诸夫子曰：'君子不怨天，不尤人'。"曰："彼一时，此一时也。五百年必有王者兴，期间必有名世者。由周而来，七百有余岁矣。以其数，则过矣；以其时考之，则过矣。夫天未欲平治天下也，如欲平治天下，当今之世，舍我其谁也？吾何为不豫哉？"[53]

夏铸九：台湾大学建筑与城乡研究所教授兼所长

参考书目：

自然之友、公众环境研究中心、达尔问 (2011)："苹果的另一面"，《IT 行业重金属污染调研报告》，第四期，苹果特刊，1 月 20 日。

南怀瑾 (1987)：《中国佛教发展史略论》，台北：老古。

南怀瑾 (2011)：《孟子与公孙丑》，台北：老古。

潘毅等 (2010)："两岸三地"高校富士康调研报告。

延藤安弘、森永良丙、曾英敏 (2000)："由协同住宅所见之人与环境的关系谈共同居住的意义——Moyai 住宅与 MPort 之实例"，《城市与设计学报》，第 11–12 期，3 月，第 259–293 页。

延藤安弘 (2011)："缘侧——能够将空间力量与人类力量进化"，台湾大学建筑与城乡研究所全球学术演讲系列，2011 年 10 月 14 日，18:30–21:30，公馆一楼。

城市杂志中心编辑 (2010)："走向公民建筑"，第二届中国建筑传媒奖提名特刊，《南方都市报》，2010 年 11 月 4 日。

陈良榕 (2011)："一支 iPhone，台湾只分到 0.5% 利润"，《财讯》，第 383 期，10 月 13 日，http://mag.chinatimes.com/mag-cnt.aspx?artid=10385&page=1。

陈曼侬 (2011)："苹果供货商，排污造成牛奶河"，《中国时报》，9 月 2 日。

夏铸九 (1992)："理论建筑——朝向空间实践的理论建构"，《台湾社会研究丛刊—02》，台北：唐山。

夏铸九 (2001)："全球化过程中台湾社会的挑战：跨界的生产网络 vs. 跨界的政治"，《都市与计划》，第 28 卷，第四期，第 413–420 页。

夏铸九 (2011)："河南三门峡塬上窑洞与台湾合院的对话"，《时代评论》，第 1 期，5 月 4 日，第 23–25 页。

陆士杰 (2011)："苹果有 iOS 不怕没贾伯斯"，《联合报》，8 月 27 日。

叶家兴 (2011)："企业应致力创造社会价值"，《中国时报》，11 月 2 日，第 A15 页。

饶佑嘉 (2011)："美学体制在当代台湾——建筑场域的实践中介"，建筑与城乡研究所硕士论文。

Barthes, Roland (1968/1979) *The Eiffel Tower and Other Mythologies*, New York: Hill and Wang.

Barthes, Roland (1977) "Inaugural lecture, College de France", in Sontag , Susan (1982) ed., *A Barthes Reader*, New York: Hill and Wang:468–469.

Bergdoll, Barry (2000) *European Architecture 1750–1890*, Oxford: Oxford University Press.

Bolton, Richard (1989) "Figments of the Public: Architecture and Debt", in Diani, Marco and Catherine Ingraham eds., *Restructuring Architectural Theory*, Evanston, Ill.: Northwester University Press, pp.42–47.

Castells, Manuel (1983) *The City and the Grassroots*, Berkeley and Los Angeles: University of

California Press.

Castells, Manuel (2000) *The Rise of the Network Society* (Second edition), Oxford: Blackwell.

Castells, Manuel (2010) *The Power of Identity* (Second edition), London: Blackwell.

Debord, Guy (1994) *The Society of the Spectacle*, New York: Zone Books. (Original published in France in 1967)

Eagleton, Terry (1983) *Literary Theory: An Introduction*, Minneapolis, Minnesota: The University of Minnesota Press.

Harvey, David (2001) *Spaces of Capital: Towards a Critical Geography*, New York: Routledge, pp.324-373.

Hatch, Richard (1984) ed., *The Scope of Social Architecture*, New York: Van Nostrand Reinhold.

Hsia, Chu-joe (2011) "The Political Process of Xizhou", the 7th Conference of the Pacific Rim Community Design Conference, "Sustainable Landscape, Sustainable Community", September 11−14, 2010 at Awaji Laandscape Planning and Horticulture Academy, University of Hyogo, Awaji-shima, Japan.

Hsia, Chu-joe (2011) "The Symbolic Expressions of Global Metropolitan Regions: Architecture as Media, City as Hollywood for Architecture?", Keynote speech for East Asian Architecture International Conference, , May 12−14, "South of East Asia: Re-addressing East Asian Architecture and Urbanism", Singapore, National University of Singapore, Department of Architecture.

Kraemer, Kenneth L. and Greg Linden, and Jason Dedrick, (2011) "Capturing Value in Global Networks: Apple iPad and iPhone? ", http://pcic.merage.uci.edu/papers/2011/Value_iPad_iPhone.pdf.

Lefebvre, Henri (1991) *The Production of Space,* Oxford: Blackwell. (French edition 1974).

Saxenian, AnnaLee (1999) *Silicon Valley's New Immigrant Entrepreneurs*, San Francisco, California: Public Policy Institute of California.

Tafuri, Manfredo (1980) *Theories and History of Architecture*, New York: Harper, pp.14−18; ch.1. (Original Italian edition 1968/1970/1976)

Vidler, Anthony (2008) "Introduction", in Vidler, Anthony (2008) ed. *Architecture Between Spectacle and Use,* Williamstown, Massachusetts: Sterling and Francine Clark Art Institute, pp. vii−xiii.

注释：

1. 台湾大学建筑与城乡研究所教授兼所长，hchujoe@ntu.edu.tw。

2. "城市发展与空间变异——第二届南京大学空间研讨会"论文，南京，南京大学人文社会科学高级研究院主办，2011年11月26日。修改前论文曾以"设计与社会变迁"为初稿，在2011成都双年展国际设计展专题研讨会，"谋断有道：设计与社会工程(The Solutions: Design and Social Engineering)"发表，2011年9月29日至30日，成都东区音乐公园。

3. 西方建筑师(architect)的历史性建构，现代建筑与历史之蚀(the eclipse of history)，这部分的观点请参考：Tafuri, Manfredo (1980) *Theories and History of Architecture*, New York: Harper, pp.14−18; ch.1. (Original Italian edition 1968/1970/1976)。

4. Bergdoll, Barry (2000) *European Architecture 1750−1890*, Oxford: Oxford University Press, pp.4−5.

5. 必须认识建筑史论述的历史形构(the historical formation of the discourse of architectural history)，从18世纪温克尔曼(Johann Joachim Winckelmann)开始，建筑史家就一直以哲学的角度与建筑师建构制度的空间的论述。面对历史中的建筑，风格(style)逐步成为区分历史转变过程中，建筑形式断代的分类范畴，无论是新古典主义还是国族主义，风格的折中主义成为19世纪的终局，而现代主义则以设计的创新对抗风格。因此，有些建筑史家，如尼古拉斯·派夫斯勒(Nikolaus Pevsner)、西格非·基提恩(Sigfried Giedion)等，其实是历史的鼓吹手，时代风格(Zeitgeist, spirit of times)则成为规范性的词语，为现代建筑师与现代建筑鸣锣开道，这也就是现代建筑制度与论述权力建构的历史过程。

6. 作为社会建筑论述建构的代表之一，可以参考：Hatch, Richard (1984) ed., *The Scope of Social Architecture*, New York: Van Nostrand Reinhold。

7. 设计终于进入公共关系的世界，这部分的观点请见：Bolton, Richard (1989)，Figments of the Public: Architecture and Debt", in Diani, Marco and Catherine Ingraham eds., *Restructuring Architectural Theory*, Evanston, Ill.: Northwest University Press, pp.42−47。

8. 建筑成为奇观，奇观的观点引自：Debord, Guy (1994) *The Society of the Spectacle*, New York: Zone Books. (Original published in France in 1967)；Vidler, Anthony (2008) "Introduction", in Vidler, Anthony (2008) ed. *Architecture Between Spectacle and Use*, Williamstown, Massachusetts: Sterling and Francine Clark Art Institute, pp. vii−xiii。

9. 这部分的论点请参考：Hsia, Chu-joe (2011) "The Symbolic Expressions of Global Metropolitan Regions: Architecture as Media, City as Hollywood for Architecture?", Keynote speech for East Asian Architecture International Conference, May 12−14, "South of East Asia: Re-addressing East Asian Architecture and Urbanism", Singapore, National University of Singapore, Department of Architecture。

10. 引自：Castells, Manuel (2000) *The Rise of the Network Society* (Second edition), Oxford:

Blackwell, pp.448−449。

11. 就这一点，可以呼应成都双年展专题研讨会主题，"谋断有道"，以及张永和对"设计"的中文措辞联系上三国时诸葛亮的"计谋"，张永和（2011），"On Design"，2011成都双年展国际设计展专题研讨会论文，"谋断有道：设计与社会工程（The Solutions: Design and Social Engineering）"，策展人：欧宁，2011年9月29日至10月30日，成都东区音乐公园。

12. 饶佑嘉由皮埃尔·布迪厄（Pierre Bourdieu）的社会资本与象征权力的理论角度分析近年美学体制在台湾地区的建构，见饶佑嘉（2011）："美学体制在当代台湾——建筑场域的实践中介"，建筑与城乡研究所硕士论文。

13. 对资本主义的现代专业者空间的批判，可见：Lefebvre, Henri (1991) *The Production of Space*, Oxford: Blackwell. (French edition 1974)。

14. 参考：Castells, Manuel (1983), *The City and the Grassroots*, Berkeley and Los Angeles: University of California Press。

15. 关于网络社会的都市结构转变，可以参考：Hsia, Chu-joe (2011), "The Symbolic Expressions of Global Metropolitan Regions: Architecture as Media, City as Hollywood for Architecture?", Keynote speech for East Asian Architecture International Conference, South of East Asia: Re-addressing East Asian Architecture and Urbanism, Singapore, National University of Singapore, Department of Architecture, 12−14 May 2011。

16. 新建校舍资料可见：城市杂志中心编辑（2010），《走向公民建筑》，第二届中国建筑传媒奖提名特刊，《南方都市报》，四川盐源达祖新芽学堂，页A特06，2010年11月4日。

17. 同上。

18. 同形异质体，不是异形；相反地，是符号学与语言学中具有相同拼法而为异音异义的字，见：Barthes, Roland (1977) "Inaugural lecture, Collège de France", in Sontag, Susan (1982) ed., *A Barthes Reader*, New York: Hill and Wang, 468−469；夏铸九（1992），"理论建筑——朝向空间实践的理论建构"，《台湾社会研究丛刊—02》:186。

19. 戴维·哈维（David Harvey）由黑格尔、邱念到马克斯的精彩绝伦理论论辩过程所建构的空间修补理论概念，见：Harvey, David (2001), *Spaces of Capital: Towards a Critical Geography*, New York: Routledge, pp.324−373。

20. 最早指出硅谷——新竹连结性（the Silicon Valley-Hsinchu connection），说明跨太平洋两岸间之互惠的区域工业化（reciprocal regional industrialization）见：Saxenian, AnnaLee(1999), *Silicon Valley's New Immigrant Entrepreneurs*, San Francisco, California: Public Policy Institute of California, p.62；以及，柯司特将其视为网络社会在全球化过程中新经济建构的重要表现，见：Castells, Manuel (2000), *The Rise of Network Society*, Oxford: Blackwell, ch.2. 在对台湾地区电子工产业网络与1990年末台湾地区花卉产业的蝴蝶兰生产网络的经验研究的基础上，作者进一步指出硅谷－台北新竹－中国大陆的都会区域之间连结性，如20世纪80年代的珠三角都会区域、90年代的长三角都会区域等，见：夏铸九（2001），"全球化过程中台湾社会的挑战：跨界的生产网络vs.跨界的政治"，《都市与计划》，第28卷，第四期，第413-420页。必须指出，即使全球网络中互惠的区域发展是地方福祉之所系，然而越界的生产网络仍然是不平等社会关系的编组。

21. 深圳富士康连跳事件是另一种形式的劳工运动，引起两岸三地学院第一次的联手抗议与调研工作，初期的调研报告可见2010年"两岸三地"高校富士康调研报告。

22. 苹果在全球供应链上的不作为，先后导致代工厂员工正乙烷中毒、非甲烷总烃与臭味超标，成为生产链上的毒苹果。见：叶家兴（2011），"企业应致力创造社会价值"，《中国时报》，11月2日，页A15；陈曼侬（2011），"苹果供货商，排污造成牛奶河"，《中国时报》，9月2日。自然之友，公众环境研究中心，达尔问（2011），"苹果的另一面"，《IT行业重金属污染调研报告》，第四期，苹果特刊，1月20日。此外，一系列苹果供应链代供厂商越界污染的事件发展至少可以提出三点看法：1. 由于苹果公司未公开上游厂商名单，所以未能进行全盘的环境影响评估和健康风险评估，这暴露了苹果的被指摘为毒苹果的性格。2. 由NGO环保组织形成调研行动引发舆论积极促进厂商响应。3. 政府处理层级只在地方，未见高层积极施压与赔偿，其进度无法被有效监督，以及环境影响评估与健康风险评估亦无法被落实调查。

23. 加州圣塔克拉拉郡的库比蒂诺市也是新竹市的姊妹市。

24. 这些经验数据中的统计数字可见：陈良榕（2011），"一支iPhone，台湾只分到0.5%利润"，《财讯》，第383期，10月13日，http://mag.chinatimes.com/mag-cnt.aspx?artid=10385&page=1；主要引自：Kraemer, Kenneth L. and Greg Linden, and Jason Dedrick, (2011) "Capturing Value in Global Networks:Apple iPad and iPhone? ", http://pcic.merage.uci.edu/papers/2011/Value_iPad_iPhone.pdf。

25. 这些惊人的统计图表见：Figure 1 and Figure 2, in Kraemer, Kenneth L. and Greg Linden, and Jason Dedrick, (2011) "Capturing Value in Global Networks:Apple iPad and iPhone? ", http://pcic.merage.uci.edu/papers/2011/Value_iPad_iPhone.pdf。

26. "No More iSlave"，香港苹果商店开幕，大学生踩场抗议的标语，见：No More iSlave：大学生刚到香港苹果商店踩场抗议，2011年9月24日，Chinese.winandmac.com香港版，chinese.winandmac.com/news/hong-kong-**islave**-protests/。

27. 就禅宗境界这个部分，登琨艳有十分不同的见解。他根本认为是苹果谋杀了乔布斯自己，进入佛门却无忏悔之心，反而符合的是圣经里的苹果寓言。业力驱使，因业相循，避免杀戮只有放下屠刀。作者的理解是，西方现代设计其实就是杀戮战场的屠刀。基督教圣经里伊甸园的苹果诱惑，到白雪公主童话里妒忌心产生的毒苹果，工业社会自然科学万有引力下的牛顿苹果，到网络社会的信息创新苹果，是西方文明中创造性破坏历史过程的积累，自造恶业却不自知。

28. 乔布斯的美学追求超越流行的表面光影，艺术必须耐看，经得起时间的考验。他说："流行是现在似乎美但后来却看着嫌丑；艺术可能先嫌丑日后却变得美。"（"Fashion is what seems beautiful now but looks ugly later; art can be ugly at first but it becomes beautiful later."），见：Simpson, Mona (2011), "A Sister's Eulogy for Steve Jobs", *The New York Times*, October 30。

29. 与姚立和董事长的讨论对认识苹果与贾伯斯有许多启发"，2011年10月28日，台北，原味锅。

30. 陆士杰 (2011):"苹果有 iOS 不怕没贾伯斯",《联合报》,8月27日。

31. MacBook Air 使用说明书打开第一页的词句。

32. 10 Golden Lessons From Steve Jobs, www.educopark.com/.

33. 这个令人难以置信而迷人的日本个案,可见延藤安弘、森永良丙、曾英敏 (2000):"由协同住宅所见之人与环境的关系谈共同居住的意义——Moyai 住宅与 MPort 之实例",城市与设计学报,第 11-12 期,三月,第 259-293 页。

34. 关于阿美族部落中的建筑模式 Badaosi,可以参考:Hsia, Chu-joe (2011), "The Political Process of Xizhou", the 7th Conference of the Pacific Rim Community Design Conference, "Sustainable Landscape, Sustainable Community", September 11-14, 2010 at Awaji Landscape Planning and Horticulture Academy, University of Hyogo, Awaji-shima, Japan。

35. 关于缘侧的相关数据,参考自延藤安弘 (2011):"缘侧——能够将空间力量与人类力量进化",台湾大学建筑与城乡研究所全球学术演讲系列,2011年10月14日,18:30-21:30,公馆一楼。

36. 关于北京中央电视台的意义竞争,参见 Hsia, Chu-joe (2011), "The Symbolic Expressions of Global Metropolitan Regions: Architecture as Media, City as Hollywood for Architecture?", Keynote speech for East Asian Architecture International Conference, South of East Asia: Re-addressing East Asian Architecture and Urbanism, Singapore, National University of Singapore, Department of Architecture, 12-14 May 2011。

37. 关于上海世博会台湾馆的讨论,参见 Hsia, Chu-joe (2011), "The Symbolic Expressions of Global Metropolitan Regions: Architecture as Media, City as Hollywood for Architecture?", Keynote speech for East Asian Architecture International Conference, South of East Asia: Re-addressing East Asian Architecture and Urbanism, Singapore, National University of Singapore, Department of Architecture, 12-14 May 2011。

38. Barthes, Roland (1964) "The Eiffel Tower", in Roland Barthes, 1979, *The Eiffel Tower and Other Mythologies*, New York: Hill and Wang, pp.3-17.

39. 伊東忠太在1894年發表的論文"論阿基泰克齊爾的本義與其譯字的撰定並希望我造家學會改名"(アーキテクチュールの本義を論じて其の訳字を撰定し我が造家学会の改名を望む)中認為"應該屬於世上所謂的 Fine Art,而不屬於 Industrial Art"(世のいわゆる Fine Art に属すべきものにして、Industrial Art に属すべきものに非ざるなり),伊東認為使用不僅表示工學也表示綜合藝術的屬性的詞彙,"建築"更為合適。見:建築,維基百科。

40. City,在这个意义上,东方没有同等意义的字眼,它不能等同于京、城、市、镇……甚至,区域中的城镇的营造。

41. 对客体与物的存在物 (Seindes),德文原文为有生命的存在物 (das Wesendes),两者之间的出入,感谢华中科技大学哲学系张廷国教授提醒中译本马克思的《1844年经济学哲学手稿》

中翻译上的出入。

42. 东南大学建筑系陈薇教授相告，2011 年 11 月 25 日，南京。

43. "公有设施活化与地区再生"青年创意提案竞赛，见：housingreuse.blogspot.com 。

44. 市民社会的浮现是参与式设计的政治与社会条件，对发展中的国家而言，这是一个历史的挑战，这是一个开放的问题，也是实践的问题，值得就国家与社会的关系做进一步的理论讨论。

45. 假如参与式过程中的使用者最后成为主体，那么，这就是文前引文所言狮子的觉醒，是社会结构上的革命。

46. 这部分关于安东尼·葛兰西（Antonio Gramsci）的市民社会理论概念，可以参考：Castells, Manuel（2010），*The Power of Identity*（Second edition），London: Blackwell, pp.8-9(夏铸九、黄丽玲等中译，2002，曼威·科司特原著，第二卷：认同的力量，台北：唐山出版社）。

47. 乡下路边小店的空间生成法门造成的反观作用，在历史上对现代专业者曾经产生重大的影响，既像是素人艺术家的冲击，也像是没有建筑师的建筑的震撼。关于没有建筑师的建筑，在 1964 年，奥地利的建筑师伯纳德·鲁道夫斯基（Bernard Rudofsky）在纽约现代艺术博物馆策划一个题为"没有建筑师的建筑"的展览，书籍出版为没有建筑师的建筑（Architecture Without Architects: A Short Introduction to Non-Pedigreed Architecture, 1964），展览与书里的图片震动了整个建筑圈，它的影响扩散开来，深深影响 60 年代的学生运动；它的价值观更历史地预示了：在 20 世纪初以现代运动（Modern Movement）之姿，崛起于欧洲主要城市的现代建筑（modern architecture）的死亡，以及伴随着 1973 年资本主义的石油危机与各种领域的社会动员，70 年代末后现代建筑的崛起。见夏铸九（2011）："河南三门峡塬上窑洞与台湾合院的对话"，《时代评论》，第 1 期，5 月 4 日，第 23-25 页。

48. 释迦曰："我法妙难思"，不可思议，是方法论。只要身心实证，不用思议，可达自性。见南怀瑾（1987）：《中国佛教发展史略论》，台北：老古，第 67-68 页。

49. 南怀瑾（2011）：《孟子与公孙丑》，台北：老古，第 31 页起。

50. 气，炁，这个字确实没有相应的西方语言，仅适合音译，然后加以批注。见南怀瑾（2011）：《孟子与公孙丑》，台北：老古，第 118 页。

51. 一念不生全体现。这部分的观点必须感谢登琨艳的启发。

52. 禅宗丛林，百丈清规，确立了长久流传与仿行的社会组织与制度的基础，也提供了禅宗僧众团体在中国的小农经济与宗法社会中发展的物质基础。见南怀瑾（1987）：《中国佛教发展史略论》，台北：老古，第 107-114 页。

53. 转引自《孟子·公孙丑》，见南怀瑾（2011）：《孟子与公孙丑》，台北：老古，第 375-379 页。

《建筑文化研究》稿约

一、《建筑文化研究》是南京大学建筑与城市规划学院和南京大学人文社会科学高级研究院共同主办的一份建筑文化研究辑刊,主要刊发国内外关于建筑文化研究的学术成果。欢迎海内外学术同仁赐稿。

二、本刊以研究性论文和译文为主。来稿字数在10000—20000字上下为宜。也欢迎精简之短文书评。

三、凡在本刊发表的文章并不代表编辑部的观点,作者文责自负。稿件凡涉及国内外版权问题,均遵照《中华人民共和国版权法》及有关国际法规。

四、凡在本刊发表的文章,简繁体纸质版权与电子版权均归南京大学建筑与城市规划学院、南京大学人文社会科学高级研究院和中央编译出版社所有。未经书面允许,不得转载。

五、本刊采用匿名评审制,请勿一稿多投。稿件寄出3个月后未收到刊用通知,可自行处理。来稿一经采用,本刊将赠当期刊物两本并奉以薄酬。

六、投稿格式参考本刊已出刊物,来稿请附上作者真实姓名、学术简介、通讯地址、电话、电邮地址,以便联络。

七、投稿地址:210093,南京市汉口路22号,南京大学建筑与城市规划学院《建筑文化研究》编辑部,或电子信箱:jzwhyanjiu@yahoo.cn。

《建筑文化研究》编辑部